——让我们开启人类测度与纪量时间的旅程吧

时间之旅

人类测度与纪量时间的历程

T H E J O U R N E Y O F T I M E

杜如虚　杨晖　著

高等教育出版社·北京

内容简介

➤ 我们的生活通常是按照时间安排的；潮涨潮落、月盈月缺、斗转星移也是按照时间展开的。但是问问我们自己，时间是什么？却可能说不清楚。

➤ 本书系统地讲述了人类数千年来为计时（测量时间）、纪时（厘定历法）和认识时间所走过的曲折道路，其中不乏有趣的历史事件和重要历史人物的精彩故事。全书按时间顺序展开，由古代到现代，从东方到西方，为读者清晰呈现了人类文明的发展脉络，以及人类纪时与计时方法与手段的不断进步，最后拓展到人们对生命与时间的理解，从而展现了人类对时间认识的“飞越”。

➤ 本书内容生动有趣、简洁易懂，相信从中学生到社会大众均会有所受益和启迪。

▲图 1 天津海鸥表业集团有限公司的人体日晷钟

前言

当我们的祖先渐渐地离开茹毛饮血的远古时代，他们一定想到了计时：日的晨昏、月的盈亏、季节的转变、植物的枯荣、动物的迁徙，都由时间而定。空间可以用长度、面积、体积来度量。时间也可以度量，但与空间里的物体不同，时间是看不见、摸不着的，它是单向线性的，一去不复返，但也有周期性，每天的日出日落，月相的变化，四季的周而复始，因此很难用一个简单的方法来测量。我们的祖先们凝视日影、遥望星空，开始了人类最早的科学探索。

怎么测量时间呢？中国文字是象形文字，“时”由“日”和“寸”组成。因此可见，“时”由“日”而来，可以用“寸”来测量（测量日影）。假定你在北半球，面向北方，上午的时候举起左手，下午的时候举起右手，你的手影可以指示出当时的时间。图1是作者在天津海鸥表业集团有限公司的太阳投影钟前的照片，照片中可以看见时间的标记（手影正指向中午12点）。其实不举手，就用身体的影子大致也行，不过由于影子粗短，精度差些。

太阳投影钟又称人体日晷钟（英文叫作analemmatic sundial）。“晷”字的意思就是日影，东汉的许慎（58—147）在他的《说文解字》中说：“晷，日景（影）也。”日晷的原理如下：太阳的运行轨迹在南回归线及北回归线之间，每天太阳从东方升起，在西方落下。故此，当你在北半球（特别是北回归线以北）面北而站时，太阳在你身后运行，上午的影子斜向左边，下午的影子斜向右边，中午的影子最短，在正中。注意，日影的长短因所在地的纬度与一年中的时间而异（这一方法在本书第二章中还会详细介绍）。今天日晷上的时间刻度可以准确地计算出来，而在古时候则全凭一点一点长时间仔细地观察与测量。古人还造了一个“圭”字，形象地描述了测量日影的尺子。

— 在一万多年的人类文明史中，每个伟大的文明都创造了自己的计时与纪时的方法，如在两河流域、古埃及、中国、印度及美洲等。计时就是测量时间，计时的装置有日晷、水漏、机械钟表，等等。纪时是勘定历法，定义年、月、日。计时与纪时的方法引导着社会发展。有许多伟人都为计时与纪时留下了自己的印记，如亚里士多德、亚历山大、恺撒、康斯坦丁、哥白尼、开普勒、伽利略、惠更斯、牛顿、汤姆森、爱因斯坦、霍金……，还有许许多多的哲人、科学家、技师与工匠等。

— 时间是很神妙的东西。每个人都经历一样的时间，但随时随地都有不同的感受。现代物理学认为，时间与空间源自一体，自从138亿年前的大爆炸开始，宇宙的空间与时间都在变化之中，甚至还可以互相变换。时间还像测不准的量子一样，有微小的、不连续的跳跃。古往今来所流传的故事、绘画、雕塑、小说、电影、电视，无不是按时间来展开的，把时间压缩、延伸或倒流。仔细想来，从一刹那到五千年，从一声霹雳到浩瀚星空，有什么不涉及时间？真是令人神往。有人做过统计，在《牛津英语词典》（*Oxford English Dictionary*）这样的书籍中，用得最多的单词就是时间（time）。

— 2006年我负责一个机械手表设计与制造的研发项目。在之后的3年又8个月里，每天开会、讨论、画图，用各种各样的方法加工零部件、测量、装配、再测量，还要写报告、写论文。项目结束后，忽然觉得自己对计时与纪时的了解很有限。在接下来的8年里，我除了教书和科研外，有时间就会去研究计时与纪时。不断地读书、思考，才慢慢入门。后来更有了一个情结：要把自己的知识与世人分享。这就是写本书的初衷。

关于时间的书已经不少了。还有许多文章刊登或发表在杂志、报纸、网页上（林林总总的钟表杂志与商业网站大多是些夸张的宣传，不算在内）。但我总觉得时间是个复杂的东西，要写时间，就要把自然科学与社会科学放在一起来写，把西方和东方放在一起来写，把技术和艺术放在一起来写，把历史事件和技术发展放在一起来写。

我受到家庭的熏陶，从小喜欢读书，尤其喜欢历史与诗歌。后来上大学，学的是工程。1985年我出国攻读博士学位，毕业后在加拿大、美国任教十多年，2001年回到中国香港工作，朋友甚多。因此，对东方与西方、科学与艺术也都颇为熟悉。我已经写过好几本专业书籍，但这本书的写作时间最长，写了再改、改了又改，整整用了五年多的时间。这是因为读书、开会、讨论都常常会遇到时间这个题目，并有所启迪，总想到要增补、修改。因为花了这么多的时间，很希望读者们喜欢并能够得益。

这本书基本上是按照历史的进程来编排的，全书共分6章：

- 第一章“问天”，介绍古人通过观测日月星辰来计量时间的方法，也介绍了世界上的各种历法，包括儒略历、格里高利历（即今天的公历）、伊斯兰历、印度历、玛雅历及其他历法。
- 第二章“称水”，介绍中国历代的历法，从夏商周讲到现代。也介绍了中国特有的用水计时的方法，如莲花漏、水秤、水运仪等。

- 第三章“数声”，介绍从文艺复兴时代开始兴起的机械钟表以及各种“复杂计时手段”，例如自动上弦机构、月相、万年历、陀飞轮等，其中涉及许多有趣的历史故事。
- 第四章“炼石”，介绍现代计时技术。现代计时技术是建立在四块“石头”上的：第一块是铜（铜矿石），它带来了电，带来了音叉表；第二块是石英，它带来了石英表；第三块是硅，它带来了电子表，当然还有更重要的计算机；第四块是铯，它带来了原子钟。
- 第五章“求生”，简单介绍了生物时钟。
- 第六章“飞越”，介绍时间在不同尺度上的有趣知识。人生有限，但人的思想无限，可以飞越时空。

— 本书每章特别提供了大量的“知识点与兴趣点”，读者可以随之拓展自己感兴趣的内容。这些“知识点与兴趣点”主要是维基百科的条目，大多是英文的，但内容准确详尽，而且还在不断更新和完善。维基百科是现今世界上被引用得最多的知识网站，无论是中小学课程、大学和研究院科研都会使用，很有价值。本书有关中国历史的“知识点与兴趣点”用的是百度百科。

— 我要感谢我的学生们，特别是傅裕博士、谢龙汉博士、高培铿博士，以及谭琳芝、卢毓英、潘杰、刘琪同学等。还有许多香港中文大学的同学，他们的毕业设计也为本书增添了素材。我的朋友谢春玲博士帮我仔细阅读了书稿，提了不少意见。我还要感谢本书的编辑，他们的努力保证了这本书得以顺利出版。

最后，我想把这本书献给我的爱妻杨晖、儿子杜进杨和女儿杜安杨。我和妻子结婚三十多年来，她默默地支撑了我们的家庭。她仔细核对、修改了本书的每一个字、每一个标点。另外她是学医学的，第五章主要由她撰写，所以她也是本书的作者。进杨是学数学的，对时间有特别的见解。安杨是学法律的，她博览群书，帮我修订了一些关于西方历史中的典故。

时间是一个巨大的课题。本人学识有限，疏漏之处在所难免。如果读者们发现错误，请不吝赐教。

杜如虚

2020 年 7 月于香港

目 录

第一章 问天

Reading The Sky

► 今天，我们随时随地都能看到时间的显示：手机、计算机、腕表、挂钟……。我们也根据时间来安排生活和工作，起床、早饭、上班、开会、与朋友约会……。设想：你到了莽莽荒原，看到的只是满天星斗；或者在茫茫大海，伴随你的只有日出日落；身边没有那些现代化的计时装置，你怎样才能知道时间呢？

► 我们的祖先就是看着银光闪烁的群星和千变万化的潮汐，迈开了计时和纪时的步伐。

► “计时”是指用各种各样的装置来度量时间；“纪时”是指厘定度量时间的方法。

► 从计时与纪时开始，我们的祖先一步一步地开创了人类的文明、科学和文化。

► “时”从“日”来，计时是从“日”开始的。日出日落为一天，人们最敏感的“天”是日历的基本单位。每天有不同的月相，月盈月亏，一个周期就是一个月。随着日出日落时间的变化，出现不同的气候，春暖、夏热、秋凉、冬冷，一个周期就是一年。一天有多长？一个月有几天？一年又有几个月？我们的祖先观测太阳与月亮，开始了对时间的认识。从观察天象来确定时间，这就是“问天”。

►世界上最早的计时记录是在法国中部发现的[1]，距今已经有 32 000 多年。那是一块动物骨头，上面刻画着一系列的月相（图 1.1）。读者也许会想，为什么会是月历呢？当时人类文明尚在襁褓之中，既无文字也无计数的方法，一年有 365 天多，不容易观测和记录。月相的变化每天可见，较易观测，所以月历就先出现了。

►30 000 多年来，我们的祖先通过“问天”，一步一步地建立起计时的方法与纪时的历法。本章共分 7 节，按历史的进程介绍古代西方的问天计时方法。中国古代的历法及计时方法将在下一章中专题介绍。

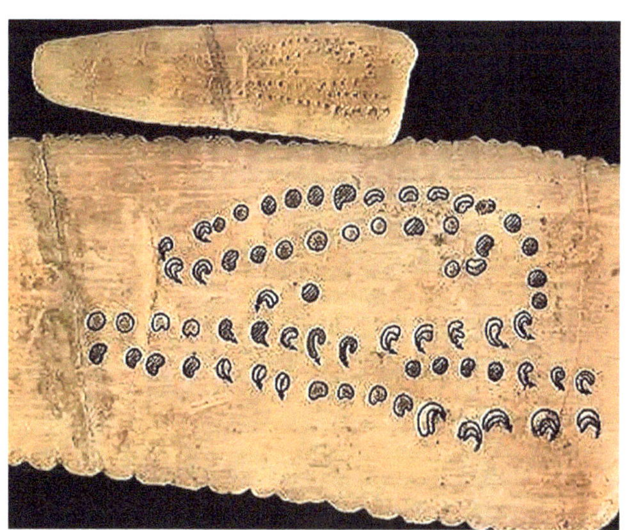

图 1.1 法国中部发现的远古时代月历［引自美国国家航空航天局（NASA）］

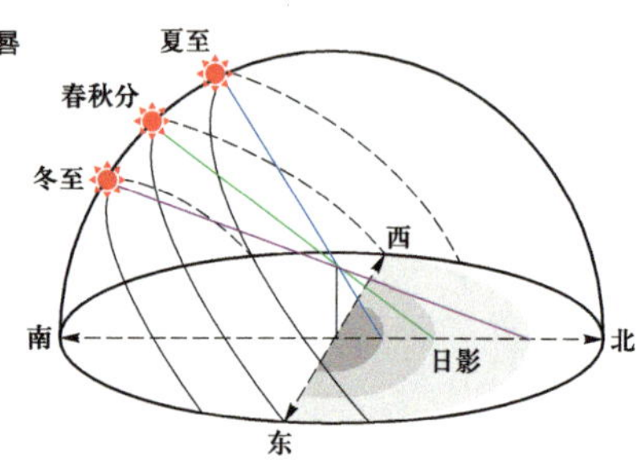

图 1.2 水平式日晷的工作原理

1.1 远古的石阵

计时首先要有计时的方法与装置。本书的前言中讲到用日影计时是最古老的方法。很早的时候，许多民族都会用日影计时，例如巴比伦人、埃及人、欧洲人、印度人、玛雅人等，当然还有我们中华民族的祖先。

用日影计时的装置叫作日晷。日晷的工作原理比较简单：把一根柱子竖立在空地上，由于太阳在天上位置的变化，日影随之变化。在一天之中，早晨及傍晚日影最长，正午日影最短。在北半球一年之中，冬至日影最长，夏至日影最短。根据这些变化规律设计好刻度，就可以大概地判断一天中的“时”和一年中的“季”了（图 1.2）。

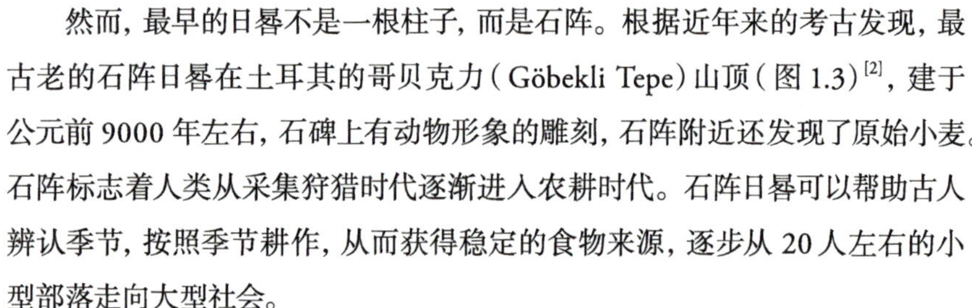

然而，最早的日晷不是一根柱子，而是石阵。根据近年来的考古发现，最古老的石阵日晷在土耳其的哥贝克力（Göbekli Tepe）山顶（图 1.3）[2]，建于公元前 9000 年左右，石碑上有动物形象的雕刻，石阵附近还发现了原始小麦。石阵标志着人类从采集狩猎时代逐渐进入农耕时代。石阵日晷可以帮助古人辨认季节，按照季节耕作，从而获得稳定的食物来源，逐步从 20 人左右的小型部落走向大型社会。

（a）

（b）

图 1.3 位于土耳其哥贝克力山顶的石阵（引自维基百科）

这种古老石阵在欧洲和中亚大陆都有发现。每个石阵的石柱大小不一，数目不同，少的有 4 个，多的有十几个。在这些林林总总的石阵中，最著名的是英国的巨石阵（Stonehenge）（图 1.4）[3]。巨石阵是在公元前 3000 年到公元前 2000 年间分几次建造的，有些巨石高达 4.1 米，重 25 吨。当时人们还没有文字，不能记录石阵是怎么使用的，不过清晨的阳光在一年中不同的时间到达石阵中不同的位置，容易辨识。这些巨大的石阵在广阔的原野上记录着古人们探索时间的足迹。

1.2 古埃及的历法、方尖碑和日晷

古埃及的方尖碑（obelisk）[4] 是一根石柱，其计时原理如图 1.2 所示。这

图 1.4 英国的巨石阵（引自维基百科）

种日晷叫作水平式日晷。据考证，最早的方尖碑是在公元前3500年左右建造的，后来陆续建造了多个。这些大碑除了用作日影计时外，还用作纪念碑，碑上的文字记载着建碑法老的功勋。古埃及人得到尼罗河的恩赐，每年一度的尼罗河水泛滥使土地肥沃，农耕便利，因此得以生息繁衍，创造了伟大的古埃及文明。

古埃及人发明了自己的文字和历法，对数学、宗教、天文学等都有杰出的贡献，直到今天还影响着世界。他们的金字塔（pyramid）[5] 堪称世界奇迹。著名的吉萨（Giza）金字塔建于公元前 2600 年，高达 143 米，这一人类建筑的高度直至 3 000 多年后才被英国伦敦的圣保罗大教堂所超越。许多人认为金字塔只是法老们炫耀权贵及梦想永生的陵墓，是劳民伤财的“大白象”工程，其实修建金字塔对古埃及的繁荣起了重要的作用。首先，它使得人们能够大规模地组织起来，高效率地进行工作与战争；其次，它促进了采矿、贸易、交通、科技的发展及文化交流；它还培育了一批领袖人才、工程师和技师，致使古埃及得以兴旺富强，延续了数千年之久。

然而随着古埃及帝国的衰落以及时间的消磨，金字塔和方尖碑都渐渐倾倒或颓废。金字塔搬不动，但许多方尖碑则被作为战利品运到了不同的地方。据记载，目前还完好的方尖碑约有 29 座，其中 9 座在埃及，11 座在意大利，其他的散布在世界各地。作者曾经在美国纽约、英国伦敦、意大利罗马、法国巴黎以及土耳其伊斯坦布尔见过这类方尖碑，其中最著名的是位于美国纽约及英国伦敦的一对方尖碑，它们叫作“克利奥帕特拉之针（Cleopatra's Needle）”。这两个方尖碑建于公元前 1450 年左右，高 21 米，重 224 吨。碑上原来无字，200 年后（公元前 1250 年左右），古埃及国王拉美西斯二世（Ramesses Ⅱ，公元前 1303—公元前 1213）[6] 下令在其上面刻字，其中有一段是这样写的：“阿蒙（太阳神）的选君、太阳的儿子、上下埃及的国王拉美西斯，年轻、美丽、光荣，就像太阳从地平线升起，光照大地。”拉美西斯二世是古埃及第十三王朝的国王，18 岁登基，在位 60 多年。他年轻时曾组建了一支 10 万人的军队，南征北战，中年后则注重和平。在他的统领下，埃及空前强大，其版图扩展到今天的埃及、巴勒斯坦、以色列、叙利亚及伊拉克的一部分。后

图 1.5 矗立在纽约中央公园的古埃及方尖碑“克利奥帕特拉之针”（引自维基百科）

来，埃及艳后克利奥帕特拉（Cleopatra，公元前 69—公元前 30）[7] 为了纪念她的丈夫恺撒（Gaius Julius Caesar，公元前 100—公元前 44）[8]（也有人说是为了纪念她的第二任丈夫安东尼（Mark Antony，公元前 83—公元前 30）[9]）把这对方尖碑移到了亚历山大城（这一段故事后面会讲）。随着时间的推移，两个大碑都倒塌在沙漠之中。后来埃及多次被征服，到了近代更是一蹶不振，任由西方列强宰割。1877 年，其中一个大碑被搬到伦敦。1881 年，另一个大碑被搬到纽约（图 1.5），当时的搬运还颇费周折。这些高耸的大碑至今还宣示着古埃及人的智慧，给人以震撼的感觉。

到了公元前 500 年左右，世界上许多国家与地区都能制作日晷，日晷的设计也五花八门 [10]。除了方尖碑这样的水平式日晷外，还有斜晷（又称赤道式日晷）、极地式日晷、垂直式日晷、投影式日晷、等高式日晷等。图 1.6 所示是一个古埃及制造的斜晷，外圈用罗马字母标记月份，内圈用刻度标记时刻。这个日晷制作于公元前 10 年左右。此时古埃及托勒密王朝的最后一任女法老克利奥帕特拉早已过世，埃及不再有王室，只是罗马帝国的一个行省，所以用罗马字母标示。

日晷只能在白天使用。古埃及人还制作了用于晚上观星的装置，这一装置叫作“迈克歇（Merkhet）”[11]。图 1.7a 是记载这一装置用法的古埃及石碑。图 1.7b 是使用这一装置的示意图。迈克歇由两个部分组成：一部分是一个水平杆，一端吊着一个用于测量水平度的重锤；另一部分是一个用于目测的垂直杆，上面有个“V”形的观测槽，两部分同时使用可测量星座与地面所形成的俯仰角。实际使用时需要两套装置一起使用，一套对准一个标准的星座，另一套对准待测的星座，根据两套装置中间的夹角及俯仰角就可以确定晚上的时间。这是人类历史上第一套有文字记录的天文观测装置。

凭借天文观测，古埃及人在公元前 3000 年左右创造了相当精准的历法（图 1.8）[12]。他们把今天的一天看作“两天”，即白天是一天，黑夜又是一天。白天分成 10 个时段，这些时段通过日晷来确定。黑夜则分成 12 个时段，他们发现有 12 个星座，这些星座依次升降，就把黑夜平均地分成 12 段。白天与黑夜的分野由日出（黎明）与日落（黄昏）而定。因此，每个白天与黑夜共有

（a）

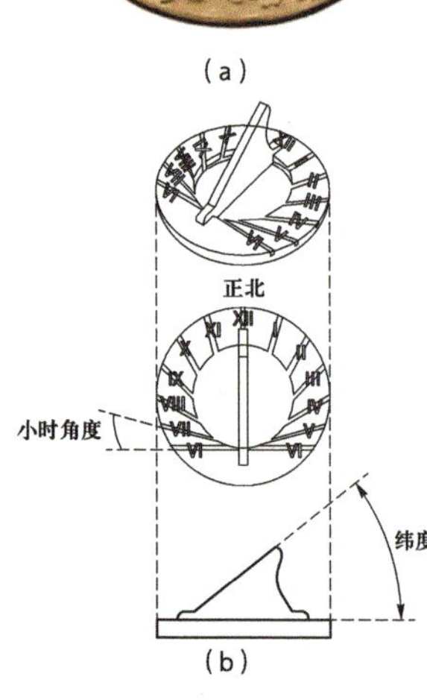

（b）

图 1.6 古埃及的赤道式日晷，制作于公元前 10 年左右。其工作原理与水平式日晷相似，日晷指向北极星，其倾角为当地的纬度（引自维基百科）

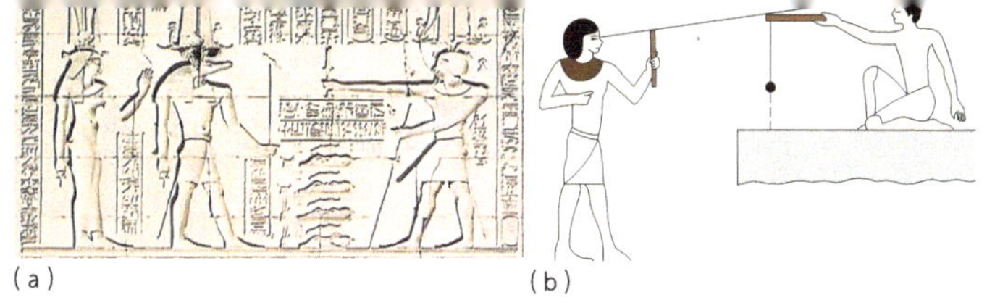
(a)　(b)

▶图 1.7 古埃及的观星装置“迈克歇”(引自维基百科)

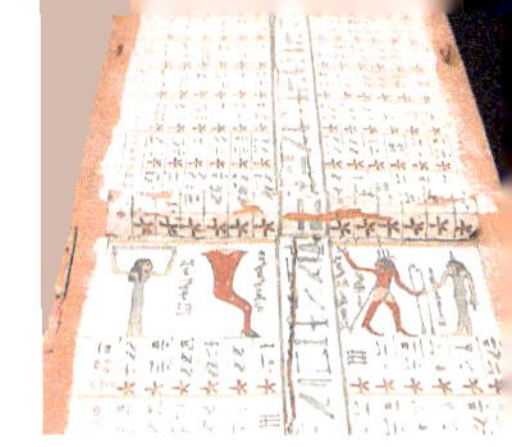

▲图 1.8 古埃及的历法(引自维基百科)

10(白天)+12(黑夜)+2(黎明及黄昏)=24 段，这就是每天 24 小时的前身。他们还注意到每隔 10 天就有一个新星随着太阳一起升起，在一个新星偕日升起后的 9 天里，每过一天，升起的时间就提前 4 分钟。这样的星星一共有 36 个，这样就有 10 × 36 = 360 天。此后加上 5 天，一年共有 360 + 5 = 365 天。不过，时过境迁，到了今天这些星座已经不再能准确地计时了。另外，在古埃及历中，一年的开始(岁首)则是参照天狼星(Sirius)而定[13]。天狼星位于南部偏东，是南方夜空中最亮的星星之一，它在每年 7 月的一天与太阳一起升起，然后消失在晨曦之中。这意味着尼罗河将开始周而复始的泛滥，因此埃及人把这一天定为每年的岁首。此外，他们还注意到天狼星出现的周期是 365.25 天，而不是 365 天，所以一年实际上是 365.25 天(这就是恒星年)。天狼星可以根据猎户座(Orion)的腰带来找。据考证，上面提到的吉萨金字塔就是根据天狼星与猎户座的星象而建的(图 1.9a)。

古代中国也有天狼星的记录，天狼星与附近弧矢九星组成一个星座。天狼星最亮，弧矢九星居天狼之东南，八星如弓弧，另外一星如矢，对着天狼星，故称弧矢(图 1.9b)。屈原(公元前 342—公元前 278)的《楚辞·九歌》中就有“举长矢兮射天狼，操余弧兮反沦降”。这里的天狼指的是秦国，楚国弧矢在手，却反遭沦降。不过古代中国更重视北极星与北斗星座，这将在下一章中讲述。

古时候科学技术还没有发展起来，天文测量也不准确，西方与东方的星座大多是古人们构想出来的，并没有什么严格的依据，同一个星座，西方与东方的命名也不同。

(a)古代埃及天文学中的天狼星，吉萨金字塔据此而建(引自巴伯天文学会)

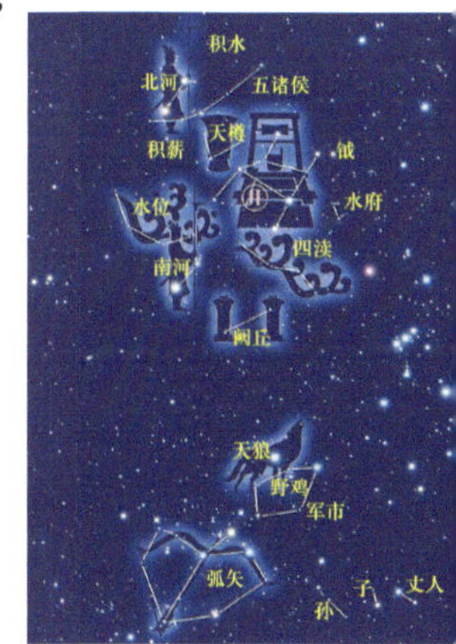

(b)古代中国天文学中的天狼星(引自《中国国家地理》)

▲图 1.9 古代埃及和中国对天狼星的描述

1.3　古希腊的历法、水漏、水钟及安蒂基西拉机构

古希腊的历法主要来自他们的两个邻居：古埃及和巴比伦。

巴比伦(Babylon)[14] 的意思是通向天国之门，是古代美索不达米亚(即两河流域)的一个城市，在今天的伊拉克首都巴格达附近。古代巴比伦人创造了伟大的文明，这一文明与古埃及的文明一样久远。根据考古发现，他们的楔形文字在公元前3000年就出现了[15]。这是人类最早发明的自源文字之一（古埃及的圣书字也是自源文字，出现在公元前3200年左右）。公元前1754年，巴比伦国王汉谟拉比（Hammurabi，公元前1810—公元前1750）[16]创立了世界上第一部法典，即汉谟拉比法典（The Code of Hammurabi）[17]（图1.10）。这部法典中的“审判时假设无罪”的精神以及“以眼还眼，以牙还牙”的法律条款对人类文明的发展有着重大意义。汉谟拉比还建立了世界上第一个会计系统，开创了理财的先河。

图1.10 汉谟拉比法典之碑首，汉谟拉比（站立者）从太阳神手中接受权杖（引自维基百科）

古巴比伦人认为太阳主导着白天，月亮与金星主导着黑夜。太阳神白天驾着马车飞越天际，黑夜则到了另外一个世界。图1.11是一个刻有古巴比伦历法的石碑。他们把白天与黑夜各分成12等份（12小时），这也许是因为人的四指有12个骨节，易于计算。又因为他们用60进制计算，因此每小时分为60分。这一计时方法一直沿用至今。

图1.11 古巴比伦历法的石碑（引自维基百科）

在世界文明史中，古希腊文明起着极为重要的作用。这个伟大的文明在公元前8世纪左右开始发展起来。公元前6世纪雅典伟大的立法者索伦（Solon，公元前638—公元前558）[18]在他的法典中写道：“在时间的法庭里，真相终能大白”。他还说“金钱不永，美德长存（Virtue is a thing that none can take away, but money changes owners all the day）”。他在雅典推行改革，鼓励移民，为雅典的繁荣昌盛奠定了基础。他担任执政官时，希腊社会两极分化严重，政局不稳。他下令解放因债务沦为奴隶的公民，并且首先以身作则。这一举措引起一些贵族的不满，他利用执政官缺席就不能开会的法规，出走异地，使得这些贵族们无法抵抗他的行政命令。他周游了地中海，到过埃及、波斯（今天的伊朗）等地。当他来到利迪亚（Lydia，现在的土耳其）时，当地的国王告诉索伦，自己有美丽的妻子、富裕的国家和忠诚的大臣，是世界上最幸福的人。国王问索伦有什么忠告，索伦回答说：“人生七十年，不算闰年有25 200天，算上闰年有26 250天，每天都会有新的变化，人只有到他死的那一天才会知道他是否幸福一生（Count no man happy until he be dead）。”这是关于古希腊历法最早的记录。后来，利迪亚被波斯攻破，国王成为阶下囚，索伦的名言成为经典。据记载，古希腊的历法中有平年和闰年。平年为12个

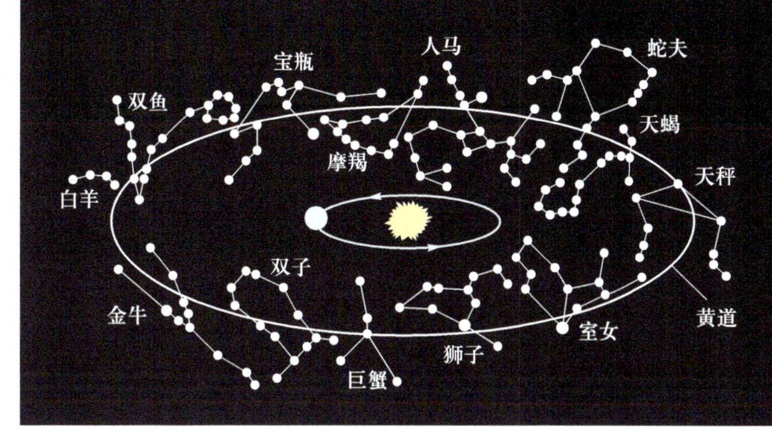

图 1.12 12 星座图
（引自巴伯天文学会）

月，每月 30 天，共 360 天；闰年为 13 个月，共 390 天。

到了公元前 400 年左右，古希腊已经渐渐地成为西方文明的中心。古埃及的文化掌握在王室与祭司手中，崇尚神秘、华丽、繁复、夸张。而古希腊的文化则是公民文化，他们的思想无拘无束，重视真理、思辨和实际，在数学、天文学、经济学、哲学、文学、工程等多个方面都取得了极其辉煌的成就。古希腊人最先研究哲学，并通过哲学研究时间的意义。古埃及人认为时间是循环的，因此有来世复活。古希腊人则把时间定义为"无限连续的持久"，有过去、现在和将来，一去不复返。古希腊著名的哲学家赫拉克利特（Heraclitus，公元前 535—公元前 475）[19] 曾说，"你不可能踏入同一条河里两次（You can't step in the same river twice）"，讲的就是时间改变一切。

古希腊人继承并发展了古埃及人和巴比伦人的天文历法知识。他们对太阳运行的轨道进行了研究，这一轨道称为黄道（ecliptic）（与古代中国的黄道不一样），实际上是地球环绕太阳运行的平面（图 1.12）。沿着黄道上下 8 度左右有 12 个星座（zodiac）[20]，如表 1.1 所示，这些星座大多以神兽命名（zodiac 在希腊语中的意思就是动物）。每个星座在黄道上有不同的位置，对应于一年之中不同的季节，因此它与中国农历中的节气也有一个对应的关系。然而随着宇宙的不断变化，这些遥远的星座与地球的相对位置也在变化，两千多年过去后，当年的星座表在今天已经不再适用。例如，当年的春分在摩羯座，现在已经移到双鱼座。所以，近代又加入了蛇夫座（表 1.1），使得一年能有 365 天或 366 天。表中的 2012 年是闰年，因此有 366 天。

古希腊人还测量出了地球的大小。公元前 3 世纪，住在埃及亚历山大城的埃拉托色尼（Eratosthenes，公元前 276—公元前 194）听说每年夏至中午太阳光会照射到阿斯旺（Aswan）的一口深井之中（图 1.13）。他在亚历山大城作了测量，发现此时日影会有一个 1/50 圆的倾角（约 7°）。阿斯旺距离亚历山大城约 800 千米，据此他推算地球的周长为 50 × 800 = 40 000 千米。这与实际值只相差不到5%。当然，埃拉托色尼有些幸运，阿斯旺离北回归线很近，所以才有这个结果。

表1.1 12星座表及其与中国农历的对应关系（其中“蛇夫”是近年来新加的，以对应于一年中的季节）

星座名称	拉丁名	符号	黄道位置	一年中的时段（春分回归年，2011—2012）	持续天数
白羊	Aries	♈	0°~30°	3月21日—4月20日 对应农历节气：春分~谷雨	25.5
金牛	Taurus	♉	30°~60°	4月20日—5月21日 对应农历节气：谷雨~小满	38.2
双子	Gemini	♊	60°~90°	5月21日—6月22日 对应农历节气：小满~夏至	29.3
巨蟹	Cancer	♋	90°~120°	6月22日—7月23日 对应农历节气：夏至~大暑	21.1
狮子	Leo	♌	120°~150°	7月23日—8月23日 对应农历节气：大暑~处暑	36.9
室女	Virgo	♍	150°~180°	8月23日—9月23日 对应农历节气：处暑~秋分	44.5
天秤	Libra	♎	180°~210°	9月23日—10月24日 对应农历节气：秋分~霜降	21.1
天蝎	Scorpio	♏	210°~240°	10月24日—11月23日 对应农历节气：霜降~小雪	8.4
蛇夫	Ophiuchus	⛎	—		18.4
人马	Sagittarius	♐	240°~270°	11月23日—12月22日 对应农历节气：小雪~冬至	33.6
摩羯	Capricorn	♑	270°~300°	12月22日—1月21日 对应农历节气：冬至~大寒	27.4
宝瓶	Aquarius	♒	300°~330°	1月21日—2月19日 对应农历节气：大寒~雨水	23.9
双鱼	Pisces	♓	330°~0°	2月19日—3月20日 对应农历节气：雨水~春分	37.7

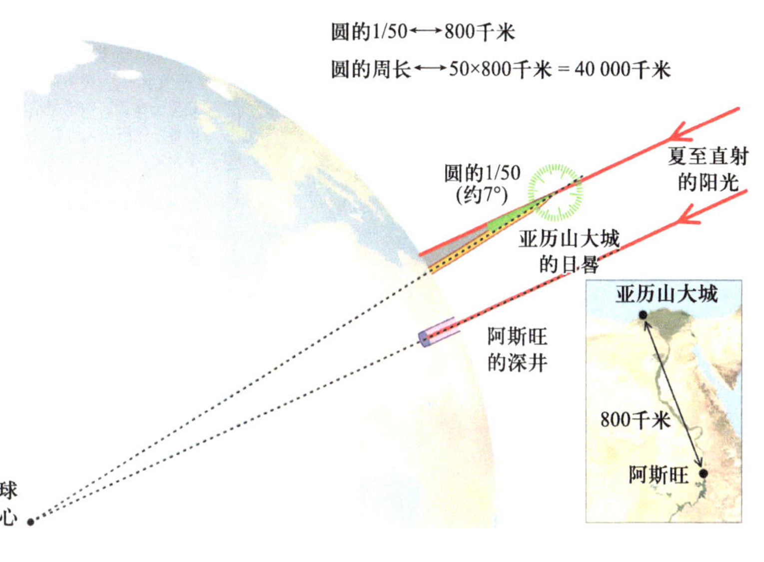

▶图 1.13 古希腊人埃拉托色尼测量地球的大小（引自维基百科）

古希腊由多个城邦组成，他们各自为政，语言、文字都有差异，历法也不一样。公元前356年亚力山大大帝（Alexander the Great，公元前356—公元前323）[21] 诞生。他的父亲是马其顿（Macedon）国王菲力二世（Philip Ⅱ of Macedon）[22]。亚历山大13岁时，他父亲请亚里士多德（Aristotle，公元前384—公元前322）[23] 做他的老师。亚里士多德提出的条件是要重建他那被菲力二世焚毁了的故乡，菲力二世爽快地答应了他的要求。

“亚里士多德”在希腊语中的意思是“目的”。他年轻时在雅典的“学院（academy）”学习。这个学院是柏拉图（Plato，公元前424—公元前348）[24] 建立的。柏拉图和他的老师苏格拉底（Socrates，公元前469—公元前399）[25] 是西方哲学与政治学的创始人。苏格拉底一生追求真理，但最后死于非命，没有留下著作。柏拉图建校著书，记录了老师的睿智，也有许多他自己的思想。柏拉图的书涉及的内容包括国家、公民、官员、法律、操守等政治学问题；真理、美德、知识、感觉、宇宙等哲学问题；爱情、美、艺术、诗歌等社会学问题；还有生命、死亡、神、欲望等宗教学问题。他认为世界的秩序是由一位造物主制定的，后来的基督教、伊斯兰教都采纳了这一思想。

亚里士多德来到雅典学院时，柏拉图已经逝世，但是他留下的学院仍是世界上最好的学校。亚里士多德学成后回到家乡马其顿建立了自己的学校，也建立了自己的思想体系。他与柏拉图不同，他更关注问题的实质，不以抽象的形而上学（即以思辨方式研究无形的世界，如感觉、欲望、美德等）来解释问题。他研究身边各种各样的现象：为什么小猫会长大？为什么种子会发芽？他认为变化是永恒的，对世界的观察与理解是发现真理的途径。他的著作《物理学》（*Physics*）涵盖物理、天文、生理、动物，是科学的奠基之作。他的《动物学》也是首创，他把动物分为有血动物与无血动物两大类，这一分

◄图 1.14 拉斐尔（Raphael，1483—1520）的名画：《雅典学院》，正中穿红衣者是柏拉图，穿蓝衣者是亚里士多德，阶前坐着的是苏格拉底，左边顶盔掼甲者是亚历山大大帝，拉斐尔把自己也画了上去（右下角第二人）（引自维基百科）

类方法沿用至今，只不过改称为脊椎动物与无脊椎动物。他还研究哲学、地理、政治和政府管理。他认为学习应从分类、解释、推理入手。他举了一个逻辑推理（deduction）的例子：人皆会死（大前提），苏格拉底是人（小前提），所以苏格拉底会死（结论）。这一精辟的逻辑推理一直为后世所推崇。

苏格拉底、柏拉图和亚里士多德三人史称希腊三杰（图 1.14）。直到今天，他们的伟大思想还影响着世界，仍然值得我们好好学习。

不过亚里士多德也有一些错误的观点。他认为宇宙是个以地球为中心旋转的晶体球。按照他的推理，把土或水这些“重”物质泼向空中，它们会落到地上，而火与气是“轻”物质，会飞上天空。因为地球是由“重”物质组成的，所以地球会落到宇宙的中心。而日月星辰是由“轻”物质组成的，所以会漂浮在天空（图 1.15）。这一思想衍生出后来的地心说，在本章的第 5 节还会讲到。

▲图 1.15 亚里士多德的宇宙模型：宇宙是一个旋转的晶体球，地球在中间，向右倾斜的外环是子午环，指示着地球的南北极。向左倾斜的 3 个细环是黄道环，标记着太阳的运行轨迹。向左倾斜的粗环是黄道，周围标记着十二星座的位置。这个模型由亚里士多德提出，后经托勒密完善（引自维基百科）

亚历山大跟亚里士多德学习了3年时间，学习的内容包括哲学、政府管理、数学、文学，等等。当时一起学习的还有好几个贵族子弟，后来都成为亚历山大手下的名将。

亚历山大 20 岁时登上王位。他先用 4 年时间统一了希腊，然后北上打到了多瑙河边，当时那里还是一片森林，人烟稀少。接着他就开始东征波斯。当时的波斯帝国十分强盛，疆域囊括现在的伊朗、土耳其、叙利亚、约旦等地，埃及也俯首称臣。国王大流士三世（Darius Ⅲ，公元前 380—公元前 330）集结了 10 万大军与亚历山大的 5 万军队对阵。亚历山大身先士卒（图 1.16），杀得大流士三世落荒而逃，连其母亲、妻子、女儿都做了俘虏。接着亚历山大南下征服了叙利亚与埃及，然后回师与大流士三世再次决战。这次大流士三世倾全国之力，兵员更多。亚历山大率军苦战，取得决定性的胜利。亚历山大还远征印度及阿富汗，一直打到今天中国新疆附近。他战无不胜，用剑与火创立了一个横跨欧亚非大陆的帝国。他所到之处总是修建城市，并留下自己儿时的同学来掌管。亚历山大的宏图伟业改变了世界，也把希腊的先进文化及老师亚里士多德的学说传遍世界。据记载，他修建的城市有 30 多个，其中最

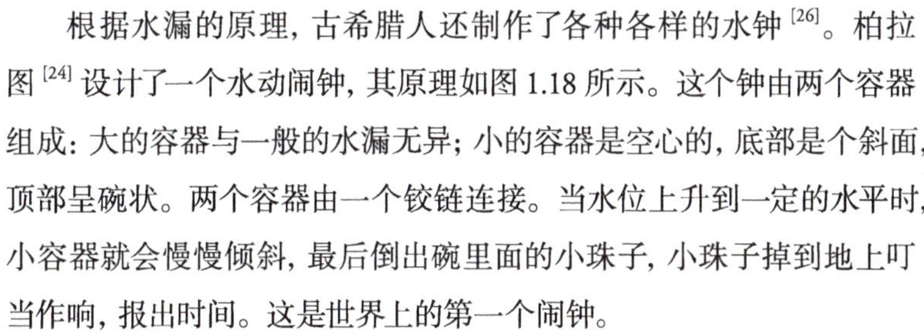

▲图 1.16 亚历山大大帝征服波斯（引自维基百科）

有名的是在埃及的亚历山大城，直到今天还是世界名城。可惜亚历山大英年早逝（他 33 岁时死于酒精中毒），还来不及统一历法。一百多年后，罗马人占领了希腊，把希腊变为罗马帝国的一个行省，并沿着亚历山大大帝的足迹建立了庞大的帝国，才慢慢开始修订统一的历法，这将在下一节讲述。

古希腊有各种各样的发明。“机械”这个词就来源于古希腊，原意是把舞台上的布景升起来的装置。古希腊人给出了一系列机械计时的方法。图 1.17 是一个古希腊的水漏。水漏的记载最早见于古埃及拉美西斯二世[6]时期（公元前 1300 年），但古希腊的水漏要精美得多。从图中可以看到，水漏由两个容器组成：上面的容器有一个小孔，容器中的水通过小孔缓慢地流入下面的容器；下面的容器中刻有标记，根据容器内的水位可以读出时间。古代中国也有类似的水漏（参见第二章）。水漏计时不大精确，随着容器中水压的变化，水流的速度就会改变，这个问题可以通过调整时间标记的刻度来解决。还可以用多级不同大小的容器来控制容器水位的高低，以保持水压的稳定。但是水漏精度毕竟有限，水还容易滋生细菌、霉菌及其他微生物。今天我们见到的大多是沙漏。密封的沙漏保证了沙子的清洁且不受湿度的影响，不断流动的细沙给人以时间点点逝去的感觉。

▲图 1.17 古希腊的水漏，制作于公元前 325 年左右（引自维基百科）

根据水漏的原理，古希腊人还制作了各种各样的水钟[26]。柏拉图[24]设计了一个水动闹钟，其原理如图 1.18 所示。这个钟由两个容器组成：大的容器与一般的水漏无异；小的容器是空心的，底部是个斜面，顶部呈碗状。两个容器由一个铰链连接。当水位上升到一定的水平时，小容器就会慢慢倾斜，最后倒出碗里面的小珠子，小珠子掉到地上叮当作响，报出时间。这是世界上的第一个闹钟。

亚里士多德[23]也设计过一个水钟（图 1.19），其工作原理如下：水从水龙头流到勺子里，水装满之后勺子倾斜，把水排到下水口，勺子同

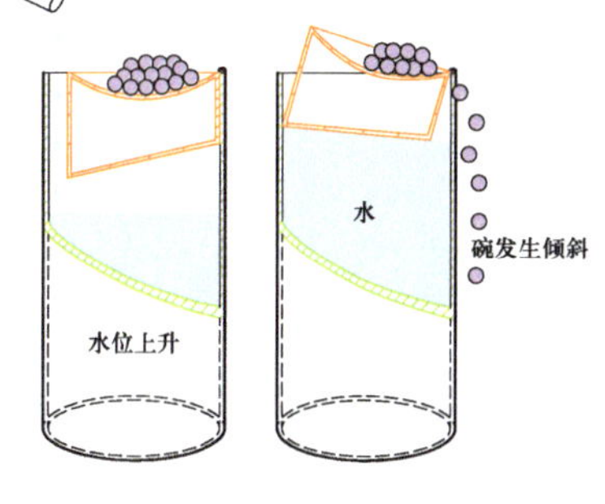

▲图 1.18 柏拉图的水闹钟原理图

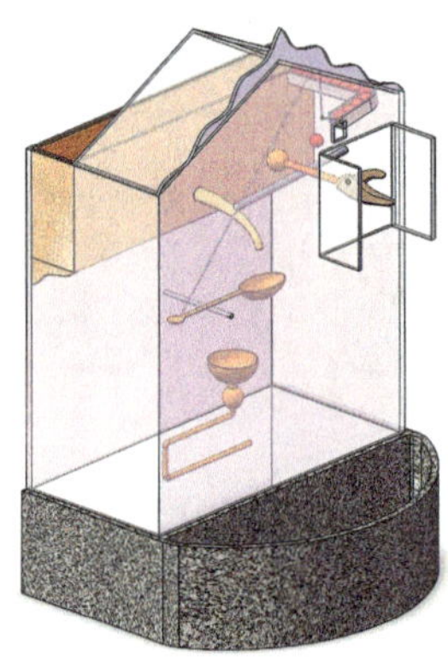

图 1.19 亚里士多德设计的水钟原理图

时牵动绳索放出一个计时用的红球，红球跌在一个木手上，并从木手中弹出，木手同时挑动绳索把勺子归位，开始一个新的循环。

图 1.20 是另一个古希腊水钟的设计图。这个水钟制作于公元前 250 年左右（但图是文艺复兴时期重画的）。从图中可见：水从 A 注入，经管道 M 流到容器 C；容器中有一个浮筒 D，上面站着一个指示时间的木偶；容器下部有一个“U”形的管道 FNE；水经过这个管道流到一个木制的水轮 K；水轮上有 6 个等分的水槽，当水注满一个水槽时，偏心力驱动水轮旋转 $360° \div 6 = 60°$；水轮又带动齿轮 I 旋转；齿轮 I 与齿轮 H 是同轴的，它驱动齿轮 G 旋转；最后齿轮 G 推动柱子 L 旋转上升，配合木偶手中的长矛指示时间。

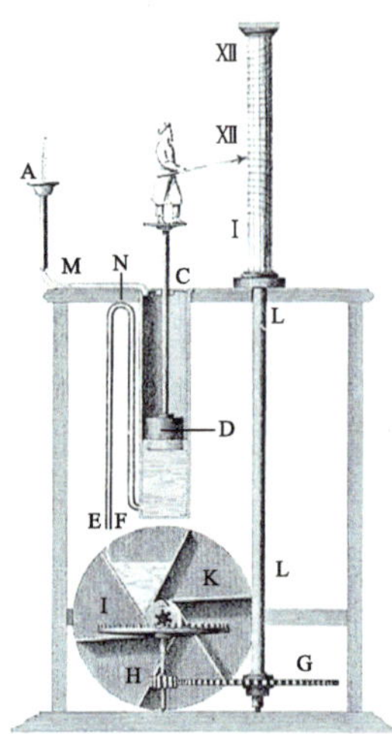

图 1.20 古希腊的水钟设计图（引自维基百科）

在古希腊人的各种发明中，最精美的是安蒂基西拉（Antikythera）机构[27, 28]。这一机构是 1900 年在希腊安蒂基西拉岛附近的一只沉船中发现的，因此名之。在此之前，它已经在水里浸泡了近 2000 年，锈作一团。开始人们对它并不重视，一直到 1960 年才被重新认识。安蒂基西拉位于希腊名城锡拉丘兹（Syracuse）附近，有些学者认为这个机构是阿基米德（Archimedes，公元前 287—公元前 212）[29] 设计制作的，因为他一生的大部分时间都在锡拉丘兹度过。阿基米德是古希腊最伟大的科学家之一，他的许多事迹家喻户晓。有一次，锡拉丘兹的国王（也是他的好友）要他鉴定一个新造的皇冠是不是纯金打造的，他思索良久而不得其解。一次洗澡时，他不经意地把手放进澡盆中，澡盆里的水因此溢出，这使他想到了不同物质的密度不同，所以排出的水量就会不同。他高兴得光着身子跳出澡盆，冲到街上大叫“Eureka！（我发现了！）”。后世的学者们质疑这个故事，认为金子与其他金属的密度相差不大，难以通过排水量准确测出。但是，物质密度这一重大发现确实非他莫属，而“Eureka”这个词也成为科学家们追求的一种境界。

2008 年美国科学家用 X 光分层扫描技术对安蒂基西拉机构的残骸进行了更仔细的分析，发现它是在公元前 200 年至公元前 150 年间制作的，那时阿基米德已经去世。现在的学者们认为它是在公元前 150 年左右由希腊著名的学者希帕克斯（Hipparchus，公元前 190—公元前 120）[30] 制作的。希帕克斯精通数学、天文学以及机械工程。他算出了第一个正弦函数表，还制作过一个太阳、月亮及地球的模型。当时希腊已沦为罗马帝国的行省，罗马人也许是想把这个安蒂基西拉机构与其他珍宝一齐运到罗马庆祝恺撒大帝[8]的登基大典，却不幸发生海难。因此，这个机构在海底沉睡了2 000多年。

安蒂基西拉机构是古希腊文明的杰作。图1.21a是它复原后的照片。它有两面，图1.21b是前表盘，表盘上有一个可以转动的环，环上有两个刻度，外面的刻度是一个12个月365天的年历，里面的刻度是12星座的位置（参考表1.1）。表盘上的刻度用于标记金、木、水、火、土五星出没的时间（能用肉眼看见的行星也就这5个）。表有7针，镶嵌着七色宝石，分别指示太阳、月亮及五星的位置。其中的月亮最特别，它用一个黑白两面的小球表示，小球可以旋转以表示月相。图1.21c是后表盘，包含两个表盘：一个显示的是默冬周期（Metonic cycle），这是一个19年的日月相回归年周期，因古希腊天文学家默冬（Meton of Athens，公元前5世纪）得名（其实古巴比伦人与古代中国人对此知道得更早些）；另一个是沙罗周期（Saros cycle），这是一个223个月的周期，用于预测日食和月食，它是由古巴比伦天文学家们在公元前3200年左右发现的。两个表盘上共有5个针：两个大针指示默冬周期及沙罗周期；3个小针分别指示奥林匹克周期（一个4年的周期）、卡里匹克（Callippic）周期（一个76年的日月回归周期，比默冬周期更为准确）以及艾色利格莫斯（Exeligmos）周期（一个54年33天的日食周期）。图1.21d是这一机构的设计图。整个机构由40多个各种各样的齿轮组成，每天摇动一个曲柄一周即可运作。它构思精巧，令人叹为观止。此外，这一机构与旧式的手摇计算机相似，可以称为现代计算机的鼻祖。

近年来许多人尝试重建这个机构，市面上已经有好几本专著，其中中国台湾学者的新作[31]解释详尽，分析入微。乐高（LEGO）公司还推出了一个积木产品，由3 715个小积木组成（图1.21e）。

（a）复原后的照片

（b）前表盘

（c）后表盘

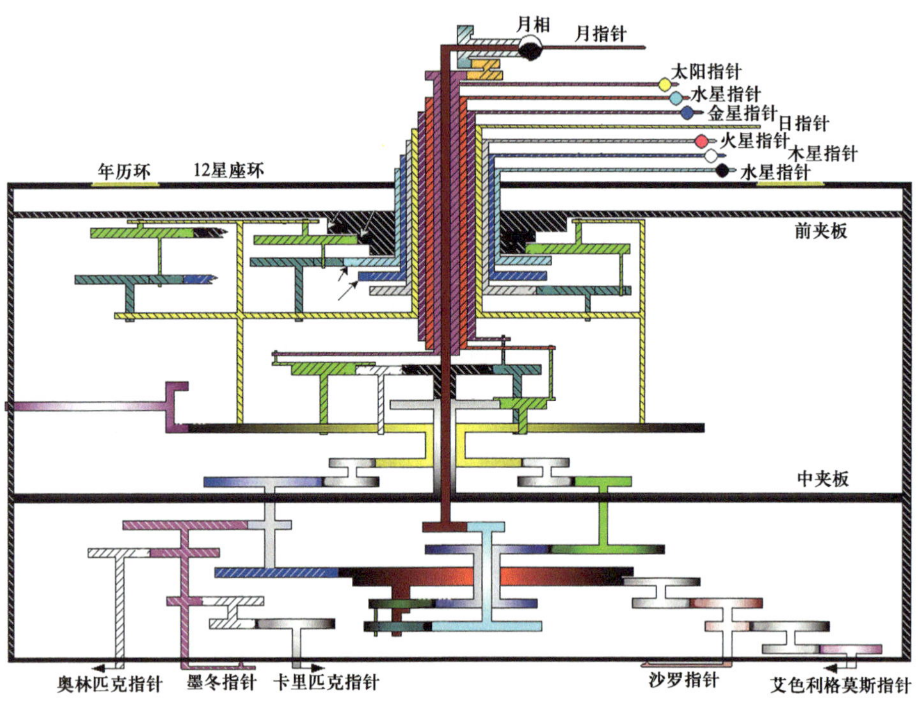

（d）机构设计图

（e）乐高公司的积木样机

◄图 1.21 安蒂基西拉机构（引自维基百科）

1.4 儒略历

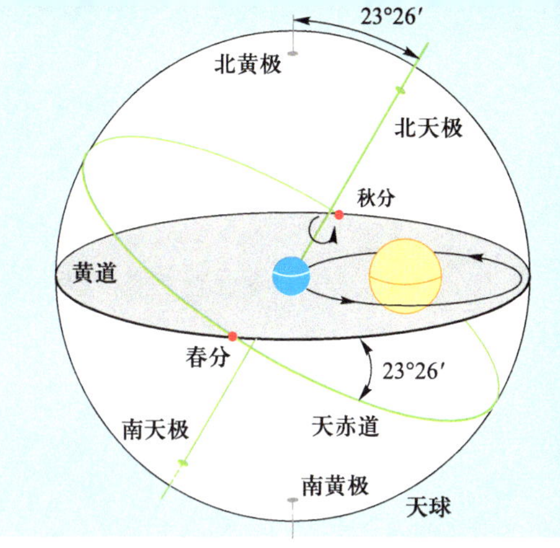

▲图 1.22 地球围绕太阳旋转的平面与天球相交出黄道，与地球南北极正交的是天赤道。天球、黄道和天赤道都是虚拟的，没有实际的大小

计时需要一个标准，那就是历法。古代许多民族、地区、国家都有自己的历法，例如上面提到的古埃及历、古巴比伦历和古希腊历。历法主要是关于年、月、日、时的计算方法。历法的基本单位为日[32]，古人认为一日就是一个晨昏，今天我们知道一日就是地球自转的一个周期。在古代一日是由日影来确定，连续两次日影最短出现之间的时间就是一日。

历法最重要的是年[33]，因为一年四季的循环对农耕十分重要。今天我们知道一年是地球绕太阳一周[34]所需的时间，地球距太阳约一亿五千万千米，绕太阳一周需要 365.256 363 004 天。这个时间长度可以参照星空中遥远的恒星来确定，因此称为恒星年（sidereal year）。恒星年和我们根据日影来观测的一年有所不同。如图 1.22 所示，地球的北极与天北极有一个 23°26′ 的夹角，当地球运行到不同位置时，所受的日照时间也不同，因此就有了一年中的四季。根据日影的变化可以测量出一年的长短。例如一年中夏至日的日影最短，连续两个夏至日日影最短的时间周期就是一年，这个“年”叫作回归年（tropical year，又称 solar year）。回归年比恒星年约短 20 分钟，是 365.242 19 天。此外，由于地球自转时会摇摆（chandler wobble），所以每年的回归年长度都稍有不同，在 2000 年，回归年是 365.242 189 天。

历法中另一个重要的元素是月[35]。一个月是月亮环绕地球一周[36]所需要的时间。月亮是在地球形成不久后，由一个火星大小的行星撞击地球而形成的。月亮是地球的卫星，离地球约 40 万千米。月亮围绕地球作同步运动，因此人们永远只能看到月亮的一面，看不见另一面。参照星空中遥远的恒星，可以测量出一个月的时间长度，这一长度称为恒星月（sidereal month），为 27.322 天。月亮的温度很低，本身不发光，只能反射太阳光。当它围绕地球转动时，由于它与太阳和地球的位置不断变化，因此就有了周期性的月相变化。如图 1.23 所示，当月亮在地球与太阳之间时，月亮是看不见的（朔，new moon）；当月亮移开一个角度时就有了上弦月，包括新月（waxing crescent）、

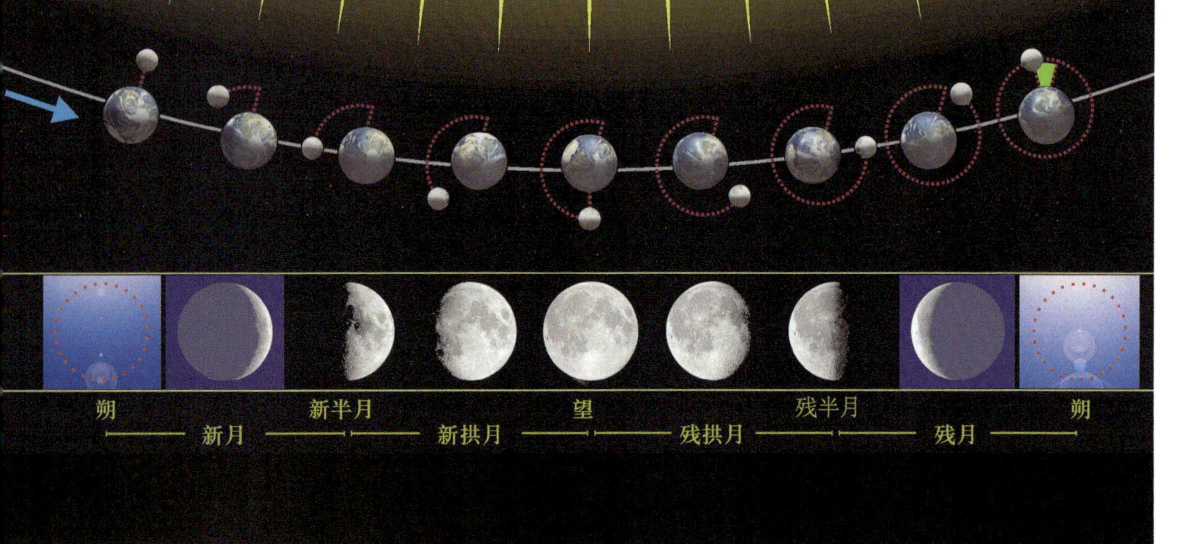

图 1.23 太阳、地球与月亮之间的相对运动造成的月相的变化。月相的一周期包括朔，上弦月（新月、新半月、新拱月），满月（望），下弦月（残拱月、残半月、残月）（引自维基百科）

新半月（first quarter）和新拱月（waxing gibbous）；当月亮移到了地球的另一面时，就有了满月（望，full moon）；接着是下弦月，包括残拱月（waning crescent）、残半月（last quarter）、残月（waning gibbous）；最后月亮又地回到太阳与地球中间，完成一个周期，周而复始。一个朔望月（即两次月相相同之间的时间，英文叫作 Synodic month）为 29.530 59 天。

古人凭借简单的工具（如日晷、观星装置及水漏）相当准确地测量出了恒星年、回归年和朔望月。这就是“问天”。根据回归年与朔望月，一年有 365.242 19 天，一月有 29.530 59 天；因此，一年有 365.242 19 ÷ 29.5 = 12.381 091 2 个月。经过推算，还可以发现 19 年有 19 × 365.24 = 6 939.56 天，而 235 个月有 235 × 29.5 = 6 932.5 天。这两个数十分相近，也就是日月重逢的默冬周期。更准确的是上一节讲到的 76 年的卡里匹克（Callippic）周期，它也可以用同样的方法推算出来。

由于年、月、日之间没有整数的关系，日历必须经常调整。调整的方法叫作置闰，即加上一天（闰日），或者加上一个月（闰月）。否则若干年后，日历与季节就会有很大的差距，对农耕产生很大的影响。不同的民族、不同的地区、不同的国家发明了不同的置闰方法，再加上一些人为事件的影响，就有了各种令人眼花缭乱的历法。

我们今天所用的公历源自古罗马帝国。古罗马原来有一个自己的历法，这个历法每年有 10 个月，很不准确。在那个时候，今天我们所使用的阿拉伯数字、小数、零等数学工具还没有出现，数学计算，包括历法计算，都十分困难。

公元前 250 年左右，罗马帝国开始兴起。罗马与希腊同处地中海北岸，只有一水之隔。当时古希腊由多个独立的城邦组成，罗马人倚仗组织精良的罗马军团将其逐个击破，最后把希腊变成了罗马帝国的一个行省。

公元前 74 年，24 岁的恺撒（Gaius Julius Caesar，公元前 100—公元前 44）[8] 被任命为罗马的大祭司。大祭司的主要职责之一就是置闰。不过年轻的恺撒对置闰并不怎么关心与尽责，他更注重的是扬名立威。为了国家的发展壮大，他鼓励生育，规定没有子女的女人不能佩戴首饰及乘坐轿子。本来祭司是不能带兵打仗的，但后来他被免去了祭司之职，得以领兵。在接下来的 20 年中，他南征北战，先后征服了高卢（现在的法国）、西欧（现在的德国、英国及比利时等地），把整个西欧收入罗马帝国的版图。他有一句名言："我来了，我见到了，我征服了（I came, I saw, I conquered）。"

公元前 48 年，恺撒跨过地中海远征埃及，去追杀他的政敌。此时的埃及还在托勒密（Ptolemy）家族的统治之下。托勒密一世原是亚历山大大帝 [21] 儿时跟亚里士多德 [23] 学习时的同学之一，亚历山大大帝征服埃及后把他留在那里当总督。亚历山大大帝去世后帝国分裂，他就当上了埃及法老。到了恺撒的时代，托勒密家族已经传了许多代，统治埃及许多年了。当恺撒率领舰队在亚历山大城登陆时，已经臣服罗马的托勒密十三（Ptolemy XIII）就把恺撒政敌的头颅献上，恺撒在心满意足之际也流下了几滴鳄鱼的眼泪。

当天晚上托勒密十三的姐姐克利奥帕特拉（Cleopatra，公元前 69—公元前 30）[7] 让人把自己卷在毛毯中送到恺撒的面前。几年前，托勒密十二去世时遗言让克利奥帕特拉和她年轻的弟弟托勒密十三共同当政。过了两年，托勒密十三长大成人，羽翼已丰，就把姐姐流放，自己独揽大权。克利奥帕特拉决心复辟，潜回了亚历山大城，却无计可施，因此冒险去见恺撒（图 1.24）。第二天，恺撒进宫去见托勒密十三，要求他和克利奥帕特拉再行共同当政。托勒密十三怀恨在心，几天后派出精锐部队去刺杀恺撒。恺撒与克利奥帕特拉侥幸逃脱，回到自己的舰队并组织反击。托勒密十三自然不敌恺撒所向无敌的大军，做了阶下囚。恺撒和克利奥帕特拉在埃及过了两年舒

图 1.24 法国著名画家哲罗（Jean-Léon Gérôme，1824—1904）的名画：克利奥帕特拉叫人把自己卷在毯子里带到恺撒面前，她的美艳使朴素的恺撒感到震惊，不由自主地站了起来（引自维基百科）

适的生活，他们从尼罗河溯河南上，直抵非洲腹地。尼罗河长约 6 650 千米，世界排名第一，比长江还要长近 300 千米。在此期间恺撒学习了古埃及的文化，也学会了古埃及的历法。

两年后，恺撒给克利奥帕特拉留下了两个精锐的罗马军团，自己回国了。不久，他就当上了罗马终身最高执政官。克利奥帕特拉亲自来到罗马祝贺，还给他带来了一个周岁的儿子，恺撒的高兴之情不言而喻。不过罗马的参议院则有许多人表示不满，认为这样的关系不正当，恺撒只好忍痛割爱，让克利奥帕特拉回埃及去。

后来恺撒被刺身亡，恺撒的大将安东尼（Mark Antony）[9] 又迷恋上了克利奥帕特拉。作为恺撒的爱将，安东尼与恺撒的外孙和养子屋大维（Gaius Octavius Augustus，公元前 63—公元 14）[37] 以及另一位恺撒手下的将军联手清算了杀害恺撒的人，重掌罗马大权，还娶了恺撒的侄女为妻。但克利奥帕特拉魅力超凡，安东尼为了追求她，送给她无数珍宝和大片领土，今天在土耳其还有以她命名的美丽海滩。安东尼还试图谋害屋大维，以便独揽大权。屋大维是恺撒指定的接班人（图 1.25），他坚毅、冷静。面对强大的对手，他步步为营，最后逼得安东尼和克利奥帕特拉双双自杀。克利奥帕特拉成为埃及最后一位法老。屋大维加冕后称为奥古斯都，统治罗马近 40 年，他主张民主、公正，还善于理财，设计了一套行之有效的经济制度，从而把罗马建成一个强大、繁荣、富庶的帝国。帝国的疆土覆盖整个 5 000 千米长的地中海。他临终时留言："我来的时候罗马是砖头建造的，我走的时候罗马是大理石建造的"，"为我鼓掌吧"。

图 1.25 屋大维
（引自维基百科）

恺撒在任罗马最高执政官期间组织了当时罗马最优秀的科学家们对古罗马的旧历进行了改革，制定了一个新的历法，这个历法用他的名字来命名：儒略历（Julian calendar）[38]，即恺撒的历法。儒略历相当简单，它利用了古埃及恒星年的纪年方法，规定了日、月、年之间的关系，每年有 12 个月：

1 月，"January"，一年的第一个月，以罗马的守护神杰纳斯（Janus）命名。杰纳斯有两张脸，一张回望过去，一张眺望未来。

2月，“February”，来自拉丁文“Februarius”，意为净化。它原来是罗马旧历中的最后一个月，在这个月中，罗马人要忏悔在过去一年中的罪孽，为来年作准备。

3月，“March”，原来是罗马旧历中的第一个月，以罗马的战神马尔斯（Mars）命名。

4月，“April”，来自拉丁文“Aprilis”，意为开启。

5月，“May”，以罗马的女神迈亚（Maia）命名，这位女神专司春天和生命。

6月，“June”，以罗马的另一位女神朱诺（Juno）命名，这位女神是主神朱庇特（Jupiter）的妻子，专司婚姻。

7月，“July”，这是恺撒的生日月，因此恺撒将这个月以其名字命名。

8月，“August”，这个月是屋大维的生日月，罗马元老院通过动议将这个月以奥古斯都的名字命名。

9月，“September”，来自拉丁文“Septem”，意为“七”。

10月，“October”，来自拉丁文“Octo”，意为“八”。

11月，“November”，来自拉丁文“Novem”，意为“九”。

12月，“December”，来自拉丁文“Decem”，意为“十”。

在12个月中，1、3、5、7、8、10、12为大月，有31天；4、6、9、11是小月，有30天；2月特别，只有28天（闰时有29天）。因此全年共有$7\times31+4\times30+28=365$天（闰年为366天）。儒略历还规定每4年有一个闰日，这相当于每年实际上有365.25天。还有一个传说：屋大维的生日是8月，所以他从2月中抽出一天（2月是罗马处决囚犯的月份），移到8月，所以8月有31天，像7月一样是大月，而2月只有28天。这一传说不太确定，因为据记载古埃及历法中的8月就是31天。

在儒略历中，月份与月相没有关系。实际上，儒略历只管日相，不顾月相，所以又称为阳历。也因此它十分简洁、准确（每年只相差10分钟左右）。由于只有太阳能使地球表面的温度升高一度以上，因此太阳控制着季节。而月亮则影响着潮汐、女人的月经周期及其他生物学现象。在农耕社会，季节的变化最为重要，所以用阳历也就够了。由于在儒略历中月相没有什么用处，西方世界对月亮就有些负面的观念。早在古希腊时，亚里士多德[23]认为宇宙有两部分：恒星下的不朽世界与月下的尘世，后者会经历生长、衰败与毁灭（就像月亮的圆缺）。后来就有人认为月下的尘世潜藏着腐败和罪恶，满月时幽灵、鬼怪和狼人就会出来，而且女人特别容易受其影响。与之相比，中国历法是阴阳合历（参见第二章），因此有完全不同的观念：月亮是与太阳对应的（阴和阳）；月亮守护着丰收与生命。

儒略历还规定一周（又称一星期）有7天。这个习俗来自古巴比伦[14]，原来是用于召集人们参加集市的，与日月都没有关系。当时城镇开始出现，商贸逐渐兴起，一周一次的集市十分重要。古犹太、古波斯及许多古国都有类似的方法。作者年轻的时候在广州郊区读中学，那里有每周一次的集市，这是受了儒略历的影响。中国很早就有集市了，大多是初一、十五，或是每10天一次，各地的时间不同。古希腊用日月和五大行星给一周的7天命名。古罗马原来用的是一个8天的“周”，儒略历将其改为7天，并用他们自己的神祇加以命名。表1.2列出了一周中的各天的名称及符号，其中有意思的是土星，他是农神，也主管时间（农耕需要掌握好时间）。传说中，他用大镰刀把小爱神丘比特（Cupid）的翅膀割掉（图1.26），象征着爱情也许能够战胜一切，但经不住时间的消磨。后来基督教[39]采用了犹太教[40]中上帝用7天创造了世界的传说，星期天成为宗教的礼拜日，因此，一周又称为一礼拜。

图1.26 俄国著名画家艾克莫夫（Ivan Akimov，1755—1814）的名画，农神把丘比特的翅膀割掉，隐喻爱情终究不敌时间的消磨（引自维基百科）

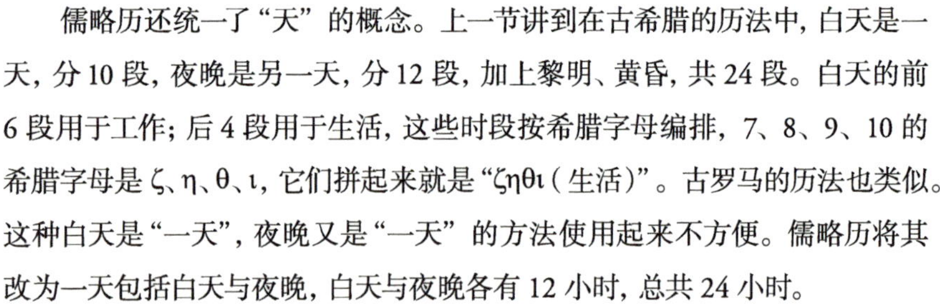

儒略历还统一了“天”的概念。上一节讲到在古希腊的历法中，白天是一天，分10段，夜晚是另一天，分12段，加上黎明、黄昏，共24段。白天的前6段用于工作；后4段用于生活，这些时段按希腊字母编排，7、8、9、10的希腊字母是ζ、η、θ、ι，它们拼起来就是“ζηθι（生活）”。古罗马的历法也类似。这种白天是“一天”，夜晚又是“一天”的方法使用起来不方便。儒略历将其改为一天包括白天与夜晚，白天与夜晚各有12小时，总共24小时。

儒略历把一小时分为60分。它源自巴比伦的60进制记数法。“分”的拉丁语是“minutum”（古罗马帝国主要使用两种语言：拉丁语与希腊语），意为小东西。不过，当时用的是变长度的小时制：冬天的白天短，白天的一小时少于60分钟，夜晚的一小时多于60分钟；夏天的白天长，白天的一小时多

表 1.2 一周的命名

名称	英文	对应的星	罗马神祇	符号
周日	Sunday	太阳（Sun）	Sol，太阳神	☉
周一	Monday	月亮（Moon）	Luna，月神	☽
周二	Tuesday	火星（Mars）	Tiu，战神	♂
周三	Wednesday	水星（Mercury）	Woden，使神	☿
周四	Thursday	木星（Jupiter）	Thor，雷神，诸神之王	♃
周五	Friday	金星（Venus）	Friggs，爱神	♀
周六	Saturday	土星（Saturn）	Saturn，农神	♄

于 60 分钟，晚上的一小时少于 60 分钟。所以儒略历没有准确地定义一小时的长度，也没有准确地定义一分钟的长度。还有，儒略历遵循古希腊人的做法，把一小时分成 4 等分。每一等分叫作“一刻”，即 1/4（quarter）。因为一小时是 60 分钟，所以一刻是 $60 \div 4 = 15$ 分钟。

在恺撒、屋大维去世后的 200 年间，罗马帝国不断扩张，成了横跨欧、亚、非三个大陆的超级帝国[41]。最强盛的时候其疆土东起波斯湾，西至英格兰，幅员近 1 700 万平方千米。儒略历也因此广为传播。

1.5 格里高利历、复活节和日心说

今天我们使用的公历又称为格里高利历[42]。从儒略历到格里高利历经历了 1 300 多年不平凡的历程。

古罗马人民原来和古希腊人民一样，信奉多神教。他们每征服一个地方，通常只是要当地交税，并不强迫当地人信奉他们的神祇。公元前 4 年左右耶稣基督（Jesus Christ，公元前 7 ~ 2—公元 30 ~ 33）[43] 诞生。耶稣是犹太人（Jews）。犹太是个古老的民族，有自己独特的宗教——犹太教[40]。犹太教是

图 1.27 死海经卷中的犹太圣经片段，距今已有 2 000 多年（引自维基百科）

一神教，崇拜唯一的上帝。1946 年发现的死海经卷 [44] 证明（图 1.27），犹太教至少在公元前 1500 年就开始了。

耶稣的母亲是拿撒勒（Nazareth）人。耶稣跟随母亲在拿撒勒长大。在耶稣的年代，犹太国已沦为罗马帝国的行省。耶稣愤于犹太国的沉沦以及犹太人的堕落，创立了自己的宗教：基督教 [39]。犹太的祭司与富商们忌惮耶稣挑战他们的权威，把他告到了罗马统治者处。罗马人就把他钉死在十字架上（图 1.28）。十字架上的字母“INRI”是缩写，拉丁语全文意为“拿撒勒的耶稣，以色列之王”。

耶稣传教只是口述，没有留下任何著作。现在基督教的《圣经》[45] 分旧约与新约两个部分。旧约与古老的犹太教《圣经》基本相同（就是死海经卷中的内容），包括一些犹太民族的古老传说，如创世纪、摩西、大卫王，等等。新约是后人按当年耶稣及其门徒传教的经历和内容记录整理而成。现存《圣经》的最早版本是公元 350 年左右用希腊文写成的 [46]。我们从《圣经》中还可以看到古罗马在实行儒略历之前把一天分为白天与黑夜“两天”的影子。例如，在《圣经·约翰福音》中，耶稣说道：“一天不是有 12 小时吗？”

在耶稣离世后，他的弟子们继续传教。彼得（Simon Peter，？—67）[47] 是耶稣的大弟子。他首先建立了教会，因此被尊为第一任教皇。今天在罗马市中心旁边的梵蒂冈教廷还称为圣彼得大教堂。

基督教后来成为罗马帝国的国教，最大的功臣是康斯坦丁大帝（Constantine the Great，272—337）[48]。康斯坦丁的父亲是罗马帝国高卢省（即今天的法国）的执政官，母亲是个意志坚强的基督教徒，他年轻时作为人质在罗马长大。他当上了罗马皇帝后，首先确立了基督教的合法地位。312 年，他在尼西亚（Nicaea，现在土耳其境内）召开了第一次基督教会议，厘定了各

▲图 1.28 拉斐尔（Raphael，1483—1520）的名画《基督受难》。这一题材的绘画、雕刻是世界上最丰富的宣传品，对人类文明史有巨大的影响（引自维基百科）

种经典与规章制度，史称尼西亚信条（Nicene Creed）[49]。《圣经》也是在这个时候编写的。330 年，他在拜占庭的旧址上建立了新的都城，并命名为康斯坦丁堡（即今天土耳其的伊斯坦布尔）。他本想继续东征波斯，却一病不起，临死前他接受洗礼，正式成为基督教教徒（图 1.29）。

到了公元 380 年，罗马皇帝狄奥多西一世（Theodosius I，347—395）[50] 更把基督教奉为国教。当时基督教有好几个教派，他把尼西亚（第一次基督教会议所在地）的教派定义为正宗的基督教，叫作天主教（Catholicism）。他把其他教派以及其他宗教，包括罗马的原始宗教，统统当作邪教打压。他禁止一切非基督教的活动，终止了奥林匹克运动会。他还把罗马帝国一分为二，让他的两个儿子各自执掌。

上有所好，下有所效，获得了国教地位的基督教很快就在罗马帝国占据了绝对的主导地位。基督教神学的理论也逐渐建立起来。最著名的神学家是圣奥古斯丁（Saint Augustine，354—430）[51]。他的著作是神学的经典。他认为上帝创造了万物也创造了时间；但时间也是人的意识（如过去、现在、将来）。他说："什么是时间？当没人问我的时候，我是清楚的；但是当有人问我时，我又不知道了。" 时间既看不见，也摸不着；不但难以计测，而且难以纪量。

▲图 1.29 拉斐尔（Raphael，1483—1520）的名画《康斯坦丁大帝受洗》（引自维基百科）

罗马帝国一分为二后，西罗马帝国以罗马为首都，以拉丁语为主。东罗马帝国以康斯坦丁堡为首都，以希腊语为主。两都相距 1 000 多千米，平时通信困难，危机时无法互相支援，加上语言的障碍，分裂就成了定局。

西罗马帝国在分裂后不久就开始显露败象。先是两次被北方的蛮族洗劫，不但威风扫地，而且文明也遭到了灭顶之灾。另外，帝国的大臣们大多只懂拉丁语，因此不少古希腊的科学技术就此被尘封，直到 1 000 年后的文艺复兴时期才被重新发现。公元 476 年西罗马帝国覆灭[52]。

罗马帝国覆灭时，在罗马城中的梵蒂冈基督教教廷却没有被摧毁，仍然是驾驭基督教世界的皇廷，而且基督教还不断传播，连洗劫罗马的北方蛮族也信奉了基督教，因此基督教逐渐成为世界第一大宗教（可见信念的力量大于武力）。在基督教社会中，教皇（pope）是耶稣在尘世间的代表[53]，虽然没有多大的领土，但却有着无上的宗教权威。从彼得[47]开始至今共计有266位教皇。

基督教源于耶稣基督，因此教廷必然要面对一个问题：如何计算耶稣基督的生辰与忌日，以作庆典。《圣经》明确记载，耶稣基督是在春分（那一天日与夜一样长）后的第一个月圆之日［犹太教中的逾越节（Passover）］复活的，那天还是个星期天。因此，复活节（Easter）[54]要涉及天文计算：春分是由地球绕太阳运动确定的，月圆是由月亮绕地球运动确定的，而星期天则是一个世俗的日子。每年要确定复活节的日子都会遇到麻烦，总不能与《圣经》的记载相符。另外，儒略历法中的误差虽然微小（每年相差10分钟左右，每120年相差约一天），但是经过多年的积累就不小了。在康斯坦丁的时代还不大明显。到了公元1000年左右，复活节已经与春分相差了10天，因此需要修订。

鉴于西罗马帝国的覆灭，教会认识到人才的重要性。在公元600年至800年间，教会开始建立学校，除了主修基督教教义以外，教会要求教士们学习"三学四艺"。三学（trivium）是语法、逻辑、修辞；四艺（quadrivium）是算术、几何、天文和音乐。三学是必修的，以期教士们可以读书识字，可以传教。四艺是选修，也没有一个考核的方法，懂得的人自然不多。但是，学校还是一步一步地发展起来了。世界上最早的大学[55]是意大利的博洛尼亚大学（Bologna University），建于1088年；其次是牛津大学（建于1096年）和巴黎大学（建于1150年）。

首先研究复活节问题的是一位生活在英国（当时的英伦三岛还没有形成统一的国家）北部的教士比德（Bede，673—735）[56]。他写过好几本书，其中一本叫作《英国基督教传道史》。这本书是第一部基督教史，书中把基督的出生年份作为标准纪年（Anno Domini，意为圣主之年，简称AD），在此之前的年份则称为BC（Before Christ）。根据后来考证，耶稣其实生于4 BC或者更早，因此AD并非为真正的耶稣出生之年。另外，当时0的概念还没有传到欧洲（0的概念是印度人在100AD左右发明的，在1000AD左右传到欧洲），也就是没有0AD（即耶稣一出生就是1周岁），但这些问题都已经无法再修改了。在现代社会中，因为BC带有宗教色彩，不少国家就将其称为“before common era（BCE）”，中国则称为“公元前”，相应地将“AD”称为“公元”。比德推断上帝是在公元前3952年时创造了世界，后来教廷将其修改为公元前4004年，作为官方解释。比德的另一本书《推算时间》（*On the Reckoning of Time*）中给出了一种计算复活节的方法，不过是错误的。

图1.30 罗杰·培根（引自维基百科）

1267年，英国牛津大学的罗杰·培根（Roger Bacon，1214—1292）[57]写信给教皇，指出复活节的计算错误，认为所有的基督徒都在庆祝错误的复活节日。在当时指摘教廷的错误无异于虎口拔牙。不过，这位比达·芬奇（Leonardo da Vinci, 1452—1519）早生200年的文艺复兴先行者坚信真理需要实践的证明，他挑战传统的形而上学的逻辑推理：“一个没有见过火的人难以想象什么是火，但是当他把手伸进火里，感受到火的威力，他就会真正知道什么是火了……光靠听说是不够的，人必须去亲历。”培根把信寄出后，教廷并没有理会，但当地的教会把他看成危险的另类，将他软禁在家。本来他很可能就此埋没，不过机缘巧合，当时法王路易十一（Louis Ⅺ）的私人律师及顾问富克斯（Guy Le Gros Foulques，1190—1268）看到了这封信，很感兴趣，回信要他提供更多的数据，培根这才得以重见天日。富克斯不但名高望重，而且在几年后被选为教皇，即克莱门特四世（Clement Ⅳ）。他登基后再次给培根写信，询问计算结果。一时间当地教会为之震动，主教更是惶惶不可终日。培根倒是不计前嫌，回信中没有告状，只是说自己已经多年没有研究这一问题，需要时间重新整理。在接下来的10年时间里，培根仔细研究天文学和数学（图1.30），写了一本专著。他在书中指出儒略历存在的两个问题：①每130年就会有一天的误差；②春分应该不是一个固定的日子。他提出用每125年减去一天的方法进行校正。但当此书送到教廷时，恰逢克莱门特四世突然去世，新教皇对此不感兴趣。培根失去了支持，当地教会再次把他囚禁起来，还上告教廷要判他重罪，教廷则不置可否。10年后，培根被再次释放时已经70多岁，不久便去世，他的理论也随之石沉大海，无人过问。

接着，世界经历了黑死病[58]的灾难，病死近7 500万人，欧洲失去了近1/3的人口。当时的法王菲利普六世（Philip Ⅵ）向巴黎大学的教授们询问黑

—图 1.31 德国画家洛伊茨（Emanuel Leutze，1816—1868）的名画，伊莎贝拉一世用自己的首饰资助哥伦布的探险，发现了美洲大陆（引自维基百科）

死病的原因，教授们说 1345 年 3 月 20 日是三星（土星、木星、火星）连珠之日，天降灾祸。一时间人们都以为《圣经》上说的世界末日到了。然而，世界末日并没有来，人们还是坚毅地活了下来，社会慢慢恢复，科学也慢慢进步。

1362 年，法王查理五世（Charles V）在皇宫前树立了一个大钟。大钟按点报时，国家政务也按钟点办理。

1486 年，西班牙的伊莎贝拉（Isabella Ⅰ，1451—1504）[59] 和她的丈夫费迪南二世（Ferdinand Ⅱ，1452—1516）攻克了穆斯林在西班牙的最后据点，基督教再次一统欧洲。伊莎贝拉还资助哥伦布（Christopher Columbus，1451—1506）[60] 的探险（图 1.31），发现了美洲新大陆。更重要的是，文艺复兴[61] 开始了，给欧洲带来了全新的气象。

NICOLAI CO
PERNICI TORINENSIS
DE REVOLVTIONIBVS ORBI-
um coelestium, Libri VI.

Norimbergæ apud Ioh. Petreium,
Anno M. D. XLIII.

—图 1.32 波兰画家玛泰格（Jan Matejko，1838—1893）的名画《哥白尼》，以及哥白尼的《天体运行论》封面（引自维基百科）

为修正儒略历中明显的错误，1493 年左右民间开始流行一种“牧羊人历法（Shepherd's Calendar）”，以配合农耕的需要。1514 年教皇利奥十世（Leo X，1475—1521，任教皇期间为 1513—1521 年）邀请了当时最有名的天文学家保罗（Paul of Midelburg，1450—1533）主持组织一个委员会，商讨修改历法事宜。他还亲自写信给各国国王，推行保罗所提出的方案，但各国反应冷淡。不久，利奥十世病故，此事也就不了了之。

但是，教皇利奥十世的这封信，却启发了哥白尼（Nicolaus Copernicus，1473—1543）[62] 对天文学的终身热情。哥白尼的家乡是靠近波罗的海的一个小城托伦（Torun），那里曾是普鲁士的领地，现属于波兰。哥白尼出身于富商家庭，年轻时接受过很好的教育。他先在波兰的克拉科夫（Krakow）大学学习了 4 年，接着与弟弟一起去意大利留学，在博洛尼亚大学获得了法学学位和医学学位。但是他最感兴趣的是数学与天文学。哥白尼学成回到家乡后担任各种公职，还是当地亲王的私人医生、顾问，衣食无忧。教皇的信发出时，哥白尼刚刚 40 出头，在接下来的 30 年里，他努力研究天文及历法（图 1.32），最后完成了他的名著《天体运行论》。

哥白尼在他的《天体运行论》中首先讲到回归年与恒星年的不同。不过，他当时并不明白其中的原因（这一原因在200年后才被发现）。接着他给出了详细的数据，说明回归年为365.242 5天（实际值为365.242 19天），恒星年为365.256 71天（这比实际值只快了30秒）。他主张以恒星年做基准。接着，他指出儒略历每隔128年就会有一天的误差，因此需要改革。哥白尼没有给出一个确切的历法改革方案，却提出了一个改变世界的理论：日心说。

太阳、地球、月亮与群星是怎样运动的？古希腊人曾提出两种理论：地心说（geocentrism，即地球不动，日、月及群星绕地球运动）[63]及日心说（heliocentrism，即太阳不动，地球绕太阳运动）[64]。如果你仰望夜空几个小时，你会发现群星从东向西移动，但是星座的形状保持不变。这里有两种可能：要么是星星都以同样的速度围绕着地球运动（地心说）；要么是地球本身在运动（日心说）。显然，日心说更加合理，因为太阳和月亮的运行速度就明显不一样，金木水火土五星运行的速度也不一样。但在当时，地心说占据了主流。1.3节中讲到亚里士多德[23]认为地球是宇宙的中心，他的思想和他的威名极大地影响了后人。后来的著名学者希帕克斯[30]也支持地心说。本来地心说有一个死穴，那就是无法解释行星的逆行（retrograde）：由于地球绕日运行的周期与其他行星不同，从地球上看去行星有时会逆行。图1.33是火星逆行的示意图[65]，图中蓝点是地球，红点是火星。由于地球与火星的运动速度不同，从地球上看，火星除了从东（下）往西（上）走，也会向东逆行。

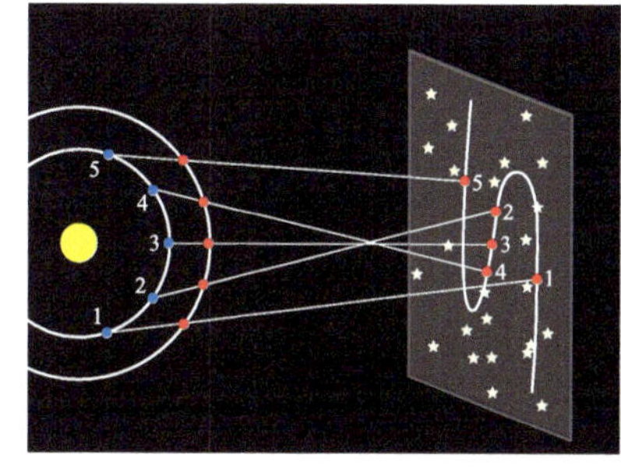

图1.33 火星逆行图解（引自维基百科）

到了公元2世纪，托勒密（Claudius Ptolemy，90—168）[66]提出了一个行星自旋的理论。这位托勒密是当年亚历山大大帝[21]的部将、后来成为埃及法老的托勒密一世（Ptolemy I Soter，公元前367—公元前282）的后裔（图1.14中右下角手持地球模型者），今天他比那些开国的远祖更加有名。托勒密治学勤奋，在数学、物理学、光学、音乐、地理学及天文学上都有卓越的贡献。他的著作《宏伟》（*Almagest*），详细记录了1 000多颗星星的位置，这不但是前无古人，在后来的1 500年间也无人能够超越。根据行星自旋理论（图1.34），他认为行星按基圆（deferent）绕地球运动时还

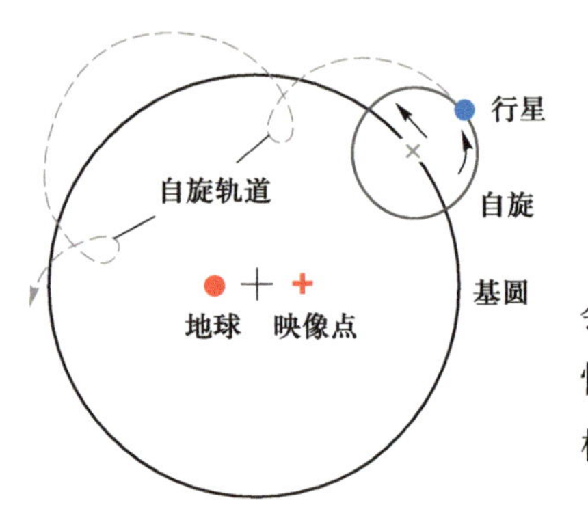

图 1.34 托勒密的行星自旋理论图解（引自维基百科）

会按自旋的轨道（epicycle）旋转，因此从地球上看就会有逆行的情形。为了能准确地计算逆行的轨迹，他还引进了映像点（equant）概念，使得计算结果能够较好地吻合观测数据。

基督教的《圣经》采用古犹太人关于创世纪的传说，认为上帝从虚无中创造了“所有精神的和肉体的、天使的和世俗的事物”。上帝还按照自己的形象创造了第一个男人亚当，并把灵魂注入他的体内（图 1.35）。后来，他又把自己的儿子耶稣基督派到人间来拯救堕落的人类，因此地球在宇宙中有着特殊的地位。《圣经》中并没有说过地球是宇宙的中心，但有好几处讲到“世界是不动的”，“太阳和月亮都停在空中”。后来在康斯坦丁大帝[48]召开的世界基督教大会上制定尼西亚信条[49]时，托勒密的地心说被基督教奉为经典，后来还被包装成上帝的完美设计，统治人们的宇宙观达 1 400 多年之久。

哥白尼在意大利博洛尼亚大学的时候就读过托勒密的书，当时他还是多梅尼科·诺瓦拉教授（Domenico Maria Novara，1454—1504）的天文学助手。他在天文观测中发现月亮把一颗恒星给遮盖住了，因此对托勒密的地心说产生了怀疑。他经过细致的思考与计算，提出了日心说。日心说以太阳为中心，水星（Mercury）、金星（Venus）、地球（Earth），火星（Mars）、木星（Jupiter）与土星（Saturn）依次环绕太阳运行（图 1.36）。这就是我们今天知道的太阳系[67]，只是少了肉眼看不见的天王星（Uranus）与海王星（Neptune）。

当日心学说传到罗马教廷的时候，教皇克莱门特七世（Clement Ⅶ，

图 1.35 米开朗基罗（Michelangelo，1475—1564）的名画《上帝造人》（引自维基百科）

1478—1534，任教皇期间为 1523—1534 年）十分感兴趣，还曾经提出要请哥白尼到教廷来详细解说。但后来有人攻击日心说与《圣经》不符。哥白尼是个虔诚的基督徒，虽然内心坚持日心说，却不敢公开发声。直到生命的最后阶段，在朋友的鼓励下，他才把有关日心说的理论公之于众。临终前他看着新印出来的书时（图 1.32），一句话也没有说。

▲图 1.36 太阳系示意图，图中太阳与各行星的大小成比例，但其距离实则相差很远。例如，地球距太阳约 1.5 亿千米（1.505×10^8 km），而其直径为 1.2 万多千米（12 735 km），因此无法按比例画出（引自维基百科）

在此后的几十年间，教皇换了好几个。虽然历法需要改革已经成了共识，但却没有人能够真正推动历法改革的实施。

格里高利八世（Gregory Ⅷ，1502—1585，任教皇期间为 1572—1585 年）[68]决心一劳永逸地解决历法问题。格里高利八世原名 Ugo Boncompagni，出生于博洛尼亚的一个名门望族，年轻时是个律师，后来在教会身居高位，70 岁时登上教皇的宝座。他登基后不久就成立了一个委员会，专门解决历法改革问题。这个委员会工作了近 10 年，最后在 1581 年拿出了历法改革的终稿。在终稿上签名的委员共有 6 人：

- Cardinal Guglielmo Sirleto（1514—1585）。他是教廷的枢机，精通拉丁文与希腊文，熟悉教廷的规章制度、历史典故，曾是教皇的候选人。他任委员会的主席。

- Aloysius Lilius（1510—1576）。他出生于意大利南部的那不勒斯，是个医生，也是天文学家。Aloysius Lilius 首先提出历法改革的方案，贡献最大。不过当历法委员会正式开始运作时，他就病逝了，以后由他的弟弟 Antonio Lilius 代替。Antonio Lilius 也是医生、天文学家。为了纪念 Aloysius Lilius 的贡献，今天在月球上有个火山口用他的名字来命名；另外还有一个小彗星叫作 Lilio。

- Christopher Clavius（1538—1612）。Clavius 是个犹太人，他学识渊博，精通数学与天文学，连伽利略（Galileo Galilei，1564—1642）（参见第三章）也常去向他请教。他坚决支持历法改革，支持伽利略的望远镜实验，但反对哥白尼的日心说。伽利略说他老了，情有可原。Clavius 文采出众，而且能言善辩，是历法改革终稿的主笔。

● Ignatius of Antioch。他是一位来自叙利亚的主教，精通叙利亚语与阿拉伯语。他给委员会带来了东方的天文学思想和文化。

● Leonardo Abel（？—1605）。他是来自马耳他（Malta）的一位主教，精通法律，熟悉教廷的法规，也精通阿拉伯语。他是历法改革终稿的副主笔。

● Ignazio Danti（1536—1586）。Danti 是一位数学家、天文学家，也是艺术家、建筑师。他在委员会中是技术专家，负责测量与计算。他还协助 Ottaviano Nonni（1536—1606）为教皇建立梵蒂冈教廷的天文台风之塔（The Tower of the Winds，又称为 Gregorian Tower）[69]。风之塔是梵蒂冈建筑群中除了圣彼得大教堂以外最高的建筑，里面有一个测量室（图 1.37），每天日光从小孔中射入，照射在地面的 12 星座上，指示这一年中的月份。这个天文台还有望远镜及其他一些天文观测设备。不过，它更多是用作教廷的特殊会议室，常人一般无缘得见。

图 1.37 梵蒂冈教廷的天文台风之塔（引自维基百科）

格里高利八世为什么要坚决地勘定建立新的历法，今天已经难以考证。他的一生可以说是功过参半。他在位 13 年，一方面支持宗教改革，投巨资兴建学校，派遣教士到中国、印度和菲律宾传教。另一方面镇压不同教派，特别是马丁·路德（Martin Luther，1483—1546）[70] 的新教。还要出兵英国与英女王伊丽莎白一世（Elisabeth Ⅰ，1533—1603）[71] 的新教开战。他把哥白尼的《天体运行论》列为禁书。他还在梵蒂冈大兴土木，几乎使教廷破产。不过，这一切比起他的历法改革都变得不那么重要，这个历法以他的名字命名，叫作格里高利历 [42]。他把这个历法作为其一生中最大的功绩，刻在自己的铜棺上（图 1.38），置放在梵蒂冈的圣彼得大教堂中。

格里高利历以儒略历为基础，完全不考虑日心说与地心说之争，只是以精确地测量每年的长度为基准，以期推算出准确的历法。表 1.3 为历史上著名的年长度测量数据。

从表中可以看出，格里高利历比儒略历准确不少。有了精确的测量为基础，下一步就是要解决儒略历的误差问题。

图 1.38 在梵蒂冈圣彼得大教堂的铜棺上雕刻着格里高利八世建立格里高利历的功勋（引自维基百科）

表 1.3 历史上著名的回归年测量数据以及与现代标准值的比较

年份	源起	测量值	误差
现在	原子钟	365 日 5 时 48 分 46 秒	
公元前 141—公元前 127	古希腊希帕克斯	365 日 5 时 55 分	+6 分 14 秒
公元前 104	中国太初历	365 日 5 时 34 分 58 秒	−13 分 48 秒
公元前 45	儒略历	365 日 6 时	+11 分 14 秒
139	罗马托勒密	365 日 5 时 55 分 13 秒	+6 分 27 秒
499	印度 Aryabhata	365 日 8 时 36 分 30 秒	+2 时 47 分 44 秒
882	阿拉伯 al-Battani	365 日 5 时 48 分 24 秒	−22 秒
约 1100	波斯 Omar Khayyam	365 日 5 时 49 分 12 秒	+26 秒
1252	西班牙 Alfonsine X	365 日 5 时 49 分 16 秒	+30 秒
约 1440	波斯 Ulugh Beg	365 日 5 时 49 分 15 秒	+29 秒
1543	波兰哥白尼	365 日 5 时 49 分 29 秒	+43 秒
1582	格里高利历	365 日 5 时 48 分 20 秒	−26 秒

当时有好几个方案，例如把每天的时间缩短一些，或者每过一定的年份减去一天，利留斯（Aloysius Lilius）提出的方案是修改置闰。利留斯注意到儒略历每 134 年会多一天，也就是每 134 × 3 = 402 年会多 3 天，所以只要在 400 年内减少 3 个闰年就可以解决这个问题。基于这个想法，格里高利历规定凡是能被 100 整除的年份只有在被 400 整除时才是闰年，这使得误差减少到每 3 300 年为一天。

另外一个问题是如何消除已经积累的 10 天误差。利留斯有两个方案：一种是减去 10 个闰年，在 40 年间不知不觉地消除这个误差；另一种是一次性地减去 10 天。最后，历法改革委员会决定要一步到位，因此规定在 1582 年 10 月 4 日跳过十天，成为 10 月 14 日。因此，世界历史上也就没有 1582 年 10 月 5 日到 10 月 13 日这些日子。

关于复活节的问题，格里高利历只解决了一半。复活节涉及春分（阳历）、月圆（阴历）、周日（习俗）。当时已经知道 19 年等于 235 个月（阴历）的墨冬

图 1.39 布鲁诺（Giordano Bruno，1548—1600）[73] 因为宣传日心说，被教廷判处火刑（引自维基百科）

周期（Metonic cycle）会有 1 小时 27 分 30 秒的误差。因此，每隔 312.7 年就会相差一天。利留斯发现 8 个 312.7 年约为 2 500 年，而 2 500 年等于 7 个 300 年和一个 400 年。因此，他提出在计算阴历时，先是连续 7 次每隔 300 年减去一天，然后第 8 次是隔 400 年减去一天，据此可以准确地计算月圆之日。至于是否周日则无法保证。

在后来的数百年中还有许多极具聪明才智的人曾经努力想彻底解决复活节问题，例如数学王子高斯（Carl Friedrich Gauss，1777—1855）[72] 曾经找到一个关于复活节的数学公式，计算出复活节不会发生在周一、周三或周五，然而比起他那些伟大的贡献，如高斯分布（又称为正态分布）、最小二乘法以及他在电磁学中的杰出工作（磁通量是以高斯命名），这一公式早已被大多数人遗忘。1926 年，国际联盟（即今联合国的前身）建议在每年 4 月的第 3 个周六庆祝复活节（但也有例外，如 2016 年的复活节为 4 月之前的最后一个周六，即 3 月 26 日，以期更接近月圆之日）。虽然这个不顾及日相与月相的建议从来没有被梵蒂冈教廷正式采纳（后来的梵蒂冈教廷也不管制定历法了），但今天人们都接受了。

格里高利历不涉及地心说及日心说之争，但地心说与日心说之争却渐渐掀起轩然大波。在中世纪的欧洲，《圣经》被认为是终极的真理。《圣经》中没有包含的内容就是不重要的，或者是错误的。这种绝对权威的思想，过去与现在，世界各地都存在。但实践是检验真理的标准，日心说可以准确地预测日月及五大行星的运动，这是任何人都可以验证的。虽然梵蒂冈教廷把日心说视为异端邪说加以镇压，并把信奉与宣传这一学说的人监禁甚至烧死（图 1.39），但是真理是无法镇压的，所有的人只要仔细地观察日月星辰（问天），就能够确认日心说是正确的。最终日心说战胜了权威的封杀，并从此开启了追求思想解放的文艺复兴。时光过去 500 年，今天在世界上还有形形色色的权威，但权威终将成为过眼云烟，只有时间是永恒的。

哥白尼的日心说还经过了一个不断完善的过程。丹麦人第谷（Tycho Brahe，1546—1601）[74] 是望远镜发明前的最后一位伟大的天文学家。他出身于一个显贵的家族，他的叔叔为救丹麦国王而战死，国王因此图报，给了其家族不少财富与荣誉。他年轻时性格急躁，曾经为了一个数学公式的发明权和他的表兄决斗，并在决斗中被削去了鼻子，因此装了一个金鼻子。后来新王即位，就把高傲的他请出了丹麦，让他去布拉格任神圣罗马帝国的天文台台长。布拉格是古波西米亚的首都、神圣罗马帝国的重镇，经济发达，政治宽松，科技进步。市中心的旧市政府大楼有一个著名的天文钟（图 1.40）[75]，这是世界上最古老的机械钟之一（参见第三章），它建于 1410 年，比第谷还要早 100 多年。大钟有 10 多种功能，包括日月五星出没的时间，日食、月食等，每到整点还有木偶人出来敲钟。这个天文钟至今还在运行。

图 1.40 布拉格的天文钟

第谷的天文观察是前无古人的。他仔细观测星象长达数十年之久。有一次，他发现了一颗新星爆发（supernova），当时他不敢相信，叫人敲敲他的脑袋以确定自己没有在做梦。如果恒星是永恒的，怎么会有新星爆发呢？因此，他对恒星不变的理论提出了质疑。他还对行星进行了仔细的观察，得到了大量的精准数据。他知道哥白尼的理论，但提出了自己的宇宙理论（图 1.41）：太阳与月亮围绕地球旋转，金木水火土五大行星围绕太阳旋转。

1600 年，第谷邀请开普勒（Johannes Kepler，1571—1630）[76] 来当他的助手。一年后他离世（他的墓地就在布拉格天文钟旁边的教堂中），开普勒接任了布拉格天文台台长。开普勒生于德国，他从小聪明过人，但一生多难。他的父亲在他 18 岁时去世，不久他的母亲被诬陷为巫婆（这在当时很常见），幸得他多方营救才得解脱。他两次结婚，第一任妻子出身名门却傲慢，第二任妻子贤惠但贫困。他的 12 个子女大多夭折（这在当时也是常事）。他没有什么门第背景，所以任布拉格天文台台长时的薪俸只有第谷薪俸的一半，而且由于战争屡被拖欠。1630 年，他因为好几个月拿不到薪俸，穷得揭不开锅，只好去找神圣罗马帝国的皇帝追讨，不幸路上受了风寒，几天后去世，终年 59 岁。他的墓碑不久就被战争毁坏，现已无处可寻，但是他那著名的开普勒定律 [77] 却永世长存。

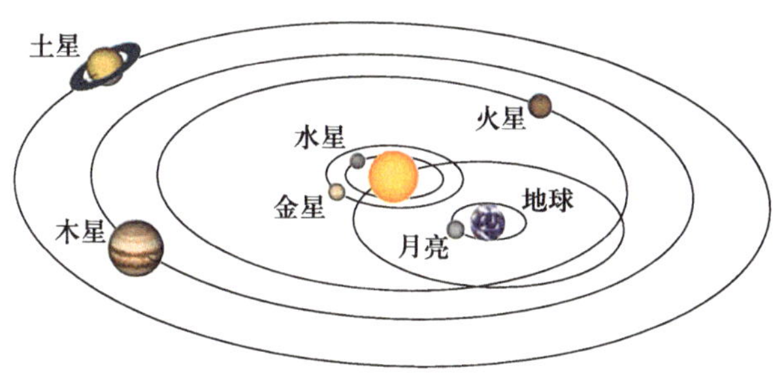

图 1.41 第谷的天体模型（引自维基百科）

开普勒认为哥白尼的日心说是正确的。他仔细地分析了第谷的观测数据并注意到行星的轨道不是正圆，他坚信这不是观察的误差，而是内在规律。他潜心思考了10多年，提出了开普勒三定律（图1.42）：

（1）行星（包括地球以及金木水火土五星）围绕太阳按椭圆的轨道旋转，太阳是椭圆的焦点之一；

（2）行星的轨迹在单位时间（T）内所扫过的面积（A）相等（即当$T_A - T_B = T_C - T_D = T_E - T_F$时，$A_1 = A_2 = A_3$）；

（3）行星围绕太阳运行一周时间的平方与其到太阳的距离（R）的立方成正比，即

$$\frac{T^2}{R^3} = K \tag{1.1}$$

其中，K为开普勒常量。

开普勒的第一条与第二条定律可以从观察数据中直接推算出来，第三条定律却来之不易。开普勒发现了这一定律时高兴地写道“这是我16年前就强烈希望要找的东西，我就是为这个来和第谷合作的。现在我终于发现了。这一真理超出我的最美好的期望。我的书可以写出来了，可能当代就有人读它，也可能后世才有人读它，甚至可能要等待一个世纪后才有人来读它，就像上帝等了4 000年才有信奉者一样，这，我就不管了”。开普勒是个虔诚的基督徒，他寻找天体运行的规律只是为了寻找真理，并非挑战教廷的权威。布拉格山高皇帝远，因此他比布鲁诺[73]要幸运些，没有受到梵蒂冈教廷的为难。

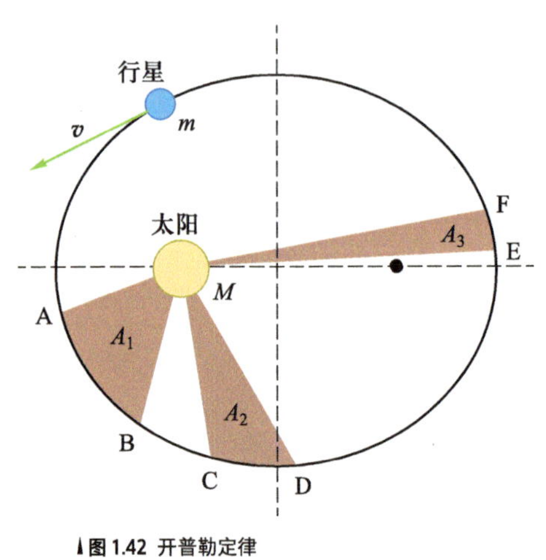

图1.42 开普勒定律图示（引自维基百科）

开普勒定律完善了哥白尼的日心说，准确地解释了天体运行的基本规律。更重要的是日心说开创了实事求是的科学精神。人们用科学的方法来追求真理，新的发现和发明接踵而来，社会为之一变。

1.6　公历及其沿革

格里高利历就是今天的公历。公历为全世界所接受经过了数百年的历程，期间公历也在不断完善。

1582年10月4日教皇格里高利八世颁布教令，要求全世界的基督教徒、穆斯林、犹太教徒都执行格里高利历。他自己先作表率：把自己的生日从1502年1月1日改为1502年1月11日。意大利、西班牙、葡萄牙、法国等国家很快遵循。不过，当时欧洲正处在动乱之中：德国刚刚开始马丁·路德发动的新教革命；西班牙的无敌舰队正在远征英国；英国正在镇压爱尔兰及苏格兰的天主教徒；法国则发生了镇压新教徒的屠杀。虽然教廷再三表示此举没有任何政治动机，但各地都有人说这是阴谋，坚决反对。然而格里高利历简单准确，易学易用，最后还是逐步为各国所接受。英国在近200年后的1752年才接受格里高利历。而中国晚至中华民国成立时的1912年才确认格里高利历。俄国信奉东正教，一直到苏维埃政权成立后的1917年才开始使用格里高利历。信奉伊斯兰教的土耳其在1923年成立共和国时也接受了格里高利历。在东欧有些信奉东正教的国家和地区至今依然使用儒略历。

图1.43 法国大革命时期的钟，每天20小时，每小时100分钟。为了便于使用，每天24小时、每小时60分钟也同时保留（引自维基百科）

从格里高利历颁行至今的近500年间，也有不少人想要改革。例如，法国大革命时期（1789—1799）[78]，革命政府破旧立新，作了一系列改革。在政治上，他们首倡公民责任、男女平权。在国家管理上，他们订立了统一的度量衡系统（即今天我们使用的公制）。同时，他们还完成了世界上第一张国家地图。在历法上，他们把一周改为10天，把每天24小时改为20小时，每小时60分钟改为100分钟[79]（图1.43）。不过，他们不重视科学，关闭了大学；也不懂得理财，把经济搞得一团糟；内部勾心斗角，政权无法延续。大革命历时10年，终归失败。国民卫队指挥拿破仑（Napoleone di Bonaparte，1769—1821）[80]则一步一步地走上权力的顶峰，最终自己加冕为皇帝（这在第三章还要讲到）。在他主政时，法国又恢复使用原来的格里高利历。

1917年俄国革命，由列宁（Vladimir Lenin，1870—1924）[81]领导的俄国无产阶级政党布尔什维克（意为多数派）夺得了政权，成立了苏维埃（意

图 1.44 俄国苏维埃时期一周 6 天的年历（引自维基百科）

为代表会议）政府。1929 年，在斯大林（Joseph Stalin，1878—1953）[82] 的首肯下，政府推出了历法改革 [83]，他们认为“周”这个人为的时间周期没有用，提出了一个 6 天循环的方法：所有的上班族都有一个带色的袋子，在 6 天当中工作 5 天，另一天按颜色休假（图 1.44）。这样做可以使工厂全年运行，但对农民却毫无用处，后来也归于失败。1931 年恢复了原来的历法。

500 年来，公历的基本方法没有改变，但增补了许多细节。

首先是关于小时的计算。计算小时本来有两种方法：视太阳时与平太阳时。视太阳时就是每日正午的时间，由于地球的轨道是椭圆的，而且对太阳有个倾角（参见图 1.22），所以每天正午的时间都有些变化，视太阳时随之不同。平太阳时是一年的平均值，是固定不变的。在古代用日影计时的时候，人们用的是视太阳时。视太阳时的变化早在托勒密 [66] 之前就被发现了，托勒密记录了视太阳时的变化，但却无法解释其原因。最先计算出视太阳时的是开普勒 [76]，他用的是一个经验模型。后来，牛顿（Isaac Newton，1643—1727）[84] 给出了准确的数学模型。

牛顿（图 1.45）的大名家喻户晓，他出生于一个农民家庭，还是个遗腹子。但他学习成绩优异，因此得以进入剑桥大学读书。1665 年，伦敦黑死病流行，他回乡两年，完成了微积分、光学及万有引力 3 个改变世界的工作。其中，发现万有引力定律的故事最为著名：他在苹果树下看见苹果落下，因此想到是地心吸引力的作用，进而想到万物都会互相吸引。两个物体的吸引力与两个物体的质量乘积成正比，与两个物体的距离的平方成反比，即

$$F = G\frac{m_1 m_2}{r^2} \tag{1.2}$$

式中，F 是引力（以牛顿为单位，即 N）；$G = (6.672\ 59 \pm 0.000\ 85) \times 10^{-11}$（以米 ^{3}·千克 $^{-1}$·秒 $^{-2}$ 为单位）是引力常量；m_1 与 m_2 为两个物体的质量（以千克

图 1.45 中年时的牛顿（引自维基百科）

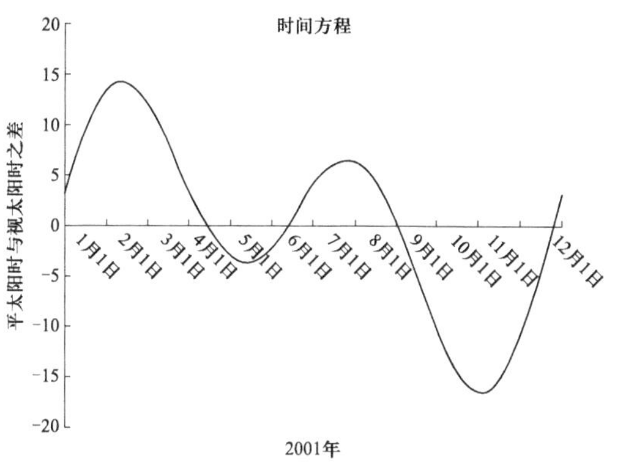

图 1.46 2001 年平太阳时与视太阳时的差值（引自维基百科）

为单位，即kg)；r为两个物体之间的距离（以米为单位，即 m）。其实牛顿之所以想到万有引力是因为他正在研究天体运行的模型：地球和各个行星为什么会围绕太阳旋转呢？月亮为什么会围绕地球旋转呢？牛顿后

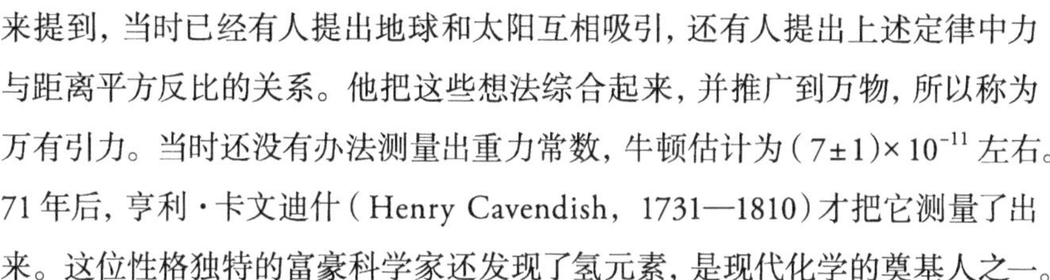
来提到，当时已经有人提出地球和太阳互相吸引，还有人提出上述定律中力与距离平方反比的关系。他把这些想法综合起来，并推广到万物，所以称为万有引力。当时还没有办法测量出重力常数，牛顿估计为（7 ± 1）$\times10^{-11}$左右。71 年后，亨利·卡文迪什（Henry Cavendish，1731—1810）才把它测量了出来。这位性格独特的富豪科学家还发现了氢元素，是现代化学的奠基人之一。

牛顿生性内向，不善交际。回到剑桥后依然过着离群索居的生活，也没有把所做的这些工作发表出来。当时哈雷（Edmond Halley，1656—1742）[85]正在寻找行星运行的理论，他结识了牛顿，并鼓励牛顿发表自己的理论。牛顿一拖再拖，后来听说欧洲大陆有人正在准备发表类似的结果，他疯狂地工作了几个月，完成了他的名著《自然哲学的数学原理》（*Mathematical Principles of Natural Philosophy*），并在哈雷的资助下把著作公之于世。当时是 1687 年，他 44 岁。牛顿利用他的万有引力理论准确地计算出地球围绕太阳运动的轨道以及视太阳时的变化。它一改过去只是利用观察数据拟合简单模型的惯常方法，用理论解释了天体运行的原理，这不但是计时技术最重大的突破，也是科学研究方法最重大的突破。关于牛顿的故事在第三章还会再次讲到。

计算平太阳时与视太阳时差值的方程叫作时间方程（equation of time）[86]。图 1.46 是 2001 年的平太阳时与视太阳时的相差值，从图中可见，最大差值可达15分钟。由于公历规定使用平太阳时，所以我们今天很少会注意到视太阳时。

公历中另一个重要的增补是时区。古时候人们走路、骑马、坐船，一天最多只能走二三十千米，很少注意到地域的时差。到了 18 世纪，随着航海事业的发展，人们开始意识到时差的问题。19 世纪后期，火车可以日行千里，电报更是瞬间到达，因此有了划分时区和区分时差的需要，否则很容易引起误会。法国作家凡尔纳（Jules Gabriel Verne，1828—1905）[87]是世界上第一位科学幻想小说的作者，在他的名著《八十天环游地球》（图 1.47）中，主人公从西往

图 1.47 凡尔纳小说《八十天环游地球》的广告画（引自维基百科）

东行环绕地球，因此多出了一天的时间，赢得了荣誉。这一天的时间就来自时差。地球的周长约为 4 万千米，今天坐上飞机，大约两天就可以绕地球一圈。

时区与时差的概念是从铁路运输开始提出的。英国发明了蒸汽机，也最早修建了铁路。1830 年，利物浦到曼彻斯特的铁路首先开通。到了1839 年，英国已有 20 多条铁路，转乘的问题随之而来。当时，英国没有一个统一的时间，例如，牛津的时间比伦敦的时间晚 5 分钟，转乘用哪个时间呢？1840 年，英国的大西铁路（Great Western Railway）率先推出统一时间。他们把公司旗下所有车站的时间都改为伦敦时间。法国在 1832 年开始修建铁路，他们把巴黎时间作为统一时间，但故意把车站的钟调快 5 分钟，不知晓的人经常抓瞎。德国在 1835 年开始建立铁路，德国人生性严格，不怕繁琐，火车时间表注明柏林时间与当地时间。1874 年，英国订立了统一的火车时间表，并规定以格林尼治（Greenwich）时间作为标准时间，还在每个车站装上按照标准时间校准的时钟。这引起了一些人的反对，他们认为如果太阳还没到中午，时钟已经是 12 点，岂不是明知故错？不过，标准化还是渐渐地占了上风。

时区划分在美国最早实行。美国在 1830 年开始修建铁路。1869 年，美国东西铁路（Transcontinental Railroad）[88] 建成通车。这条铁路从纽约到三藩市，全长 3 000 多千米（它的建成离不开华人的辛勤劳动），为美国的经济发展注入了巨大的动力。美国的国土面积比中国和欧洲小些，但是比英国、法国、德国等国要大得多。美国大陆幅员广阔，沃野千里，时差很明显。

美国国家管理的理念是小政府，这一思想源自美国的建国元勋杰斐逊（Thomas Jefferson，1743—1826）[89]。美国作家梭罗（Henry David Thoreau，1817—1862）[90] 曾说：“government is best which governs least.” 可见这一思想对美国民众的影响。历史上的美国政府一直不大 [91]，许多事情也不管。

由于政府不管，不同的铁路公司便订立各自的时间。时间以美国海军天文台（United States Naval Observatory）或美国各地 20 个天文台测量的时间为基准。到了 1870 年，美国的铁路系统有 49 个不同的时间，十分混乱，要转乘火车的乘客极易搞错。

1880 年，美国的一位铁路工程师艾伦（William F. Allen）提出了一个改革方案。当时，艾伦是国际时间委员会（General Time Convention）的秘书，熟悉世界各地的时间系统。他在一次会议上拿出了两张地图，一张有 50 个时区，五颜六色，让人眼花缭乱；另一张清晰地将美国大陆划分为 4 个时区：东部时区、中部时区、山地时区、太平洋时区。经过 3 年多的努力，这个方案终于在 1883 年 11 月 18 日开始实施。艾伦称这一天为有两个正午的一天，因为东部时区的时间比原来的纽约时间晚了 4 分钟。这天中午，纽约曼哈顿的教堂在正午的两个“12 时”两次鸣钟，开始了美国的时区纪时方法。

一年后的 1884 年，国际时间委员会在美国开会，制定了全球时间系统（Universal Time, UT）[92]，同时还制定了全球的经纬度（世界地理坐标系统）[93]。经度的起始点，又称本初子午线（prime meridian）[94]，定在英国伦敦皇家天文台所在地格林尼治（Greenwich），向东、向西各 180°。纬度的起始点是赤道，向南、向北各 90°。法国提出争议，要把位于巴黎的法国国家天文台作为本初子午线。那一条线叫作玫瑰线（rose line），正好把法国一分为二，上面还有许多著名的地标（如卢浮宫）。由于没有得到多少国家的支持，到了 1905 年也就作罢（第三章还要讲到）。中国当时正值内外交困，没有人去参加国际时间委员会会议。

把格林尼治定为本初子午线事出有因。当时的大英帝国拥有北美的加拿大、南太平洋的澳大利亚、亚洲的马来西亚和印度（包括巴基斯坦）、非洲的南非等多个殖民地国家和地区，横跨几乎 24 个时区，是个日不落的超级帝国。不过由于在后来的两次世界大战中大伤元气，众属国分崩离析，现在只剩一个松散的英联邦（Commonwealth of Nations）[95]，除了组织定期政府会议与体育运动会外，别无他事。格林尼治在伦敦郊区，是英国皇家天文台的所在地。图 1.48 是天文台中本初子午线的照片。不过，由于地球的大陆漂移，原始的本初子午线已经从那根闪亮的红铜线处向东漂移了。

国际时间委员会把全球划分成 24 个时区，这些时区大致是按照

图 1.48 伦敦格林尼治皇家天文台的本初子午线（引自维基百科）

地球的经度来划分，每 15° 一个。从英国伦敦皇家天文台所在地格林尼治，向东每 15° 依次递增一小时，向西每 15° 依次递减一小时。国际日期变更线设在太平洋中间，那里是茫茫大海，渺无人烟。考虑到政治及地理原因，国际日期变更线也不是直的。例如，在俄罗斯与美国交界的白令海峡处就拐了一下。该处有两个小岛，其中大代奥米德岛（Big Diomede Island）归属俄罗斯，小代奥米德岛（Little Diomede Island）归属美国。两岛相距不到 10 千米，但时间却相差一天。

到了 20 世纪，公历进一步完善。1912 年，国际时间委员会改名为国际时间局。1928 年国际时间局开会，定义了世界标准时间 UT（Universal Time），又称为 UTC（Coordinated Universal Time）或 GMT（Greenwich Mean Time）。另外，实际测量的时间称为 UT0，如果加上地球微小摆动（Chandler Wobble）的影响，则称为 UT1。根据国际时间组织的规定，各个国家可以按照自己的情况来订立自己的时区。因此就有了今天的世界时区划分（图 1.49）。例如，美国横跨 9 个时区，包括：大西洋时区（Atlantic Time Zone，UTC–4）、东部时区（Eastern Time Zone，UTC–5）、中部时区（Central Time Zone，UTC–6）、山区时区（Mountain Time Zone，UTC–7）、太平洋时区（Pacific Time Zone，UTC–8）、阿拉斯加时区（Alaska Time Zone，UTC–9）、夏威夷 – 阿留申时区（Hawaii-Aleutian Time Zone，UTC–10）、萨摩亚时区（Samoa Time Zone，UTC–11）、查莫罗时区（Chamorro Time Zone，UTC–12）。

中国横跨 5 个时区，但只用了一个时区，即 UTC+8。全国统一时间有方便之处，也有不便之处。例如在新疆，早上 9 点太阳可能还没出来，晚上 9 点太阳还不下山。

还有一些国家采用非整点的时区。例如伊朗用的是 UTC+3:30，印度是 UTC+5:30。朝鲜用的是 UTC+8:30。尼泊尔用的是 UTC+5:45。

2010 年，伊斯兰教各国的神职人员开会，提出要把麦加（Mecca）作为伊斯兰国家的本初子午线所在地。那里的时间是 UTC+2:39:18.3。

图 1.49 中的地图其实并不准确。我们知道地球是圆的，球的表面在平面上展开是圆形，而不是矩形。这个地图用了一个叫作墨卡托投影（Mercator

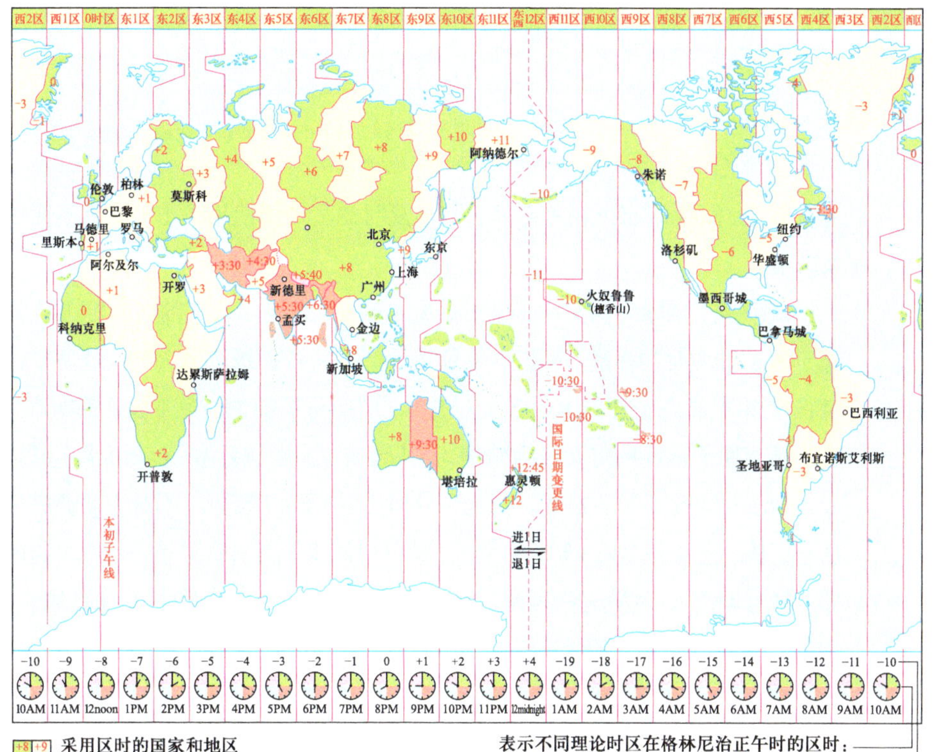

图 1.49 世界时区划分（引自地质出版社）

projection）[96] 的技术。这一技术是荷兰科学家墨卡托（Gerardus Mercator, 1512—1594）发明的。墨卡托是 16 世纪最负盛名的地图制造者，他画的地图十分精美，还标明了经度与纬度。他知道地球是圆的。为了把圆的表面画在一个平面上，他想出了一个变比例的投影方法：投影的比例在赤道附近是标准比例，接着逐渐沿南北两个方向增加，在极地附近最大。根据这一方法，在图 1.49 中，靠近极地的区域，如格陵兰（Greenland），看上去特别大，而靠近赤道附近的区域，如印度，看上去比较小。

另外还要提到夏时制。20 世纪初，英国人威利特（William Willet）提出夏季时把时钟向前拨一小时，以便人们享受早上的阳光。1916 年第一次世界大战时，德国与奥匈帝国为了节省战时紧张的资源率先使用夏时制，后来英国也跟随。经过几次反复，目前世界上的大多数国家都使用夏时制。南半球的国家与北半球的国家在不同的月份中实行。美国按时区不同而不同，大多数的州是在 4 月的第一个星期及 10 月的最后一个星期之间使用夏时制，而亚利桑那、夏威夷、阿拉斯加等几个州则不使用夏时制。近年来，人们发现夏时制并不好用，欧美国家也在考虑是否取消夏时制。中国使用了几年后也不使用夏时制了。

1967年，国际时间组织作了一个重大改变，把基于天文的时间标准改为基于原子钟的时间标准，其基本单位是秒[97]，一秒钟被定义为铯133原子在其两个基本能态中迁跃9 192 631 770个周期所需要的时间（参见第四章）。这一基于原子运动的定义极为精确，且不含歧义，也与天体（包括太阳、月亮及地球）的运行无关。从此，“问天”计时方法成为了历史。不过为了确保历法与天体（主要是太阳）运行的吻合，国际时间组织有时会对年进行微小的调整，即“闰秒”。因为这些调整以秒为单位（例如2015年6月30日就加了1秒钟），很少会引起人们的注意。

1987年，国际时间局撤销，其工作由国际计量局（法语：Bureau International des Poids et Mesures）接管。国际计量局是国际标准化组织（International Organization for Standardization，ISO）[98]的一个部门。公历的标准也经过多次细化修改，目前的标准是ISO 8601[99]。

如上所述，公历以秒为基准，沿用格里高利历的方法，60秒是一分钟[100]，60分钟是一小时[101]，24小时是一天[32]。人们有时会用上午12小时、下午12小时的纪时方法，但为了清晰起见，军队与政府都用24小时的标准。

一天从什么时候开始的呢？古代不同的民族、不同的地域有不同的方法。有的用日出作为一天之始，也有用日中、夜半或日落作为一天之始。日出与日落每天都不一样，使用不方便。日中容易测量，但正是人们忙于工作的时候，忽然换了一天，也不方便。不过今天的上午12小时、下午12小时还有这一方法的影子。公历规定夜半为一天的开始。但天文学家需要在晚上观察星象，所以他们把一天的开始定在日中。

公历规定一周有7天[102]。每周从那一天开始？国际计量局没有规定。在中国、欧洲、大洋洲与印度，“周”是从周一开始；在美洲是从周日开始；在中东则是从周六开始。

“月”[35]来自月相，这在本章前面已经介绍过。公历不顾月相，所以公历的月份只是个纪时的方法，没有特别的意义。大月小月只是历史陈迹。

公历没有规定季节[103]。季节的变化是由地球的倾角造成的（图 1.22），与地球到太阳的距离无关。由于这个 23°26′ 的倾角，北半球在每年的 6—8 月日照时间变长，因此有炎热的夏季；而南半球则正好相反，是冬季。（读者可以看看，按图 1.22 中地球的位置，北半球是什么季节？[1]）不过，季节还因纬度而变化（图 1.49）。这是因为地球的倾角在赤道（0°）没有影响。但在两极（90°）影响极大，夏天是白昼，冬天是永夜。另外，各地的地理状况不一样，对季节也有很大的影响。古希腊人原来认为一年有 3 个季节：寒冷的冬天、湿润的春天与干燥的夏天。后来发现了春分、秋分两个分点与冬至、夏至两个至点，就采用了四季的分法。表 1.4 是世界一些名城（地区）的纬度。如表中所示，雅典的纬度与西安差不多。但在西安地区，秋天下雨较多，但冬天基本不下雨。在汉代晁错（公元前 200—公元前 154）《论贵粟疏》中有“春不得

表 1.4 世界名城（地区）的纬度

纬度 /°	北纬	南纬
0~5	新加坡、吉隆坡	
6~10	普吉岛、巴厘岛、胡志明、巴拿马、波多黎各、哥伦比亚	
11~15	金边、曼谷、达喀尔、马尼拉	利马
16~20	孟买、清迈、危地马拉、墨西哥城	玻利维亚
21~25	檀香山、河内、中国香港、广州、深圳、迈阿密、迪拜、中国台北	里约热内卢
26~30	尼泊尔、新德里、新奥尔良、开罗	
31~35	摩洛哥、约旦、上海、南京、耶路撒冷、贝鲁特、洛杉矶、东京	南非、智利、布宜诺斯艾利斯、乌拉圭、悉尼
36~40	拉斯维加斯、旧金山、雅典、西安、首尔、华盛顿、里斯本、北京、纽约、马德里	新西兰北岛、墨尔本
41~45	芝加哥、巴塞罗那、罗马、伊斯坦布尔、保加利亚、多伦多、佛罗伦萨、布达佩斯、蒙特利尔、威尼斯、沈阳、哈尔滨	新西兰南岛

1　在北半球是春天。

续表

纬度/°	北纬	南纬
46~50	苏黎世、布达佩斯、巴黎、慕尼黑、维也纳、温哥华、布鲁塞尔、布拉格	
51~55	伦敦、阿姆斯特丹、柏林、华沙、都柏林、汉堡、爱丁堡、哥本哈根、莫斯科	
> 56	挪威、斯德哥尔摩、塔林、彼得堡、赫尔辛基、冰岛	

(a)

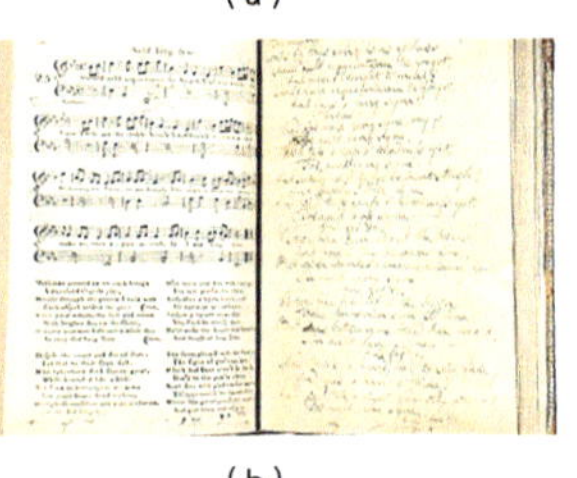

(b)

图 1.50 苏格兰著名诗人、作曲家伯恩斯和他的名曲《友谊万岁》的手稿(引自维基百科)

避风尘，夏不得避暑热，秋不得避阴雨，冬不得避寒冻……"，这和雅典的气候完全不同，雅典冬天下雨最多。另外，在赤道附近的民族，如非洲苏丹的努尔族人和亚洲马来西亚的马来人，将一年分为旱季、雨季两季。在北极，原居民对季节最为敏感，他们的一年有九个季节。

1780 年国际气候组织(International Meteorological Organization，后来成为联合国气候部)提出把公历的三个月作为一个季节，北半球春天从 3 月 1 日开始，夏天从 6 月 1 日开始，秋天从 9 月 1 日开始，冬天从 12 月 1 日开始。南半球与之相反，春天从 9 月 1 日开始，夏天从 12 月 1 日开始，秋天从 3 月 1 日开始，冬天从 6 月 1 日开始。

另外还有一个岁首的问题。一年的第一天叫作岁首。儒略历的岁首原来是罗马传统的新年日，这一天是在冬季，农民们有充裕的时间庆祝新一年的开始。后来儒略历在不同的地方实施时，岁首有所变化。例如，在东罗马帝国，岁首是 9 月 1 日；在英国及一些欧洲国家，岁首则是 12 月 25 日圣诞节；还有人用复活节来做岁首。后来格里高利历统一规定岁首为每年 1 月 1 日 0 时 0 分，公历沿用了这个规定。在这一刻(当然也因时区不同而实际时间不同)，世界各地的民众都欢聚一起，等待新年钟声的敲响，许多人还高唱《友谊地久天长》。这首歌原是苏格兰一首古老的民歌，原名 *Auld Lang Syne*，意为逝去的日子，后由苏格兰诗人、作曲家罗伯特·彭斯(Robert Burns，1759—1796)[104] 整理出来(图 1.50)。它的主题就是时间："旧日的朋友岂能相忘？友谊地久天长！(Should auld acquaintance be forgot, and days of auld lang syne)"。彭斯是第一位流行音乐作曲家，他把音乐从殿堂推到百姓身边。他的音乐简单、明快，直到今天还深为大众所喜爱。

至此，公历的定义就完结了。在秒之下有毫秒（0.001 秒）、微秒（0.000 001 秒）和纳秒（0.000 000 001 秒），等等。在年之上还有更大的时间单位，例如 10 年，在英文中称为“decade”，中文没有专门的术语表示这个概念。100 年称为一个世纪，即“century”，1 000 年称为“millennium”。这些都是简单的分解与叠加。至于“光年”则是光在一年中所走过的距离，为 $9.460\ 7 \times 10^{15}$ 米，它并不是一个度量时间的单位。我们在第六章中还会讲到。

1.7 世界各地的其他历法

1.7.1 犹太历

说到其他历法，首先要讲的是犹太历法[105]。犹太民族是一个古老的民族，他们有自己的语言文字（与阿拉伯语有很多相近之处）和宗教（犹太教）。根据犹太经典的记载，犹太人是亚伯拉罕（Abraham，生活于公元前 2000 年前后）[106]的后裔。亚伯拉罕信奉上帝，他曾经按照上帝的旨意要献上自己的儿子艾萨克（Isaac）作为牺牲，但在最后一刻上帝相信了他的忠诚，并派天使制止了他（图 1.51）。艾萨克的儿子雅各（Jacob）就是犹太人的祖先，他后来移居埃及。

公元前 13 世纪末，摩西（Moses，约公元前 1391—公元前 1271）[107]带领犹太人逃离埃及，在耶路撒冷地区建立了犹太王国（图 1.52）。为纪念这一事件，犹太历中设有逾越节（Passover）。公元前 922 年，犹太王国分裂成为犹太王国和以色列王国。公元前 722 年以色列王国灭亡，公元前 587 年犹太王国灭亡，犹太人被迫流落他乡。后来波斯的居鲁士大帝（Cyrus the Great，公元前 598—公元前 530）[108]容许犹太人返回家园，为纪念这一事件，犹太历中设有普林节（Purim）。

犹太教对世界的影响极大，后来的基督教与伊斯兰教都源于犹太教。今天的犹太人大约有 1 400 万，主要在以色列[109]，有 640 多万，其次在美国，有 570 多万。

◄图 1.51 伦勃朗（Rembrandt，1606—1669）的名画，亚伯拉罕要向上帝献上自己的儿子作为牺牲，在最后时刻上帝相信了亚伯拉罕的忠诚，派天使制止了他（引自维基百科）

犹太人有其特别的生活方式，他们聚居在一起，建立自己的教堂、学校和社区。一次我与一位犹太人朋友谈起布拉格的名胜，我说天文钟（图 1.40）应是首选，他说那里的犹太墓地才是第一。我到布拉格后找到了那个犹太人墓地，墓地坐落在闹市的犹太区之中，有一个高墙围着。那天是星期天，教堂作礼拜，墓地也不开放。从门缝中看去只见不大的墓地密密麻麻地插满了墓碑，几无立锥之地，还有几棵老树遮天蔽日，不知年岁。犹太人有自己的文化传统，他们重视教育，人才辈出，因此对世界的经济、政治、新闻、科技都极有影响。今天的以色列科技进步，商贸发达。以色列 [109] 地处地中海东岸，淡水资源缺乏。他们开发出滴灌技术及咸水种植技术，把沙漠建成欧洲的果蔬园。

▲图 1.52 米开朗基罗（Michelangelo，1475—1564）的雕塑《摩西》，现存放于梵蒂冈教廷（引自维基百科）

犹太历和中国的农历相似，是阴阳合历，但以阴历为主。它是从找“诞生日（Molad）”开始，这一天是秋季的第一个新月日，通常就是新一年的第一天。不过也有一些例外的情况，要推迟一天或两天。犹太历的朔望月为 29 日 12 又$\frac{793}{1\ 080}$小时。闰月在 6 月之后。每 19 年 7 闰，闰年在第 3、6、8、11、14、17 和 19 年。一年可能有 6 种长度，分别是平年的 353 天、354 天、355 天，闰年的 383 天、384 天、385 天。没有一个简单的公式可以把犹太历与公历互相换算。如此繁琐的历法也造就了犹太人精于计算的习俗。此外，犹太历的历首是公元前 3760 年，他们认为上帝是在这一年创造了世界。图 1.53 为 1831 年的犹太历。那一年是犹太历的 5591 年。

1.7.2 伊斯兰历和伊朗历

伊斯兰历是阿拉伯人设计的阴历 [110]。古阿拉伯人由多个游牧部族组成，居住在阿拉伯半岛（包括沙特阿拉伯、阿拉伯联合酋长国、巴林、科威特、阿曼、卡塔尔、也门等数个国家）。他们崇尚慷慨、忠诚与勇敢，颇受古埃及、古巴比伦、古波斯及古希腊文化的影响，信奉多神教。

公元 605 年，先知穆罕默德（Muhammad，571—632）[111] 创立了一神教的伊斯兰教，并将各阿拉伯部族统一在一起。据说穆罕默德在 40 岁时见到了天使并获传《古兰经》，据此布道 23 年。他辞世后，由他的女婿主持编纂了

图 1.53 1831 年的犹太历，这一年是犹太历的 5591 年（引自维基百科）

《古兰经》。其中的内容约有 75% 来自基督教的《圣经》（所以犹太教、基督教、伊斯兰教同源），其他的内容则是先知穆罕默德布道的讲话。伊斯兰教崛起之日正逢罗马帝国衰落之时，因此，在穆罕默德辞世后的 100 年间，伊斯兰教得以横扫中东地区及地中海南岸，还曾经渡海传到了西班牙，后来更推广到南亚，成为世界上第二大宗教。先知穆罕默德憎恶偶像，因此在伊斯兰教的教堂中没有神像，他自己的画像也很少。图 1.54 为穆罕默德率军攻占阿拉伯重镇麦加，图中戴面纱者为穆罕默德。

历史上阿拉伯人曾经使用一种阴阳合历。穆罕默德主张完全按月相来制历，禁止置闰（闰月），这在《古兰经》中有明确的记载。因此，伊斯兰历为纯阴历。根据伊斯兰历，每年由 12 个月组成，6 个奇数月为大月，有 30 天，6 个偶数月为小月，有 29 天，一年有 $30 \times 6 + 29 \times 6 = 354$ 天。由于实际的朔望月有 29.530 59 天，一个伊斯兰历年要比 12 个朔望月短 0.367 08 天（8 小时 46 分 36 秒）。为了补偿这一误差，某些年的最后一个月就改成大月。改动的方法是每 30 年改 11 次，改动的年份依次是 2、5、7、10、13、16、18、21、24、26 和 29。伊斯兰历的一天从太阳下山之际开始（这并不容易观察，而且每天都会不同）。每个月始于确能观察到新月之际（这更加不容易，而且不同的地区也有差异）。伊斯兰历的历首是公元 622 年，这一年，先知穆罕默德从麦加出发去麦地那，开始了他统一阿拉伯的大业，所以这一年在阿拉伯语中称为“开始”。伊斯兰历的阴历年比公历年少了约 11 天，据此可以推算，到了公元 20 874 年（距今还有 18 000 多年）伊斯兰年份将追上公历年份。

图 1.54 穆罕默德征服麦加（引自维基百科）

由于伊斯兰历是阴历，不少伊斯兰国家（如利比亚、巴基斯坦与土耳其）的国旗上都有新月的标志。伊斯兰历中最重要的月份是 9 月，又称为斋月（阿拉伯语音为“拉马丹”，英文为“Ramadan”），因为这个月是穆罕默德获得《古兰经》的月份，所有的穆斯林（即伊斯兰教的信奉者）都要斋戒。

根据月相制历阻断了月份与季节的联系。所以，伊斯兰国家从事农业与商业活动用的还是公历。

根据《古兰经》，穆斯林每天要面向麦加作5次祈祷，这除了需要确定时间还需要确定麦加的方向，因此就有了麦加指南针（qibla compass）[112]。中世纪时，穆斯林中出现了不少优秀的学者，他们从中国学会了指南针，从埃及和波斯学到了天文学，从希腊学到了几何学（包括球面几何学），由此发明了宗教地理学。麦加天房（Masjid al-Ḥarām）[113]据说是亚伯拉罕[106]向上帝献上他的儿子艾萨克做牺牲的地方（阿拉伯人认为自己也是亚伯拉罕的后裔）。麦加天房的长轴对着正南的老人星（Canopus）[114]。老人星在天狼星下面不远，是南方星空中最亮的星星之一。参照这颗星星，穆斯林的学者们把世界各地相对于麦加的位置逐个计算出来，编写为表，以便查找。图1.55是一个1582年制作的麦加指南针，它包括两个部分：一是用于计时的日晷；一是用于指示方向的指南针。指南针盘面有各地区的编号，使用时需将指南针转动，使之对准中间的麦加天房。

▲图1.55 麦加指南针，制作于1582年（引自维基百科）

还要一提的是伊朗历，即波斯历[115]。作者在加拿大工作时有一位来自伊朗的同事，一次闲谈中讲起阿拉伯，她再三表示，伊朗不是阿拉伯，言语之中还颇为不乐。在历史上伊朗曾一度辉煌，还有自己的宗教（拜火教，Zoroastrianism）[116]，但后来几度被征服。今天伊朗用伊斯兰历，但也有其自己的历法。伊朗的历法是以天文观测为基础的阳历，与格里高利历十分相似。伊朗历以公元前621年为历首，以3月21日作为岁首，以纪念居鲁士大帝[108]征服巴比伦。要把伊朗历换算成公历，只要作简单的加减就可以了。

1.7.3 印度历法和佛历

印度是个多民族、多语言、多宗教的文明古国。早在公元前2500年，古印度人就开创了自己的文明。到了公元前1500年间，印度进入了吠陀时代。吠陀的英文是“Veda”，意为“知识”。在这一时期，古印度人建立了自己的宗教：印度教（Hindu）[117]，写下了许多史诗、经典和创世记。其中最有名的有6部，叫作六吠陀。印度教是多神教，有数不清的神祇。最重要的主神有3

个：梵天骑着孔雀，主掌创造与智慧；湿婆有3只眼睛，主掌毁灭，中间的那只天眼一张开，喷出的天火毁灭一切；毗湿奴骑着大鹏金翅鸟主掌维护。印度教认为生命循环不息，世界不断被毁灭和创造，万物都在生死轮回中永不休止。他们向往天马行空的故事，不大在乎准确的历史记录与历法。在印度教中，人类的一年相当于提婆（Deva，天龙八部中的天神）的一小时，提婆的1 000年相当于梵天的一天一夜，这样算来梵天的一天相当于人类的876万年。在这样巨大的数字面前，历法中一两天的误差实在微不足道。另外，印度文明的发源地恒河流域在北回归线以南，一年主要分为旱季和雨季，农耕对历法的要求不高。

图1.56 菩提伽耶（Bodh Gaya）的菩提树，据传说佛陀在此树下悟道（引自维基百科）

公元前700年左右，印度渐渐形成了16个国家，这一时期也称为16雄国时期。公元前530年左右，佛陀释迦牟尼（Gautama Buddha，约公元前563—约公元前483）[118]创立了佛教[119]。佛陀是尊称，释迦牟尼意为释迦族的智者。佛陀释迦牟尼原姓乔达摩，名悉达多。据推算，他比孔子（公元前551—公元前479）大15岁，比苏格拉底（公元前470—公元前399）大94岁。佛陀创立了佛教教义（图1.56）。他还建立了寺庙，例如那烂陀寺及祇园。这些寺庙是印度社会最早的学校，所有的人都可以去听课，这对当时的社会发展起了重要的推动作用。佛陀生前十分反对偶像崇拜，追求用智慧达到不生不灭的最高境界（涅槃）。今天他的画像、雕塑传遍天下，反而成了人们最大的偶像之一。

图1.57 阿育王与他的两个妻子（引自维基百科）

从地图上可以看到，印度（古时候包括巴基斯坦）与伊朗（古时候称为波斯）相邻，与阿拉伯一海相隔。有证据表明，早在公元前6世纪，巴比伦人的天文历法就传到了印度。公元前3世纪，亚历山大大帝[21]远征印度，又带去了希腊黄道十二宫。公元前2世纪时印度建立了孔雀王朝，并在阿育王（Asoka Maurya，约公元前304—公元前232）[120]时到达顶峰（图1.57）。阿育王一统印度后，目睹战争的残忍，立意放下屠刀皈依佛教，他在各地建立寺庙并派人去传教。传说他把佛陀的舍利（即火化后的遗骨）共84 000份遍传各个寺庙，

图 1.58 第五任莫卧儿国王沙贾汗（Shah Jahan，1592—1666）为了纪念他的妻子（Mumtaz Mahal，1593—1631）而建的泰姬陵（引自维基百科）

图 1.59 圣雄甘地推崇简朴生活，他的非暴力不合作革命思想使印度得以免去内战（引自维基百科）

印度由此进入了佛教的全盛时期。在孔雀王朝后兴起的笈多王朝也是佛教王朝，期间的戒日王（Harsha 或 Harshavardhana，589—647）[121] 颇有建树。陈玄奘（唐三藏，602—664）[122] 就是在此期间去印度取经的，他的著作《大唐西域记》中记载了在印度各地所见的雄伟佛寺。

从 8 世纪开始，阿拉伯人开始入侵印度。到了 11 世纪，印度最繁荣的北部落入阿拉伯人手中。印度的佛教因此遭受灭顶之灾，寺庙不是被拆毁就是被改建成伊斯兰教清真寺，僧人被抓被杀，从此一蹶不振。印度教也同样受到镇压，但印度教来自民间，分布广泛且没有什么中心，难以根除，加上印度人民的激烈反抗，所以印度教后来得以复兴。今天，印度约 80% 的民众信奉印度教，14% 的民众信奉伊斯兰教。

到了 18 世纪，英国首先通过英国王室特许的东印度公司 [123] 立足印度，当时正值印度的莫卧儿帝国（Mughal Empire，1526—1857）[124] 衰落之际。莫卧儿人是当年蒙古人征服中亚后与当地人通婚留下的后裔，他们信奉伊斯兰教，讲波斯语。莫卧儿王朝在 14 世纪开始统治印度，他们曾经雄霸一时，是世界上最富有的王国之一，我们从第五任国王为他的妻子修建的陵墓可见一斑（图 1.58）。东印度公司利用一系列文攻武略，把莫卧儿国王及王室赶到了缅甸（后来又斩草除根），把印度收归大英帝国旗下，并因此获得巨大资源。

到了 20 世纪，两次世界大战使得英国精疲力竭。在英国伦敦大学法律系毕业的圣雄甘地（Mohandas Gandhi，1869—1948）[125] 为之奋斗一生的理想最终成功（图 1.59），1947 年印度赢得了独立。然而，印度也从此一分为二：信仰印度教的印度与信仰伊斯兰教的巴基斯坦。后来东巴基斯坦又独立成为孟加拉国。

印度独立后的第一任总理是剑桥大学毕业的尼赫鲁（Jawaharlal Nehru，1889—1964）[126]。他成立了一个改革委员会专门研究印度历法，结果发现印度至少有 30 种不同的历法，用得最多的是维克拉玛（Vikrama）历法与萨卡（Saka）历法。前者是传统的印度教历法（图 1.60），多用于西北部。后者多用于南部。从1957年开始，印度采用公历以及改革了的萨卡历[127]。萨卡历与波斯历相似，与公历基本可以一一对应。萨卡历的元年是公元78年。每年从公历的3月22日开始（闰年则从3月21日开始），1—6月是大月，有31天；7—12月是小月，有30天。历法改革委员会原想把众多的宗教节日用公历统一管理，不过效果不佳，人们还是习惯传统历法中的节日。

▲图1.60 1871年印度的维克拉玛历

另外还要提到的是佛历[128]。佛历与公历基本相同，只是月份的安排有些不一样。在印度，佛教已不流行，因此佛历也不流行。倒是在东南亚的5个佛教国家：泰国、越南、缅甸、老挝和柬埔寨，至今仍有许多人使用佛历，而且不同的国家还略有不同。佛历以佛陀释迦牟尼[118]涅槃为元年、元日。按照缅甸的佛历，元年元日为公历的公元前544年5月13日，这一天是个月圆之日。而按泰国佛历，元年为公历的公元前543年3月11日，也是个月圆之日，后来岁首又改为4月13日。他们还受中国的影响，会考虑月亮朔望及12生肖的循环。在中国，佛诞则是农历四月初八，不是月圆之日。佛教中还有一个来自印度教的时间长度称作“劫”。在不同的经典中，劫的长度也不同，从100多万年到100多亿年不等，这些定义都是没有什么依据的。

佛历并不是佛陀制定的。佛陀在世时，还没有儒略历。在佛教的经典中也没有关于历法的内容。还有一个传说：亚历山大大帝[21]在印度时听说当地有一位智者，就前去拜访。当他见到智者赤身裸体地站在山顶上，就问智者在干什么，智者回答是在体验“空”。接着智者问亚历山大大帝在干什么，亚历山大大帝回答是“在征服世界”。智者问为什么要征服世界，亚历山大大帝没有回答，转身走了。既然人生只是一场空，那么要征服世界干什么呢？

1.7.4 美洲原住民的历法

美洲曾经有过3个大的帝国：玛雅（Maya，约200—900）、阿兹特克（Aztecs，约1427—1521）与印加（Inca，约1438—1533）。其中玛雅帝国历时最久，他们创造了自己的文明。由于两大洋的隔断，可以肯定他们的历法是独自创造的。据考古发现，玛雅帝国是许多城邦部落的组合，因此有多个遗迹

（图 1.61）。哥伦布[60]发现新大陆后，欧洲殖民者带去的刀剑、枪炮和病毒把他们杀死了大半。后来，欧洲殖民者又从非洲贩卖黑人到美洲。今天的南美洲人和中美洲人多数是欧洲、美洲原居民及非洲人的混血，原来的文化已经基本不存在了。

根据考古研究，玛雅的历法十分独特[129]："年"由两个独立的周期组成，一个是 13 天，另一个是 20 天。两个周期独立地运转，由此组合起来一"年"就有 13 × 20 = 260 天。20 应该源自人有 10 个手指、10 个脚趾，也是他们用于计算的基数（表 1.5），而 13 则是玛雅天国的层数。这个 260 天可能是与妇女的怀孕周期有关。另外，玛雅人崇拜金星（Venus），金星作为启明星的平均周期是 263 天，也与 260 天相若，这个 260 天的"年"应该是用于宗教祭祀的。玛雅帝国的农业十分发达，今天我们吃的玉米、土豆、辣椒，喝的咖啡以及用的橡胶，都是他们首先发现和驯化种植的。他们懂得观察星象，知道一个太阳年有 365 天。但是他们的计算方法是 18 × 20 = 360 天，剩下的 5 天被认为是不吉利的，所以不在计算之中。他们十分重视时间的循环，第一个循环是 73 个玛雅历"年"，或 52 个太阳年（73 × 260 = 52 × 365 = 18 980 天）。再大一些的循环则是基于 360 天而定的，如 360 × 20 = 7 200 天（20 年），7 200 × 20 = 144 000 天（394 年），144 000 × 20 = 2 880 000 天（7 885 年），2 880 000 × 20 = 57 600 000 天（157 704 年），等等。按照玛雅的创世记，纪年是公元前 3114 年开始的。过去不久的 2012 年只不过是一个 394 年循环的结束年，与世界末日无关，影片《2012》纯属虚构。

另外，在美洲北部的一些原住民用的则是一种 13 个月的历法，每个月的名字都是与气候和动物的活动有关，例如海豹出生、驯鹿脱毛等。

读者可能有些奇怪，这些历法是怎样想出来的？其实人类发展史中多有偶然事件，类似的历法在世界各地都有，古罗马的原始历法是"每年" 306 天，这是母牛怀孕的时间。

◄图 1.61 位于墨西哥的玛雅金字塔，建于公元 900—1200 年之间（引自维基百科）

表 1.5 玛雅历中的 20 日名称与符号

序号	名称	符号	序号	名称	符号
1	Imix		11	Chuwen	
2	Ik'		12	Eb'	
3	Ak'b'al		13	B'en	
4	K'an		14	Ix	
5	Chikchan		15	Men	
6	Kimi		16	K'ib'	
7	Manik'		17	Kab'an	
8	Lamat		18	Etz'nab'	
9	Muluk		19	Kawak	
10	Ok		20	Ajaw	

1.7.5 澳大利亚原住民的历法

最后还要提到的是，澳大利亚原住民虽然也观测星象（图 1.62）[130]，却没有历法。这是因为他们当时还处在采集与狩猎的原始社会，不需要准确的历法。他们也没有文字。

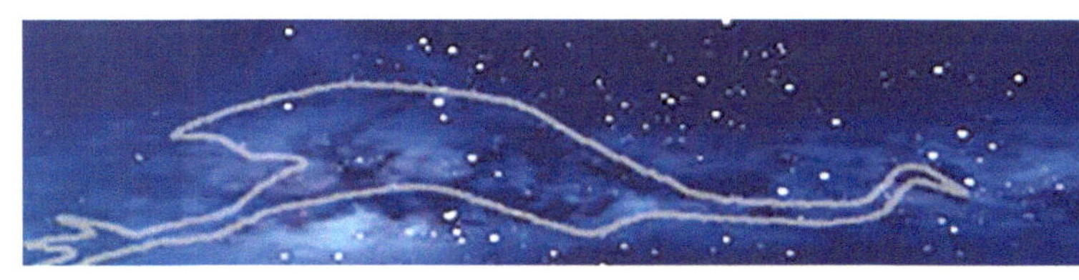

图 1.62 澳大利亚原住民的鸸鹋星座，左边与西方黄道 12 星座中的天蝎座重合（参见图 1.12）

[1] 最早的月历，参见维基百科 “oldest lunar calendars”。
[2] 哥贝克力山顶遗迹，参见维基百科 “Göbekli Tepe”。
[3] 英国的巨石阵，参见维基百科 “Stonehenge”。
[4] 方尖碑，参见维基百科 “obelisk”。
[5] 金字塔，参见维基百科 “pyramid”。
[6] 拉美西斯二世，参见维基百科 “Ramesses II”。
[7] 克利奥帕特拉，参见维基百科 “Cleopatra”。
[8] 恺撒，参见维基百科 “Gaius Julius Caesar”。
[9] 安东尼，参见维基百科 “Mark Antony”。
[10] 日晷，参见维基百科 “sundial”。
[11] 迈克歇，参见维基百科 “Merkhet”。
[12] 古埃及历法，参见维基百科 “Egyptian calendar”。
[13] 天狼星，参见维基百科 “Sirius”。
[14] 巴比伦，参见维基百科 “Babylon”。
[15] 楔形文字，参见维基百科 “Akkadian language”。
[16] 汉谟拉比，参见维基百科 “Hammurabi”。
[17] 汉谟拉比的法典，参见维基百科 “Code of Hammurabi”。
[18] 索伦，参见维基百科 “Solon”。
[19] 赫拉克利特，参见维基百科 “Heraclitus”。
[20] 12 星座，参见维基百科 “Zodiac”。
[21] 亚历山大大帝，参见维基百科 “Alexander the Great”。
[22] 菲力二世，参见维基百科 “Philip II of Macedon”。
[23] 亚里士多德，参见维基百科 “Aristotle”。
[24] 柏拉图，参见维基百科 “Plato”。
[25] 苏格拉底，参见维基百科 “Socrates”。
[26] 水钟，参见维基百科 “water clock”。
[27] 安蒂基西拉机构，参见维基百科 “Antikythera mechanism”。
[28] 安蒂基西拉机构的动画演示，参见 “nature” 网站。
[29] 阿基米德，参见维基百科 “Archimedes”。
[30] 希帕克斯，参见维基百科 “Hipparchus”。
[31] Lin Jianliang, Yan Hongsen. Decoding the Mechanisms of Antikythera Astronomical Device. Springer, 2016.
[32] 日，参见维基百科 “day”。
[33] 年，参见维基百科 “year”。
[34] 地球轨道，参见维基百科 “orbit of the earth”。
[35] 月，参见维基百科 “moon”。
[36] 月球轨道，参见维基百科 “orbit of the moon”。
[37] 屋大维，参见维基百科 “Gaius Octavius Augustus”。
[38] 儒略历，参见维基百科 “Julian calendar”。
[39] 基督教，参见维基百科 “Christianity”。
[40] 犹太教，参见维基百科 “Judaism”。
[41] 罗马帝国，参见维基百科 “Roman Empire”。
[42] 格里高利历，参见维基百科 “Gregorian calendar”。
[43] 耶稣基督，参见维基百科 “Jesus Christ”。
[44] 死海经卷，参见维基百科 “Dead Sea Scrolls”。
[45] 圣经，参见维基百科 “Bible”。
[46] 数字版古圣经，参见 “Codexsinaiticus” 网站。
[47] 彼得，参见维基百科 “Saint Peter”。
[48] 康斯坦丁大帝，参见维基百科 “Constantine the Great”。
[49] 尼西亚信条，参见维基百科 “Nicene Creed”。
[50] 狄奥多西一世，参见维基百科 “Theodosius I”。
[51] 圣奥古斯丁，参见维基百科 “Augustine of Hippo”。
[52] 罗马帝国的覆灭，参见维基百科 “fall of the Western Roman Empire”。
[53] 教皇，参见维基百科 “pope”。
[54] 复活节，参见维基百科 “Easter”。
[55] 大学，参见维基百科 “university”。
[56] 比德，参见维基百科 “Bede”。
[57] 培根，参见维基百科 “Roger Bacon”。
[58] 黑死病，参见维基百科 “Black Death”。
[59] 伊莎贝拉，参见维基百科 “Isabella I of Castile”。
[60] 哥伦布，参见维基百科 “Christopher Columbus”。
[61] 文艺复兴，参见维基百科 “renaissance”。
[62] 哥白尼，参见维基百科 “Nicolaus Copernicus”。
[63] 地心说，参见维基百科 “geocentric model”。
[64] 日心说，参见维基百科 “heliocentrism”。
[65] 火星逆行，参见维基百科 “retrograde”。
[66] 托勒密，参见维基百科 “Ptolemy”。
[67] 太阳系，参见维基百科 “solar system”。
[68] 格里高利八世，参见维基百科 “Pope Gregory VIII”。
[69] 风之塔，参见维基百科 “Gregorian Tower”。
[70] 马丁·路德，参见维基百科 “Martin Luther”。
[71] 伊丽莎白一世，参见维基百科 “Elizabeth I of England”。
[72] 高斯，参见维基百科 “Carl Friedrich Gauss”。
[73] 布鲁诺，参见维基百科 “Giordano Bruno”。
[74] 第谷，参见维基百科 “Tycho Brahe”。
[75] 布拉格的天文钟，参见维基百科 “Prague astronomical clock”。
[76] 开普勒，参见维基百科 “Johannes Kepler”。
[77] 开普勒三定律，参见维基百科 “Kepler's laws of planetary motion”。
[78] 法国大革命，参见维基百科 “French Revolution”。
[79] 法国大革命时的历法，参见维基百科 “French Republican calendar”。
[80] 拿破仑，参见维基百科 “Napoleon”。
[81] 列宁，参见维基百科 “Vladimir Lenin”。
[82] 斯大林，参见维基百科 “Joseph Stalin”。
[83] 苏维埃时的历法，参见维基百科 “Soviet calendar”。
[84] 牛顿，参见维基百科 “Isaac Newton”。
[85] 哈雷，参见维基百科 “Edmond Halley”。
[86] 时间方程，参见维基百科 “equation of time”。
[87] 凡尔纳，参见维基百科 “Jules Verne”。
[88] 美国东西铁路，参见维基百科 “Transcontinental Railroad”。
[89] 杰斐逊，参见维基百科 “Thomas Jefferson”。
[90] 梭罗，参见维基百科 “Henry David Thoreau”。
[91] 美国政府部门，参见维基百科 “federal government of the United States”。
[92] 全球时间系统，参见维基百科 “Universal Time”。
[93] 世界地理坐标系统，参见维基百科 “geographic coordinate system”。
[94] 本初子午线，参见维基百科 “prime meridian”。
[95] 英联邦，参见维基百科 “Commonwealth of Nations”。
[96] 墨卡托投影，参见维基百科 “Mercator projection”。
[97] 秒，参见维基百科 “second”。
[98] 国际标准化组织，参见 “ISO” 网站。
[99] 公历的国际标准，参见维基百科 “ISO 8601（ISO 8601）”。
[100] 分，参见维基百科 “minute”。
[101] 小时，参见维基百科 “hour”。
[102] 周，参见维基百科 “week”。

[103] 季节，参见维基百科“season”。
[104] 罗伯特·彭斯，参见维基百科“Robert Burns”。
[105] 犹太历，参见维基百科“Hebrew calendar”。
[106] 亚伯拉罕，参见维基百科“Abraham”。
[107] 摩西，参见维基百科“Moses”。
[108] 居鲁士大帝，参见维基百科“Cyrus the Great”。
[109] 以色列，参见维基百科“Israel”。
[110] 伊斯兰历，参见维基百科“Islamic calendar”。
[111] 先知穆罕默德，参见维基百科“Mahammad”。
[112] 麦加指南针，参见维基百科“Qibla compass”。
[113] 麦加天房，参见维基百科“Masjid al-Haram”。
[114] 老人星，参见维基百科“Canopus”。
[115] 伊朗历，参见维基百科“Iranian calendar”。
[116] 拜火教，参见维基百科“Zoroastrianism”。
[117] 印度教，参见维基百科“Hindu”。
[118] 佛陀释迦牟尼，参见维基百科“Gautama Buddha”。
[119] 佛教，参见维基百科“Buddhism”。
[120] 阿育王，参见维基百科“Asoka”。
[121] 戒日王，参见维基百科“Harsha”。
[122] 陈玄奘，参见百度百科。
[123] 东印度公司，参见维基百科“East India Company”。
[124] 莫卧儿帝国，参见维基百科“Mughal Empire”。
[125] 甘地，参见维基百科“Mahatma Gandhi”。
[126] 尼赫鲁，参见维基百科“Jawaharlal Nehru”。
[127] 萨卡历法，参见维基百科“Indian national calendar”。
[128] 佛历，参见维基百科“Buddhist calendar”。
[129] 玛雅历法，参见维基百科“Maya calendar”。
[130] 澳大利亚原住民的天文学，参见维基百科“Australian aboriginal astronomy”。

第二章 称水

Weighing The Water

► 我们的祖先古代中国人发明了独特的计时技术与纪时历法。这些发明有些与西方的相似，是基于“问天”的原理，有异曲同工之妙。但也有些是独特的发明，那就是“称水”。上一章讲到古埃及和古希腊的水漏与水钟。中国古代用水计时的装置更多，包括水漏、水钟、水秤和水运仪。

► 关于中国古代的计时已经有好几本专著介绍，例如《中国计时仪器通史（古代卷）》《古历新探》《中国古代天文与历法》。其中，《中国计时仪器通史（古代卷）》[1] 是按历法、漏刻、日晷及机械报时器来分节编写的，资料详尽。《古历新探》[2] 主要讲历法，书中探讨了中国古代历法的 4 个要素：天文数据、天文数据的表达方式、天文数据的测量方法以及历法计算方法和历法理论。《中国古代天文与历法》[3] 简单扼要。这里我们将像第一章一样，沿着历史顺序来展开，从中可以看到计时技术及纪时历法是怎样和时代共同进化的，还可以看到朝代兴亡留下的历史印记。

2.1 夏商周的历法与水漏

中国的历史源远流长，至今已经近5000年。在旧石器时代和新石器时代，文字记录极少且零散，从夏朝开始才有了较准确的历史纪年（图2.1）。

在夏朝之前还有些传说中的人物，例如盘古、女娲、燧（音“suì”）人、伏羲、神农、祝融、炎帝、黄帝、颛顼（音“zhuānxū”）、尧、舜等。当时中国开始从采集和狩猎社会进入农耕社会，逐渐有了文字。根据《尚书》[4]记载，这一时期有三皇五帝[5]。三皇五帝的说法不一，通常三皇是指伏羲、神农、燧人，五帝是指黄帝、颛顼、帝喾（音“kù”）、尧、舜。五帝时期，尧传舜；舜传禹；禹[6]开启了父子相

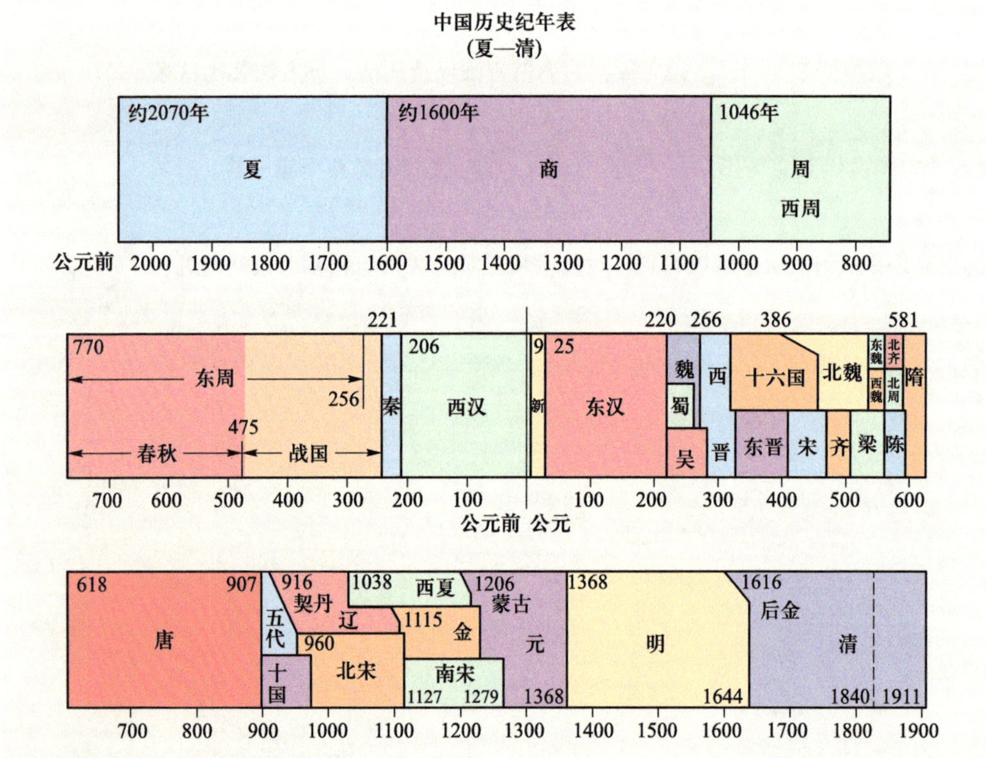

图2.1 中国历史纪年简表（引自百度百科）

传的夏朝（约公元前2070—公元前1600）。在《尚书·尧典》中有“（尧）乃命羲和，钦若昊天，历象日月星辰，敬授民时”“期三百有六旬有六日，以闰月定四时，成岁”。根据这个记载，一年366天加闰月的历法是在夏朝前形成的。不过《尚书》的成书实际年代是在春秋时期（公元前770—公元前476）。中国古代历来有“托古（即伪称是古代某某人所作）”的做法，因此只能说夏朝有了历法，但具体的内容则不大清楚。另外，尧、舜、禹到底是生活在什么时候也不很确切。

古代中国历法叫作阴历，其实是“以闰月定四时”的阴阳合历。因为它是为了农耕而制定，所以又叫作农历。中国历法使用一个特有的天干地支法（简称干支法）[7]来纪时。如表2.1a所示，天干有10个：甲、乙、丙、丁、戊、己、庚、辛、壬、癸（音“guǐ”）。如表2.1b所示，地支有12个：子、丑、寅、卯、辰、巳（音“sì”）、午、未、申、酉、戌（音“xū”）、亥。夏朝以前的远古时期曾用天干来纪年，但十天干太短，经常要重复，使用不便。后来就用十天干与十二地支的组合来纪年，形成“六十甲子”（见表2.1c）。

表 2.1a 天干表

序号	1	2	3	4	5	6	7	8	9	10
天干	甲	乙	丙	丁	戊	己	庚	辛	壬	癸

表 2.1b 地支表

序号	1	2	3	4	5	6	7	8	9	10	11	12
地支	子	丑	寅	卯	辰	巳	午	未	申	酉	戌	亥

表 2.1c 六十甲子表

序号	1	2	3	4	5	6	7	8	9	10
干支	甲子	乙丑	丙寅	丁卯	戊辰	己巳	庚午	辛未	壬申	癸酉
序号	11	12	13	14	15	16	17	18	19	20
干支	甲戌	乙亥	丙子	丁丑	戊寅	己卯	庚辰	辛巳	壬午	癸未

续表

序号	21	22	23	24	25	26	27	28	29	30
干支	甲申	乙酉	丙戌	丁亥	戊子	己丑	庚寅	辛卯	壬辰	癸巳
序号	31	32	33	34	35	36	37	38	39	40
干支	甲午	乙未	丙申	丁酉	戊戌	己亥	庚子	辛丑	壬寅	癸卯
序号	41	42	43	44	45	46	47	48	49	50
干支	甲辰	乙巳	丙午	丁未	戊申	己酉	庚戌	辛亥	壬子	癸丑
序号	51	52	53	54	55	56	57	58	59	60
干支	甲寅	乙卯	丙辰	丁巳	戊午	己未	庚申	辛酉	壬戌	癸亥

从表中可以看到，每个天干用了6次（如用绿色标记的“甲”），每个地支用了5次（如用黄色标记的“子”）。所以，六十甲子就是$6\times10=5\times12=60$年。这个方法也曾用于纪日和纪月；但因为一年只有12个月，一个月只有30天，后来就直接用数字来纪月和纪日了。

夏朝时许多国王的名字与天干地支的名称相关。例如夏朝最后一个国王桀（约公元前1654—公元前1600）的名字叫作“癸”[8]。癸是十天干之一。桀的生日大概与癸有关，所以叫癸。他还有一个名字叫“履癸”，也是这个意思。桀是其谥号，原意为“肢解”。他被汤（又名商汤、成汤，约公元前1670—公元前1587）[9]打败并流放到南巢（今天的安徽巢湖），后来死在那里。桀可能是指他死时被肢解的惨状。夏代留下的文字只是些符号，无法考证当时的历法是怎样的。

汤开创了商朝（公元前1600—公元前1046）。在商朝的近600年间，社会有了进一步的发展。特别是在武丁（？—约公元前1192）（丁也是天干之一）[10]以后，王室定都商丘（今天的河南安阳），不再像过去一样不断迁移。近百年来在安阳附近发现了许多甲骨文，这些甲骨文大多是商王室的占卜记录。通过研究这些甲骨文，可以对商朝的历法有所了解[11]。商朝历法的主要特点如下：

• 纪时，白昼分 8~10 个时段，黑夜分 1~2 个时段（分段的方法在商朝近 600 年间的各时期不同）；

- 纪日，用干支法，一个干支包括一个白昼一个黑夜，一日始于早上（具体时间不清楚）；
- 纪月，每月长 29 日（或更短）到 31 日（或更长）不等，有闰月（经常会算错，即失闰），月首以新月开始；
- 纪年，用干支法，每年有 12 个月，一年的长度为 360~370 天，岁首在夏季。

由此可见，商朝还没有准确的历法，但是阴阳合历的基本法则已经建立。

商代用于计时的工具是日晷（问天）。在甲骨文中就有“立中”“正”等与日影观测相关的字。中国的日晷称为圭表[12]。根据中国最早的辞书，东汉许慎（58—147）的《说文解字》[13]，“圭”字有两个意思：一个是用于表示身份的玉器；一个是用于计时的装置。中国制玉的历史至少可以追溯到8000年前。到了新石器时代（约公元前3000—公元前2000），已经可以制作很精美的玉器了（如良渚的玉琮）。玉圭的出现较迟些，现今发现最早的玉圭是商代的，它上圆下平，诸侯用其表示身份。图2.2是商代妇好墓中出土的玉圭。妇好[14]是武丁[10]的王后，生活在公元前1200年左右。妇好还是中国历史记载中的第一位女将军，她手持9公斤重龙纹大铜钺（音“yuè”），多次率军南征北战，所向无敌，为商朝开疆拓土，建功无数。武丁对她十分珍爱，可惜她30来岁时就因难产而死。她被葬在离皇宫不远的地方，其墓地1976年时被发现。

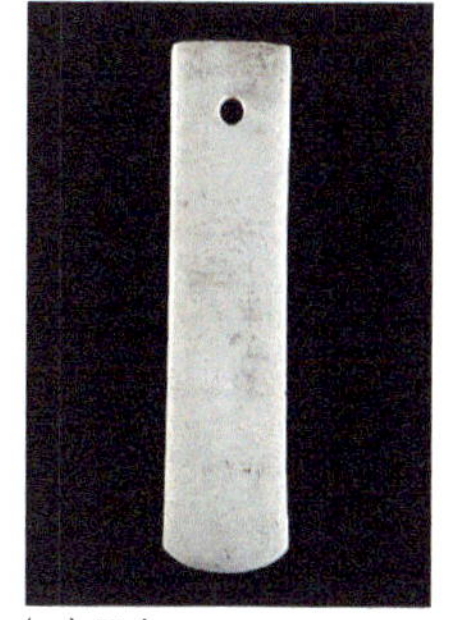

（a）玉圭

（b）铜钺

图 2.2 妇好的玉圭和她的 9 公斤重龙纹铜钺

圭作为计时的装置又叫作圭表。中国最早的文字是象形文字，从“圭”字可以看出圭表的构造。圭表由两部分组成：一部分是表，它是一根垂直的柱子（圭字中间的一竖），成语“立竿见影”的原意就源于此。古文中的“槷（音‘niè’）”“臬（音‘niè’）”“碑”等字都有表的意思。另一部分是平放在地上的圭尺，尺子上的刻度（圭字里平行的长线与短线）用于标记。作为礼器的“圭”与作为计时装置的“圭”有什么关系呢？中国字的造字方法有象形、指事、会意、形声、转注和假借等好几种。一字多意、多音以及多字同音、同意十分常见。因为年代久远，“圭”的这两个不同意思的关系就不得而知了。

到了周朝（公元前1046—公元前256），王室有了专门编写历法的官员，称为“畴（音‘chóu’）人”，历法也渐趋成熟。据记载周文王姬昌（约公元前1152—公元前1056）[15]在被商朝的末代帝王纣王（又名帝辛，约公元前1105—公元前1046）[16]囚禁时精研《易经》。《易经》中有一系列原始的哲学思想，例如阴阳、三才（天地人）、五行、八卦，等等，对中国文化的影响极大。据记载《易经》有3部：《连山》《归藏》及《周易》。前两部已经不存，现存的《易经》是周文王编纂的《周易》[17]。《易经》是一部卜筮（音“shì”）之书，卜筮是为了预测未来，而预测未来从来都是人类最关心的问题。对于农耕社会，季节的变化非常重要。特别是在中原地区，播种过早秧苗会受寒潮的影响，播种过晚收成会受阴雨的影响。人们可以感知季节的变化，但这个感知并不准确。《易经》中有不少内容与计时历法有关。例如“法象莫大乎天地，变通莫大乎四时”“帝出乎震（日出乎辰）”，等等。周文王也因此被认为能“精演先天之数”，可以预测未来。后来，周文王收买纣王身边的宠臣得以逃脱。而纣王则因到处发动战争，劳民伤财，众叛亲离，最终被周文王的儿子周武王姬发（约公元前1087—公元前1043）[18]所灭。

据记载，周朝的政治家和哲学家周公旦（周公）曾在河南登封设置一个圭表台，这是中国第一个天文台（图2.3）。周公姓姬名旦（约公元前1100年）[19]，是周文王的第四子，周武王的弟弟。他辅助周武王打败了纣，建立周朝。武王死后，他又扶持年幼的周成王（公元前1055—公元前1021）稳定了周朝的政局。他还订立了周代的制度《周礼》[20]，是中国法律的奠基者，今天在陕西周原还有周公的故居。在《周礼·地官》中说道“以土圭之法测土深，正日景，以求地中。日南则景短，多暑；日北则景长，多寒；日东则景夕，多风；日西则景朝，多阴。日至之景，尺有五寸，谓之地中……”。这是中国古代最早关于圭表的资料之一。据考证，《周礼》的成书年代是战国时期（公元前475—公元前221）。估计《周礼》的大部分内容是由周公开创并从周朝历年传下来的，

图2.3 河南登封的周公测景台遗址（引自百度百科）

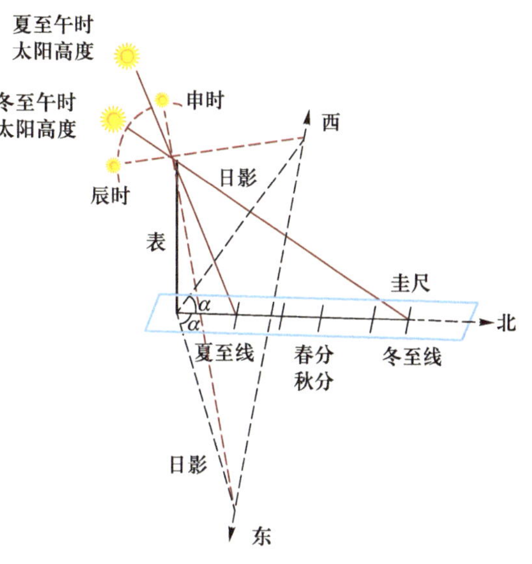

经后人整理编辑，定稿于战国时期。

中国的圭表技术与西方的日晷相似，但除了可以计时、计日、计年，还多了一个可以指示方向的功能。如图2.4所示，圭表向北而立，计时是看日影的方向。计日是记录每天正午时日影的长度（此时日影最短），计年是根据日影判断出一年中的冬至（一年中日影最长）与夏至（一年中日影最短）。确定方向的方法如下：记录每天日出与日落时的日影点，然后用一条直线把两点连起来，这条线便是指向东西方向的线。不过，日出与日落时光线暗淡，日影点可能不大清晰，因此可以使用上午日影和下午日影等长的两点，此时两点与正北线的距离相等，两个角度（α）也相等。

图2.4 圭表的工作原理

据古书《淮南子》记载，周朝定国后分封功臣，太公望、周公旦受封后相见，太公问周公何以治鲁？周公曰："尊尊亲亲。"太公曰："鲁从此弱矣。"周公问太公何以治齐？太公曰："举贤赏功。"周公曰："后世必有劫杀之君矣。"后齐日以大，至于霸，三十二世（公元前386年）而田氏代之。鲁日以削，三十四世（公元前256年）而亡。齐鲁就是今天的山东，以泰山为界，北面是齐，南面是鲁。周公旦被封为鲁王（他本人扶持朝政，没有离开国都；只是派他的儿子去），他是皇亲国戚，讲究的是制度等级，这不利于创新发展，所以国势日弱，最后被楚国吞并。太公望即姜太公（约公元前1156—公元前1017）[21]，又名姜尚、姜望、吕望、姜子牙。他为周文王与周武王出谋划策，打下江山，居功第一，因此被封为齐侯。他的《六韬》是中国第一部兵书。姜太公平民出身，讲究能力与策略，这有利于国家发展，但当国君孱弱时也容易被他人所操控，齐国后来被其大臣夺权篡位。

《周礼》中有水漏[22]计时的记载。中国古代的水漏与西方的水漏相似（参见第一章）。《周礼·夏官》中有挈（音"qiè"）壶氏，"掌挈壶以令军井""凡军事县（悬）壶以序聚柝（音"tuò"，打更用的梆子）""皆以水火守之"。可见，当时水漏计时有专人负责，夜间用火照明以观测，冬天以火温水防止结冰（图2.5）。

▲图 2.5 西汉年间（公元前27年）的青铜漏壶，现存中国国家博物馆

周王朝实行分封制，王室弱小，诸侯国各自为政，没有一个统一的历法。公元前782年，周幽王［姬宫湦（音“shēng”），？—公元前771］[23]即位。为博妃子一笑，周幽王烽火戏诸侯，从此失去诸侯的信任，当北方的部落真的打来时，诸侯都不来了，周王朝无以抵御，就此灭亡。公元前770年，他的儿子周平王（？—公元前720）[24]复国，并将国都东迁到洛邑（今天的洛阳），开始了东周时代（公元前770—公元前256，参见图2.1），从此对诸侯国的约束就更少了。

在东周时代，中央政权进一步削弱。原来周王室主管天文的官员流落到各国，带去了多年积累的天文学知识。文化的进步及各诸侯国的相互竞争导致了百花齐放、百家争鸣的局面。许多诸侯国建立了自己的历法，当时常用的历法有6种：黄帝历、颛顼历、夏历、殷（商）历、周历和鲁历。这些历法大致相同，只是置闰与岁首不同，按照立春为岁首来算，夏历的岁首是1月，殷历的岁首是12月，周历的岁首是11月。

此时，古人们渐渐积累了许多天文知识，甘德（公元前450年左右，齐国人）与石申（又名石申夫，公元前450年左右，魏国人）分别编辑了星表。后人把两个星表合成为《甘石星经》，这是世界上最早的星表，比古希腊的希帕克斯（Hipparchus，公元前190—公元前120）的星表还要早200多年（参见第一章）。《甘石星经》记载了800多个星星，并定义了四七法，即用4×7＝28宿（音“xiù”）来标定各个星星的位置（图2.6）。28宿分4个星象：左青龙（东）、右白虎（西）、前朱雀（南）、后玄武（北），对应的星宿为：

- 东方青龙之象，包括角、亢（音“kàng”）、氐（音“xiù”）、房、心、尾、箕七宿；
- 南方朱雀之象，包括井、鬼、柳、星、张、翼、轸（音“zhěn”）七宿；
- 西方白虎之象，包括奎、娄、胃、昴、毕、觜（音“zuǐ”）、参七宿；
- 北方玄武之象，包括斗、牛、女、虚、危、室、壁七宿。

“宿”就是“宿舍”的意思。月亮大约每一天在一个宿的位置出现。

当时天文学在民间也开始流传，在中国第一部诗歌总集《诗经》中就有许多关于天文的描述，例如：

- 《小雅·大东》："维天有汉，监亦有光。跂彼织女，终日七襄。虽则七襄，不成报章。睆彼牵牛，不以服箱。东有启明，西有长庚。有捄（音"qiú"）天毕，载施之行。维南有箕，不可以簸扬。维北有斗，不可以挹（音"yì"）酒浆。维南有箕，载翕（音"xī"）其舌。维北有斗，西柄之揭。"这首诗用了7个星座的名字：织女、牵牛、启明、长庚、天毕、南箕、北斗。
- 《豳（音"bīn"）风·七月》："七月流火，九月授衣。"这是用火星（这里指的是东方心宿，因其颜色似火而名，不是金木水火土五行星中的火星）来预测秋天的到来。
- 《小雅·渐渐之石》："月离于毕，俾滂沱矣。"这是预测天气，说满月时若月亮在西方毕宿附近，就会有大雨。

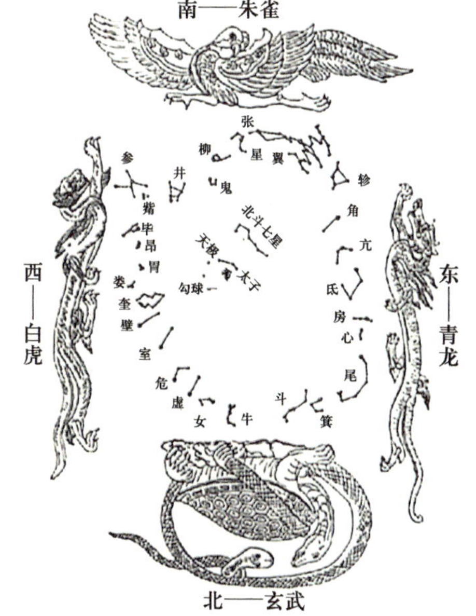

图2.6 中国古代的28星宿（引自百度百科）

中国的星座与西方的星座（参见第一章）不同。2000多年前，古人的天文学知识有限，测量仅凭肉眼。因此，无论是东方的星座还是西方的星座都是古人们想象出来的，并没有什么意义。后来，东西方都有人用其算命，那只是牵强附会。

在东周时代，中国古代文化达到了一个新的高峰，出现了许多著名的学者，例如李耳（尊称老子，约公元前571—公元前471）[25]、孔丘（尊称孔子，公元前551—公元前479）[26]、孙武（尊称孙子，约公元前545—公元前470）[27]、墨翟（尊称墨子，约公元前476—公元前390）[28]、孟轲（尊称孟子，约公元前372—公元前289）[29]、庄周（尊称庄子，约公元前369—公元前286）[30]、韩非（尊称韩非子，约公元前

280—公元前233）[31]，等等。其中，最有名的是我们熟知的孔子。

孔子又称孔夫子（图2.7）。他的父亲是个有名的勇将，因为一直没有儿子，晚年娶了一个年轻的女子为妻，生下了孔子，但在孔子3岁时就去世了。孔子的母亲不为夫家所接受，独立把孔子抚养成人。据记载，孔子生得高大威猛，深沉大度，不苟言笑。他年轻时做过官，中年时还做过大司寇（相当于今天的司法部部长），很想做一番惊天动地的大业，但不久就被罢官。后来他游历各国，寻找到施展抱负的地方。晚年他专注于办学，有3000学生，著名的学生有72人（弟子三千，贤人七十）。孔子整理了当时社会上流传的六经：《诗》《书》《礼》《乐》《易》《春秋》。《诗》就是上面提到的《诗经》，主要是宫廷中的歌曲（叫作“雅”或“颂”）和民间流行的民歌（叫作“风”）。《书》就是《尚书》[4]，记载了上古及夏商周历代君臣的对话。《礼》就是《周礼》[20]，又称《礼记》，讲述周代制度。《乐》今已散佚。《易》就是《易经》[17]，又称为《周易》。《春秋》是史书。孔子是鲁国人，因此编辑《春秋》时用的是鲁国历。鲁历也是世界上连续使用最久的历法。孔子自己“述而不作”，没有著作。《论语》是他的学生们整理的[32]，主要是孔子与其学生们的谈话纪要。

图2.7 当代著名雕塑家吴为山先生（1962—）的作品《孔子》

孔子熟悉历法与天文。在《论语·学而》中有“道千乘之国，敬事而信，节用而爱人，使民以时”。这里的“时”指的是农时。由此可见，当时历法是国家管理的一个重要部分。在《论语·为政》中有“为政以德，譬如北辰，居其所而众星拱之”。这里是以北斗比喻德政的重要。在《论语·子罕》中还有一句关于时间的名言：“子在川上曰，逝者如斯夫，不舍昼夜。”从孔子时代到今天，时光已经流逝2500多年了。

2.2 汉唐的历法与水秤

“六王毕，四海一”（《阿房宫赋》杜牧，803—852），公元前221年，秦始皇嬴政（公元前259—公元前210）[33]一统中国。不过秦朝（公元前221—公元前206）享国的时间很短，虽然统一了文字、度量衡及钱币，但却没来得及统一历法，只是沿用春秋战国时期的颛顼历。

第一个制定全国统一历法的是汉武帝刘彻（公元前156—公元前87）[34]（图2.8）。当时国家经过了文景之治[35]，人民安居乐业，国家富足，文化科技随之进步。公元前104年，汉武帝命公孙卿、司马迁（约公元前145—公元前90）[36]等议造汉历，并征募全国各地天文学家10余人参与，其中包括邓平、司马可、侯宜君、唐都和落下闳（音“hóng”）等。一年后，他们提出了18种改历方案，经过辩论、比较和实测检验，最后选定了落下闳（公元前156—公元前87）[37]和邓平提出的“太初历”[38]。汉武帝因之改元，将公元前104年定为太初元年。汉武帝也是第一个使用年号的皇帝。

图 2.8 汉武帝刘彻（引自百度百科）

这一段历史在司马迁的《史记》[39]中有记载。读者都熟悉司马迁受宫刑（当时他46岁）写《史记》的故事。他是伟大的史学家、文学家，也熟知天文、地理、历法。他在《史记·历书》一文中讲述了历代的历法，然后写道“至今上（汉武帝）即位，招致方士唐都，分其天部；而巴（四川）落下闳运算转历，然后日辰之度与夏正同（夏历）。乃改元，更官号，封泰山……其更以七年为太初元年”。这里讲的就是太初历的起源。

由于年代久远，关于太初历的原始记载已经失落。后来，刘歆（公元前50—公元23）根据太初历制定了“三统历”，这个历法在《汉书》中有较详细的说明。三统历有下述几个特点：

- 一天分 12 个时辰；
- 一年为$365\frac{358}{1539}$天（读者可以想想$\frac{358}{1539}$是怎么来的？），近似为$365\frac{1}{4}$天；

- 一月为$29\frac{43}{81}$天，所以又称之为 81 分历；
- 将 24 节气排入 12 个月中，没有中气的月份为闰月；
- 正月（立春）为岁首；
- 制定“统”和“纪”，统是推算日月的躔（音“chán”）离（即日月轨道的相交），纪是推算五星的见伏（即计算金、木、水、火、土五星是否可见）；
- 制定统纪的母和术，母是立法的原则，术是推算的方法；
- 根据统术，推算出日月相食的周期为 135 个月，其中将发生日食 23 次（西方用的是沙罗周期（Saros cycle），约 223 个月，参见第一章，更准确的方法参见 [40]）。

太初历不仅是中国的第一个统一历法，更重要的是它所订立的基本原则一直为后来的历法所沿用，今天我们用的农历也不例外。下面我们来介绍农历的基本思想与方法。

首先来看纪时的方法，即一天的划分方法。一天分为12个时辰在商代就有了，因为一年有12个月，所以把一天分为12个时辰是一个很自然的选择。在春秋战国时期，不同的国家有不同的时辰名称。太初历统一规定为：夜半、鸡鸣、平旦、日出、食时、隅中、日中、日昳（音“dié”）、晡时、日入、黄昏、人定。用12地支来表示，即子、丑、寅、卯、辰、巳、午、未、申、酉、戌、亥。与现代的24小时对应，其关系如表2.2所示。

表 2.2 农历的纪时方法

时辰名称	地支	现代时间 / 时	注
夜半	子时	23—1	三更
鸡鸣	丑时	1—3	四更
平旦	寅时	3—5	五更
日出	卯时	5—7	点卯

续表

时辰名称	地支	现代时间 / 时	注
食时	辰时	7—9	早饭
隅中	巳时	9—11	
日中	午时	11—13	
日昳	未时	13—15	
晡时	申时	15—17	晚饭
日入	酉时	17—19	
黄昏	戌时	19—21	一更
人定	亥时	21—23	二更

根据这个表，我们可以看到汉代时一天吃两顿，早上8点左右是早饭，下午4点左右是晚饭。还有一个概念是“更”，指的是夜晚的时辰：

一更：戌时（19时—21时）；

二更：亥时（21时—23时）；

三更：子时（23时—1时）；

四更：丑时（1时—3时）；

五更：寅时（3时—5时）。

卯时是起床的时刻，所以有“点卯”之说。

时还细分为“刻”，刻源自水漏的刻度。周朝的时候每天分为100刻，汉代时改为120刻（可以被12整除），后来又还原为100刻。明末清初时西方的计时技术传到中国，改为每天96刻。96 ÷ 12 = 8，故每个时辰有8刻，每个小时有4刻。例如，午时三刻就是11点45分。古人计时不大准确，刻就是最小的计时单位了。“分”是从西方引进的概念，明末清初以后才开始使用。

更小的时间单位还有我们所说的“一刹那”（或“一霎那”）[41]，这个词来自古印度。汉武帝时西域开通，佛教沿着丝绸之路渐渐地传到了中国。公元67年，东汉明帝刘庄（28—75）派到印度（古称天竺）的使臣求取了佛经并返回中国，随后在洛阳建立了白马寺翻译经书。随着佛教的传入，印度的文化也慢慢渗入。今天我们日常用语中有许多词汇都来自古梵文，例如缘、业、禅、智慧、慈悲、因果，等等。据推算，“一刹那”有两个不精确的度量标准：一个是0.018秒，一个是0.013秒。这么小的时间单位在古时候是无法度量的，所以只是抽象的概念而已。印度是个伟大的文明古国。公元100年左右，印度发明了我们现在使用的数字系统，包括数字“0”以及小数点。这一数字系统大大地简化了计算，对后世的科学技术发展非常重要。当这种计算方法通过阿拉伯人传到欧洲的时候，欧洲人误以为是阿拉伯人发明的，将之称为阿拉伯数字。中国人在元代时从色目人那里学得这一方法，但民间很少使用。明末清初又从欧洲学得这个系统，故随欧洲人称其为阿拉伯数字。

在农历中纪日用的是干支法[42]。干支日是一个60日的循环，与岁首及月首都没有关系。使用起来十分不便。实际上汉唐的时候纪事经常只用年和月。

第一章曾经讲到，在历法中，日与年和月的关系最为重要。中国农历纪年的特点是阴阳合历，即将月相与日相结合起来。日相确定年，年有恒星年与回归年。汉代时没有注意到两者的差别，当时靠测量日影计算年的长度。测量日影有两个问题：一是精度不高（所以日晷越做越大，以提高精度）；二是年的天数不是一个整数。当时是根据冬至日来测量一年的长度，冬至之日，白天最短，夜晚最长，日影也最长。要测量冬至是哪一天不难，但要测量冬至是哪一刻却不容易。太初历使用插值的方法，用多天的日影值来估算。

当时还不知道小数，计算全靠分数。可以想象，古人花了很大努力才得到“$\frac{358}{1539}$”这样一个数字。

第一章中讲到，一年中太阳照射时间的变化导致了季节的变化。中国古代用24节气[43]来表征季节的变化。如图2.9所示，每个季节有6个节气：春天从立春开始，接着是雨水、惊蛰、春分（春天的一半）、清明、谷雨；夏天从立夏开始，接着是小满、芒种、夏至、小暑、大暑；秋天从立秋开始，接着是处暑、白露、秋分（秋天的一半）、寒露、霜降；冬天从立冬开始，接着是小雪、大雪、冬至、小寒、大寒。这个季节的划分方法与公历是不一样的。第一章中讲到，公历其实没有定义季节。按照惯例：北半球春天从3月1

日开始；夏天从6月1日开始；秋天从9月1日开始；冬天从12月1日开始。另外，由于年的天数不是一个整数，从公历来看，每年的冬至可能会相差一两天。例如2016年的冬至是公历12月21日，2017年冬至是公历12月22日。农历也会相差一两天。

如图2.9所示，24节气还可以用北极星[44]和北斗星[45]来标定。如图2.10所示，北极星（英文为“Polaris”）在地球北极的正上方，与地球的南北轴只相差不到一度。如果我们去北极看，北极星正好在我们的头顶。如果我们去赤道看，北极星在正北的地平线上。北极星质量约是太阳的4倍，亮度是太阳的2 000倍。它距地球约434光年。在北半球的大部分地方我们都可以清晰地看见北极星高悬在正北的夜空，一动也不动。在地球的南极也有一颗类似的星，叫作“Sigma Octans”，在北半球是看不见的。

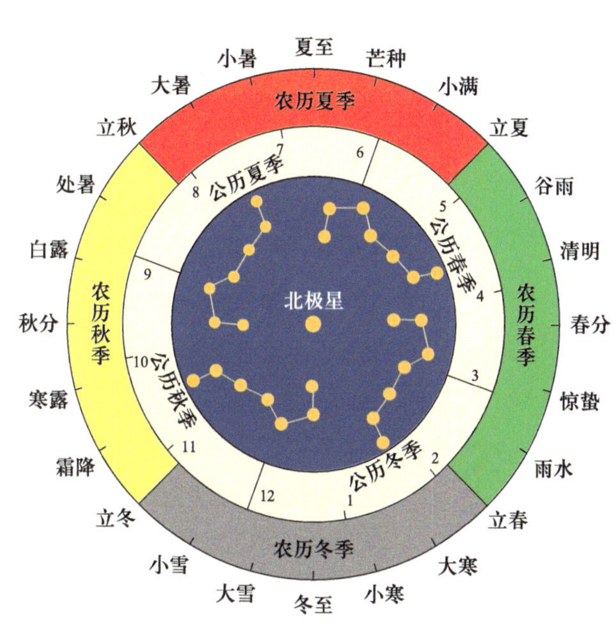

图2.9 24节气图与北半球公历月份之间的关系

北斗星（英文为“Big Dipper”）在古代又称为璇玑。它与北极星处在同一个星系。北斗共有七星：摇光（又称瑶光）、开阳、玉衡组成斗柄，古时称作杓；天枢、天璇、天玑、天权组成斗身，古时称作魁。天璇与天枢连成的直线正好指着北极星，北极星与天枢星的距离约为天璇与天枢二星间距离的5倍。不管是地球自转或围绕太阳公转，北极星在正北，看上去是不动的。但是由于观察者的位置变了，北斗星座的位置随之改变（其他的星星也是一样），看上去就像北斗星围绕着北极星在旋转，所以叫作斗转星移。因此，北斗星是一个天文钟。地球围绕太阳公转一周，北斗星也围绕北极星旋转一周，其旋转的速度为360°/365.25天 = 0.986°/天。如果我们夜间在一个固定的时间仔细观测，就可以看见这一微妙的变化。此外，从位置上看，斗柄指

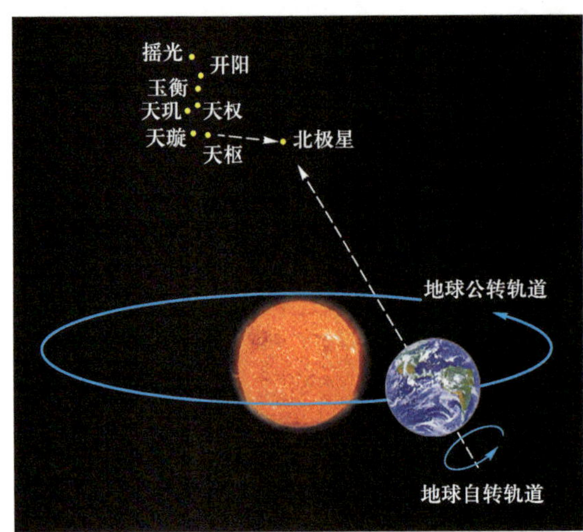

图 2.10 北斗星、太阳和地球

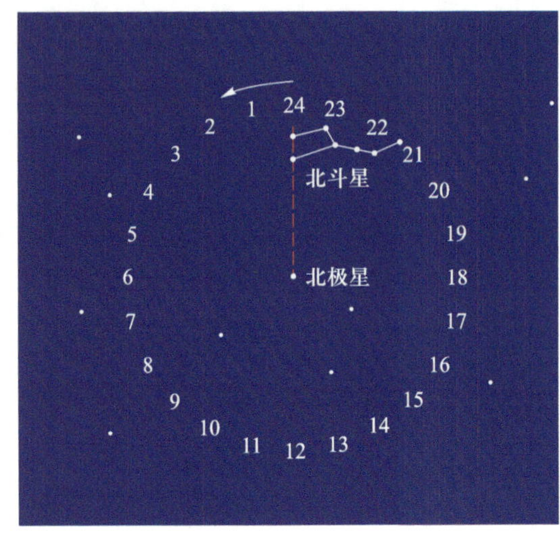

图 2.11 用北斗星计算时间（引自“Timeanddate”网站）

东，天下皆春；斗柄指南，天下皆夏；斗柄指西，天下皆秋；斗柄指北，天下皆冬（图2.10）。

古人很早就注意到这个斗转星移的天文钟了，这在中国最古老的天文学著作《夏小正》（成书于公元前350年左右）中就有记载。司马迁在《史记·天官》中说：“斗为帝车，运于中央，临制四乡。分阴阳，建四时，均五行，移节度，定诸纪，皆系于斗。”由此可见，太初历就是依据北斗星来订立的。

实际上，由于地球的自转，北斗星的位置在一天中也都在变化，因此观察北斗星的位置还可以用作计时。如图2.11所示，北斗星钟是个24小时的时钟，每小时逆时针旋转360° ÷ 24 = 15° 左右。因为每年有365天，实际上北斗星钟每天会快20多分钟[（365.24 − 360）天 × 24小时/天 × 60分钟/小时 ÷ 365.24天 = 20.66分钟]。每年的3月6日午夜12点，天璇与天枢二星正好在24点上。因此，北斗星钟的时间计算公式如下：

当时时间 = 北斗星钟时间 − 2×（3月6日至当日的月数）

例如，11 月 2 日距 3 月 6 日有 7 个月 27 天（237 天），或$7\frac{27}{29.5}$ = 7.92 个月。在这一天的午夜 12 点，北斗星的位置是在 0.986°/ 天 × 237 天 ≈ 234°，即 15 点半左右的位置。如果你看到的北斗星钟指的是 17 点，那么当时的时间就是 17 − 2 × 7.92 = 1.16，即凌晨 1 时 16 分。当然，白天太阳光强，只有在日食的时候才能看见北斗星。北斗星钟在晴朗的夜空随时可见，读者可以试试。

斗转星移的星迹可以用延时摄影（time lapse photography）[46] 的方法拍摄下来（图2.12）。一般的照相机都有这个功能，读者不妨试试。

图 2.12 “斗转星移”的轨迹可用延时摄影的方法拍摄下来（引自维基百科）

我们再来看月相。第一章讲到月有恒星月与朔望月。汉代的时候还不知道两者之间的不同，只用朔望月。在农历中，每月都是从新月初生之日开始，称为“朔”，新月弓面朝西（向上）。在月中到达月圆（所以正月十五元宵节与八月十五中秋节都是月圆之日），称为“望”。到了月底，残月弓面朝东（向下），逐渐隐去，称为“晦”。月亮的朔望也可以用延时摄影的方法拍摄下来（图2.13）。不过由于要拍一个月的时间，比较困难。

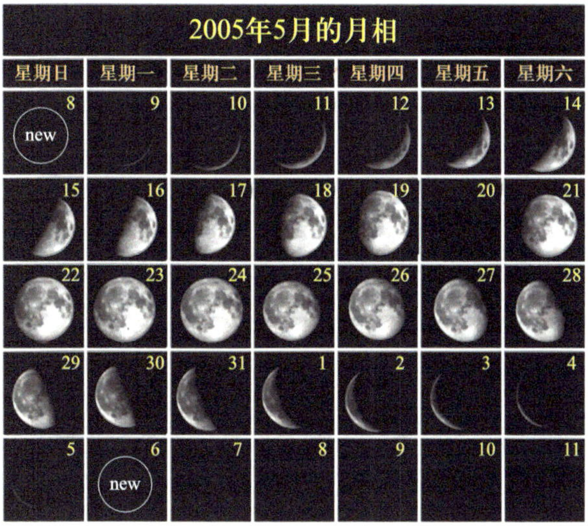

图 2.13 2005 年 5 月的月相（引自维基百科）

纪月用的是地支或干支[47]。表2.3为月地支、农历月、公历月、节气及干支月（可由年天干确定）之间的关系（参见图2.19）。闰月时就重复一次。因此，月地支可以与年天干对应，但与公历月的关系只能近似。另外，用地支纪月使用不便，民间因此出现了许多俗称（表2.4）。

表 2.3 干支纪月表

月地支	农历月	近似公历月	节气时段	中气	年天干				
					甲或己	乙或庚	丙或辛	丁或壬	戊或癸
寅月	正月	2月	立春—惊蛰	雨水	丙寅月	戊寅月	庚寅月	壬寅月	甲寅月

续表

月地支	农历月	近似公历月	节气时段	中气	年天干				
					甲或己	乙或庚	丙或辛	丁或壬	戊或癸
卯月	二月	3 月	惊蛰—清明	春分	丁卯月	己卯月	辛卯月	癸卯月	乙卯月
辰月	三月	4 月	清明—立夏	谷雨	戊辰月	庚辰月	壬辰月	甲辰月	丙辰月
巳月	四月	5 月	立夏—芒种	小满	己巳月	辛巳月	癸巳月	乙巳月	丁巳月
午月	五月	6 月	芒种—小暑	夏至	庚午月	壬午月	甲午月	丙午月	戊午月
未月	六月	7 月	小暑—立秋	大暑	辛未月	癸未月	乙未月	丁未月	己未月
申月	七月	8 月	立秋—白露	处暑	壬申月	甲申月	丙申月	戊申月	庚申月
酉月	八月	9 月	白露—寒露	秋分	癸酉月	乙酉月	丁酉月	己酉月	辛酉月
戌月	九月	10 月	寒露—立冬	霜降	甲戌月	丙戌月	戊戌月	庚戌月	壬戌月
亥月	十月	11 月	立冬—大雪	小雪	乙亥月	丁亥月	己亥月	辛亥月	癸亥月
子月	十一月	12 月	大雪—小寒	冬至	丙子月	戊子月	庚子月	壬子月	甲子月
丑月	十二月	1 月	小寒—立春	大寒	丁丑月	己丑月	辛丑月	癸丑月	乙丑月

表 2.4 农历月份的俗称

月份	俗称
1 月（岁首）	正月、柳月、陬（音“zōu”）月
2 月	杏月、仲春
3 月	桃月、暮春、蚕月
4 月	槐月、孟夏
5 月	蒲月、仲夏
6 月	荷月、溽暑
7 月	巧月、瓜月、孟秋
8 月	桂月、仲秋、中秋、商吕
9 月	深秋、暮秋、菊月

续表

月份	俗称
10月	小阳春、孟冬、初冬
11月	辜月、冬月、葭（音“jiā”）月
12月	腊月、严冬、残冬

由于年、月、日之间没有整数的关系，因此必须置闰。农历与公历的置闰方法不同，公历是减一天，简单易行。但农历必须遵循月相，所以是加一个月。在夏商周时置闰的方法是在年终加一个月，19年置7个闰月（与犹太历相似），这相当于19年有19 × 12 + 7 = 235个月［默冬周期（Metonic cycle）参见第一章］。但是在年终加月会使季节与实际月份分离。因此农历规定无中气之月为闰月，叫作闰某月，这使得季节与实际月份不会相差太远。有闰月之年叫作闰年。2017年就是一个闰年，闰6月。另外，因为月首必须是朔日，所以大月小月的排列没有一定的准则，只是按照朔日最接近那一天的0时0分来定。因此，可能是一个大月接一个小月，也可能会有连续两个大月。

太初历还较为准确地预测了五大行星（金、木、水、火、土）的运行周期：水星（Mercury）的公转周期是88天；金星（Venus）的公转周期是224.7天；火星（Mars）的公转周期是687天；木星（Jupiter）的公转周期是11.86年；土星（Saturn）的公转周期是29.46年。《史记·历书》中说到的“招致方士唐都，分其天部”讲的就是对行星与恒星的测量。到了三国时期（220—280），吴国太史令陈卓写了一本《陈卓星官图》，比《甘石星经》又进了一步。这本书中所记录的星星比托勒密（Claudius Ptolemy，90—168，参见第一章）所记录的还要多，为当时世界第一。可惜年代久远，《陈卓星官图》已经失传，但是后世的《步天歌》（隋代）和《天象赋》（隋代）都介绍了这本著作。

由于是日月合历，农历的计算十分复杂，而且每年都不一样，也没有通用的公式。另外，上面讲到中国古代只会使用分数而不懂得小数，这也给计算增加了困难。所以历法从来都是由政府的专业部门编写和颁布。汉朝有太史令，唐朝有太史局，到了明、清有钦天监，平民百姓只需查看政府颁布的历法，所以民间有“查黄历”一说。另外，历朝历代新皇帝上台都要改元，即改变年号，在位的皇帝经历大事后也会改元。

但是阴阳合历本身就有不可克服的误差。落下闳预见了太初历的误差，他说：“日后八百岁，此历差一日，当有圣人定之。”800年后，即公元700年左右，正是中国的唐朝时期（618—907），我们将在下面讲到。

历法的制定与精确测量是分不开的。汉朝时天文测量有了很大的进步，圭表用悬物来校正垂直，用水槽来校正水平，从而提高了测量精度。图2.14是一个汉代的圭表，上面还有刻度，现存中国国家博物馆。

汉唐时期的水漏计时技术也有了新的发展。汉武帝[34]时期改沉箭漏为浮箭漏，把漏出的水盛在另外一个容器中来显示时间。东汉时又有了两级漏，这可以减少水压的影响。最有创意的是北魏年间（386—534）道士李兰设计的秤漏[48]。如图2.15所示，秤漏由供水壶、受水壶（权器）、虹吸管（古称渴乌）及秤杆所组成。秤杆的一头挂着权器，另一头挂着平衡锤。虹吸管将供水壶中的水不断抽取到权器中。按李兰的规定，流水一升，重增一斤，时经一刻。这与今天一公升水重一公斤的标准颇为接近。时间可以在秤杆上直接读出，使用简便。由于虹吸管可以基本保持水的稳定流动，所以到了隋唐时期秤漏成了计时的主要工具之一，这就是“称水”。

图 2.14 汉代的圭表（引自“中国国家博物馆”网站）

图 2.15 北魏的秤漏（引自百度百科）

汉代还诞生了新的宇宙观：浑天说[49]。周代时有天圆地方的盖天说[50]，在《周髀算经》中说到，天是圆的，像一顶锅盖，日月星辰都在其上运行（古人未能测出日月星辰的远近，所以假定它们都是等距离的）。地是方的，像一个棋盘，人们生活在其中。地的中心在洛邑（即洛阳，东周时的国都）。天向北倾斜，它的中心是北极星。地的中心与天的中心形成一个天轴，天围绕这个轴作逆时针旋转。日月五星像锅盖上的蚂蚁，虽然随着“天”逆时针旋转，但也同时顺时针爬行。

浑天说是从盖天说进化而来的。浑天说认为，天和地都是圆的，天包着地就像蛋清包着蛋黄。落下闳[37]在订立太初历的时候还制作了一个浑象仪（简称浑仪）[51]，“浑象”的“象”是指演示天体运动，“仪”是指测量天体位置的仪器。浑仪演示了浑天说，可惜现今没有关于这个浑象仪的详细资料。英国著名汉学家李约瑟（Joseph Needham，1900—1995）[52]认为浑仪源自战国时代的甘德和石申，但证据不足。李约瑟是剑桥大学的教授，原来是学化学的，后来受其中国妻子的影响，转而研究中国科技史。他的研究与著作是开创性的，但是受当时环境限制，资料收集与分析不够全面。

到了东汉年间，贾逵（30—101）、张衡（78—139）、陆绩（188—219）等都对浑仪进行了改良。这里特别要讲到张衡[53]。他出身名门，幼举孝廉（即经人推荐做官），官至尚书（掌管文书及群臣奏章）。张衡在天文、地理、数学、文学等方面都有卓越的成就。今天大家都知道张衡的候风地动仪[54]，这是世界上第一台预测地震的仪器，如图2.16所示，当某个方向发生地震时，微小的震动会触发相应的杠杆机构，弹出铜丸。张衡还是一位著名的文学家，他与司马相如（公元前179—公元前117）、扬雄（公元前53—公元18）、班固（32—92）并称汉赋四大家，他的文学作品是汉朝乐府向唐朝诗歌转变的里程碑。

张衡也做了一个浑仪。根据《晋书·天文志》记载：“张衡制浑象，具内外规，南北极，黄赤道。列二十四气、二十八宿、中外星官及日、月、五纬。以漏水转之于殿上室内。星中出没与天对应。因其关戾（音“lì”，在这里意为穿出），又转瑞轮蓂荚于阶下，随月盈虚，依历开落。”这里讲到的“瑞轮蓂荚”是一种计时装置。所谓“蓂荚”是一种传说中的瑞草，亦名“历荚”，每天生一荚，15天后每天落一荚，每月重复，因此可用于计月。按照上

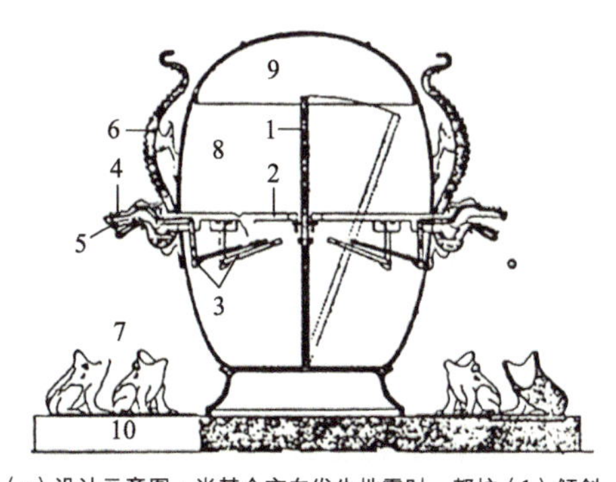

（a）设计示意图：当某个方向发生地震时，都柱（1）倾斜，碰撞这一方向的八道（2），从而触动牙机（3），将铜丸（5）从龙首（4）喷出，铜丸落在相应蟾蜍的嘴里

（b）复制样品

图 2.16 张衡的候风地动仪（引自百度百科）

1—都柱；2—八道；3—牙机；4—龙首；5—铜丸；6—龙体；7—蟾蜍；8—仪体；9—仪盖；10—地盘

述的记载，张衡的浑仪是用水力驱动的，具有计时功能，但具体的设计则没有介绍，也没有图示。

张衡在他的《浑天仪注》中解释了浑天说："浑天如鸡子，天体圆如弹丸，地如鸡中黄，孤居于内，天大而地小，天表里有水，天之包地，犹壳之裹黄。"天像蛋壳，地像蛋黄，地的周边都是水。他还说，天之中是北天极（即北极星），天绕着北天极旋转，一年转一圈。周天分为$365\frac{1}{4}$度，对应于一年$365\frac{1}{4}$天。日月星辰的运动可以参照28星宿。张衡在《灵宪》中还推算天地之间的距离："八极之维，径二亿三万二千三百里，南北则短减千里，东西则广增千里。自地至天，半于八极，则地之深亦如之。通而度之，则是浑已。将覆其数，用重钩股，悬天之景，薄地之义，皆移千里而差一寸得之。"

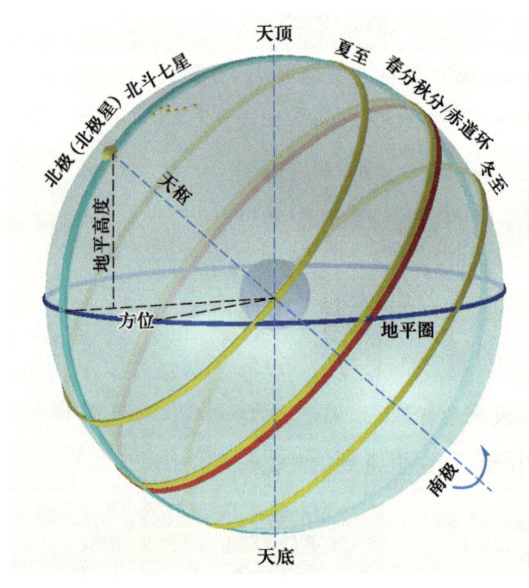

图 2.17 用于中国古代天文观测的浑天坐标系及太阳运行轨道

他认为天是个南北较小、东西较大的椭圆球。汉代时的一亿为十万，根据地隔千里，星的位置差一寸的观测结果，他推算天到地的距离为232 300 ÷ 2 = 116 150里，即58 075千米。今天，我们知道地球到太阳的平均距离为149 597 870千米［地球到太阳的平均距离称为一个天文单位（astronomical unit，AU）］。浑天说与托勒密的地心说相似（参见第一章），当时丝路已经开通，东西方文化交流活跃，但这两种学说有没有关系还有待考证。

根据浑天说，我们可以建立如图2.17所示的坐标系。在图中，青色的外圆表示天，蓝色的圈是地平圈，与地平圈垂直的是天轴，连接天顶与天底，环绕着天轴的是东南西北4个不同的方位。北极星定义了天枢，连接北极与南极（注意，这个北极、南极与我们今天讲的地理北极、南极不同），天围绕着天枢旋转。与天枢垂直的是红色的赤道环（这个赤道叫作天赤道，与地球的赤道不同）。太阳的运动用黄线来表示，称为黄道。在每年的春分和秋分时节，日与夜一样长，太阳的轨迹正好在天赤道环上。春天时黄道北移，直到夏至，此时太阳离天顶最近，白天最长。冬天时黄道南移，直到冬至，此时太阳离天顶最远，白天最短。利用这个坐标系还可以解释斗转星移：各个星座（包括图2.17中的北斗星）绕北极星旋转一周正好是一年。

第一个详细记载浑仪制作的是《隋书·天文志》，设计者是东晋（317—420）的孔挺。如图2.18所示，这个浑仪由四环一管组成。四环是子午环、赤道环、地平环与四游环，其中前3个环是固定的：

- 子午环的中心线指向北极星。
- 赤道环与子午环正交，上刻365 $\frac{1}{4}$度，象征一年的时间。
- 地平环平行于地平面，上面用四维、八干、十二支来表示方位。四维是：艮（音“gèn”）、巽（音“xùn”）、坤、乾，分别表示东北、东南、西南、西北。八干是：甲、乙、丙、丁、庚、辛、壬、癸（这与纪时的十天干不同）。十二支（即十二地支）是：子、丑、寅、卯、辰、巳、午、未、申、酉、戌、亥。
- 四游环顾名思义是个可转动的双环，它可以环绕地平环旋转，也可以环绕自身旋转；四游环上面还有一个窥管，人站在里面转动四游环和窥管就可以测量出任何星星相对于地平面的高度以及方位。

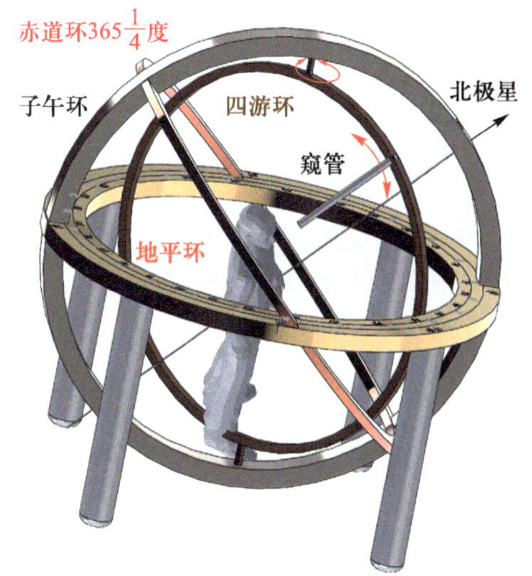

图 2.18 浑仪构造图解

转动的四游环与窥管相当于极坐标中的两个转角定义了一个方向（参见图2.17）。古人认为，日月星辰与地面的距离是一样的，用这两个转角就可以确定日月星辰的位置。后来的浑仪又加上了三垣、四象和二十八星宿。日月和金木水火土五星从地平进入天圆的方位称为入宿的方位，特别是根据太阳的入宿方位可以定出一年中最重要的4个时间点：冬至、夏至、春分、秋分。

到了唐代，浑天仪又有了新的发展。唐朝贞观年间李淳风（602—670）[55]

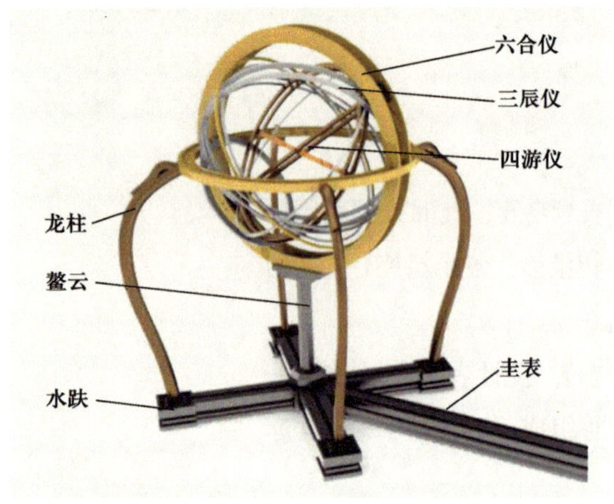

图 2.19 李淳风设计的浑天黄道仪，其中的六合仪包括原来浑仪中的黄道环、子午环、赤道环及地平环，三辰仪就是白道环。利用赤道环和白道环可以预测日食和月食

曾为唐太宗李世民（598—649）[56]制作了一台浑天黄道仪（图2.19）。浑天黄道仪除了有上述浑仪的4个环外，还加上了能活动的黄道双环（描述一年中太阳的运动轨迹）和白道环（描述月亮的运动轨迹）。通过黄道环与白道环能较准确地计算日食（当太阳与月亮同时到达黄道与白道交点时就可能会出现日食或月食）。据传说，有一次他预测日食，到了当天中午，日食还没有出现，这在当时是欺君之罪。唐太宗叫他回家与妻儿告别，然后回来受死。他在墙上画了一道线，说日影到此，必有日食。结果一点不差。总体来说，李淳风的浑天黄道仪的观测结果是相当准确的。

李淳风还为唐高宗李治制定了麟德历。此时，距太初历的设立已经将近800年，麟德历修正了太初历的误差。

稍后，僧人一行（683—727）[57]为唐玄宗李隆基（685—762）[58]制定了更为准确的大衍历。一行俗名张遂，魏州人（今河南洛阳）。他出身名门，早年出家，师从印度僧人金刚智，后成为密宗的领袖。大衍取意于《易经》中的“大衍之数五十”。一行在制定大衍历时在全国范围内进行测量，南起交州（今天的广州），北抵铁勒（今天的蒙古），中间设置了十几个观察站，历时15年。一行观察到太阳的运动与月亮的运动都是不均匀的，并且使用了函数插值法来计算日月躔（音“chán”）离，这在世界上都是属于首创。

一行还主持了由梁令瓒[59]设计并制作的浑天仪。据《旧唐书·天文志》记载：“玄宗开元九年（721年），太史频奏日食不效（读者可以想想为什么会测量不准确？[1]），诏沙门一行改造新历。一行奏云：‘今欲创历立元，须知黄道进退，请太史令测候星度。’有司云：‘承前惟依赤道推步，官无黄道游仪，无由测候。’时率府兵曹梁令瓒待制于丽正书院，因造游仪木样，甚为精密。一行乃上言曰：‘黄道游仪，古有其术而无其物，以黄道随天运动，难

1 原因有二：首先古代的浑天说的模型不准确；其次，测量不准确。一年虽然会有多次日食（至少会有4次日食或月食，最多会有8次），不过绝大多数的日食或月食都很难看见[40]。

用常仪格之，故昔人潜思皆不能得，今梁令瓒创造此图，日道月交，莫不自然契合。即于推步尤要，望就书院更以铜铁为之，庶得考验星度，无有差舛（音“chuǎn”）。’从之，至十三年（725年）造成。”从这一段记载看来，由于张衡、李淳风做的浑天仪在当时已经不能使用，甚至找不到了，所以要制造新的。一行与梁令瓒先造了一个木仪，然后用铜和铁做了一个浑仪。造好以后，唐玄宗李隆基亲自撰写了铭文，并下令造一台水运浑仪。据记载：“又诏一行与梁令瓒及诸术士更造浑天仪。铸铜为圆天之象，上具列宿赤道及周天度数。注水击轮，令其自转，一日一夜，天转一周。又别置二轮络在天外，缀以日月，令得运行。每天西转一匝，日东行一度，月行十三度十九分度之七，凡二十九转有余而日月会，三百六十五转而日行匝。仍置木柜以为地平，令仪半在地下，晦明朔望，迟速有准。又立二木人于地平之上，前置钟鼓以候辰刻，每刻自然击鼓，每辰则自然撞钟。皆于柜中各施轮轴，钩键交错，关锁相持。既与天道合同，当时共称其妙。铸成，命之曰‘水运浑天俯视图’，置于武成殿前以示百僚。无几而铜铁渐涩，不能自转，遂收置于集贤院，不复使用。”由此可见，这一水运浑天仪是用水驱动的，也有黄道环与白道环，能够计日、计月、计年，每年有365天，每29个月左右日月相会（按19年7闰，每29个月一闰），但不久后就因生锈而不能使用。

梁令瓒还是个画家。在开元年间，中国文化上升到了一个新的高度，当时一些伟大的诗人如杜甫、李白、王维、高适、岑参等的作品至今被奉为经典。著名的书画家有张旭、吴道子、韩干等。因为制造浑仪，梁令瓒有一幅五星与二十八宿神形图（图2.20），流传至今，是传世之宝。

图 2.20 梁令瓒的五星与二十八宿神形图局部（引自百度百科）

唐玄宗刚登上皇位时是个勤政有为的皇帝，开元十三年（726年），他率群臣到泰山祭天，留下了《纪泰山铭》，今天在泰山还能看到（图2.21）。其中有一段：“天生蒸人，惟后时乂（音“yì”，在这里意为安定），能以美利利天下，事天明矣；地德载物，惟后时相，能以厚生生万人，事地察矣。天地明察，鬼神著矣。”这是说祭祀天地为了天下安定，万民生聚，天地有知，鬼神也会降福。这体现了中国古代天人合一的传统思想。

图2.21 唐玄宗李隆基的《纪泰山铭》

天宝四载（745年）唐玄宗册立杨玉环（719—756）[60]为贵妃。10年后，安史之乱（755—763）[61]爆发，唐玄宗仓皇西逃，到了陕西马嵬（音“wéi”），杨玉环被逼自尽。兵荒马乱之际，军营中的报时又回到了用人来敲梆子（宵柝，柝音“tuò”）的办法，水运浑天仪也不知所终。晚唐著名的诗人李商隐（813—858）有一首著名的诗《马嵬》：

海外徒闻更九州，他生未卜此生休。
空闻虎旅传宵柝，无复鸡人报晓筹。
此日六军同驻马，当时七夕笑牵牛。
如何四纪为天子，不及卢家有莫愁。

2.3 宋元的水运浑天仪

宋朝（960—1279）是中国古代文化科技发展的一个高峰。宋朝的疆域比今天中国的疆域要小得多。宋朝立国初期，有弑兄谋朝篡位之嫌的宋太宗赵光义［本名赵匡义，登基又改名赵炅（音“jiǒng”），939—997］[62]登基后北伐，在燕京（今天的北京）城下大败，自己也受了伤。后来，攻打交趾（越南）的南征及第二次北伐又都以失败告终，从此，军威不振。但宋朝经济发达，北宋（960—1127）时，国都开封的人口已达100万人；到南宋（1127—

1279）时，国都临安（在今天的杭州附近）的人口更达150万。而当时欧洲还没有一个超过50万人口的城市，几经蹂躏已经衰落的罗马只有不到20万人。

宋朝颁布的历法有29个之多，当时制定历法的方法已经确立，修历主要是为了修正阴阳合历造成的误差。宋朝时各种各样的计时仪器，如日晷、水漏、浑仪都有较大的进步，测量的精度进一步提高。

改进日晷的首先是沈括（1031—1095）[63]，他提出了两种改进方法：一是把圭表放在一个密室内，密室的顶部有一条缝隙，因为密室中尘埃少，射入的光线细密，测量精度可以提高，这样的测量密室又叫作“晷影室”，与梵蒂冈的风之塔异曲同工（参见第一章）。另一种改进方法是在表影中再立一个副表，观测时两表影重合，精度更高。沈括是浙江杭州人，出身于仕宦之家，32岁时进士及第，官至三司使（相当于今天的财政部部长）。1080年他出任延州（今天的延安）知州（行政长官），兼任经略安抚使（相当于军分区司令），协同领军攻打西夏。不过因战败而被贬官，也因此能够专心于研究和写作。沈括博学多才，在数学、天文、地理、工程领域都有很大成就。他的《梦溪笔谈》有30卷、609条目，是世界上第一部科学百科全书。

沈括在《梦溪笔谈》中写道：“古今言刻漏者数十家，系皆疏谬。历家言晷漏者，自《颛帝历》至今，见于世谓之大历者，凡二十五家，其步漏之术，皆未合天度。予占天候影，以至验于仪象，考数下漏，凡十年余，方粗见真数，成书四卷，谓之《熙宁晷漏》。”他特别指出，水漏测量的是平日时（即将一日等分的时间），这与视日时（即一日之中日出日落的时间）是不同的（参见第一章）。

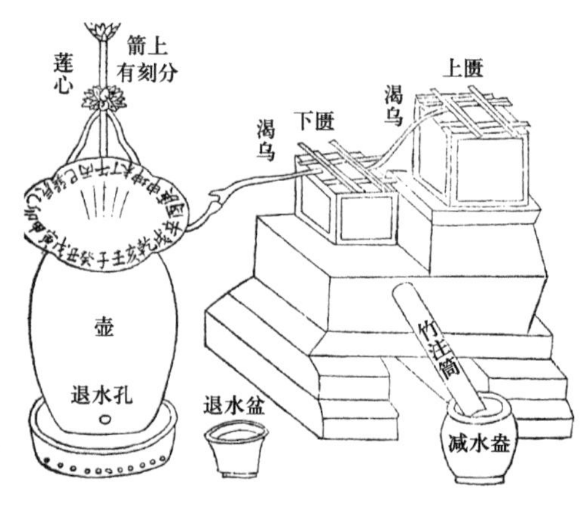

图2.22 宋代的莲花漏，制作于公元1100年左右（引自百度百科）

南宋的《官术刻漏图》（1135年）描述了一种莲花水漏。根据稍后的《六经图》（1155年）转述，莲花水漏由3个壶组成（图2.22）：上匮的水由注筒注入，经过虹吸（渴乌）流向下匮，然后再经过另一个虹吸注入莲壶。莲壶上还有一个莲花状的日晷，用来标记一天的时刻。由于使用多级容器及虹吸

▲图 2.23 元代赵孟頫（音“fǔ”）（1254—1322）绘《苏轼》（引自百度百科）

管，水流稳定，计时准确。

宋代还流行用线香计时[64]。线香早在汉代就有，并经历唐宋逐步标准化。线香主要由骨料、黏结料及香料制成。骨料通常是木粉，黏结料是黏粉，香料则有多种。用线香的燃烧时间来计时，“一柱香”又称为“一炷香”，通常为两刻钟，有半小时左右。苏轼（1037—1101）[65]有一首诗（《书双竹湛师房二首》之一）：

我本江湖一钓叟，意嫌高屋冷飕飕。
美师此室才方丈，一炷清香尽日留。

这里的“一炷清香尽日留”不是说一炷香是一日，而是留香一日之久。苏轼字子瞻，是四川眉州人（图2.23），他与他的父亲苏洵（1009—1066）、弟弟苏辙（1039—1112）合称三苏，皆为唐宋八大家（唐宋八大家是哪八位？[1]）。苏轼在诗词、散文、书画等方面建立了不朽的丰碑，我们今天还常常吟诵他的“大江东去”“明月几时有”等词句。

宋代最著名的发明是水运浑象仪。主持这个发明的是苏颂（1020—1101）[66]。苏颂字子容，福建同安人，1042年进士，1094年官至中书侍郎（即宰相），掌握全国行政大权，还被拜为太子少师。苏颂还是天文学家、机械制造家、药物学家。他写的诗如：

石径萦纡甚七盘，披榛策马上烟峦。
回头却见临潢境，千里犹如指掌看。

也是使人过目难忘，这是他出使辽国时所作，很有气概。临潢即今内蒙古赤峰，是辽国的京城，称为上京。当时辽宋相安无事，人们安居乐业，经济发达，国家富足。

1 唐宋八大家包括：韩愈、柳宗元、欧阳修、苏洵、苏轼、苏辙、王安石、曾巩。

苏颂与沈括、苏轼是同时代人，但年长些。1053年苏颂任职馆阁校勘，编定书籍。他在此任9年，博览群书，对天文、历算、计时都有研究。他与韩公廉合作制作了一个水运浑象假天仪，这个装置有些像今天的球形影院，人坐在里面可以看到星空的运动。1086年苏颂奉旨制作新浑仪，他与韩公廉、王沇（音“yǎn”）之等用了5年时间制成了水运仪象台[67]，并著书《新仪象法要》留传后世，书中有60余幅机械结构图，描述详尽。

水运仪象台是一台浑仪，也是一个计时器。这架水运仪象台高10米左右。分3层，顶层放置浑仪，用以观察日月星辰的位置。中层是水运浑仪，可以和上层浑仪观察的结果比对。下层的木阁用于显示时辰，木阁又分五层，层层有门，每到一定时刻，皆有木偶出门报时：第一层用于白昼报时；第二层用于夜晚报时；第三层用于时刻报时；第四层用于日出、日落报时；第五层用于报更时（当时，不同节气入更的时间不同）。这架水运仪象台堪称中国古代科学技术的巅峰。图2.24a是水运仪象台的示意图，图2.24b是其计时部分的设计图。

与唐代的浑天仪相比，水运仪象台最为创新的设计是它的计时擒纵机构。上节说到，计时可以用水漏。但水漏中的水位高低会导致水压的变化，从而影响计时的精度。水运仪象台的擒纵机构解决了水压不稳定的问题。如图2.24b所示，水运仪象台的擒纵机构包括一个左天枢、一个右天枢、一个天关、一个天权。左、右天枢是两个水斗，天关是个水槽，天权通过杠杆来平衡天关。工作时，天关向左天枢注入水，水满后倾出，推动齿轮前进一步，此时齿轮通过天权挑动天关改变角度，使其向右天枢注入水，水满后倾出，推动齿轮再前进

（a）水运仪象台的示意图

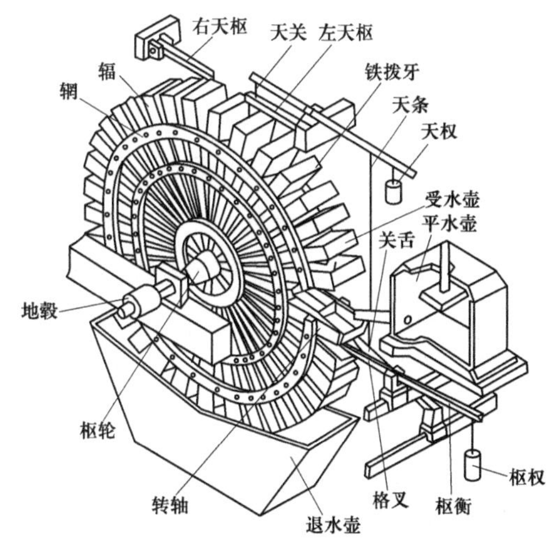

（b）水运仪象台的计时机构设计图

图2.24 苏颂的水运仪象台（引自百度百科）

一步，如此循环。注水时齿轮被锁住不动，叫作“擒”；倾水时齿轮向前一步，叫作“纵”；故此叫作“擒纵”机构。擒纵机构使得连续注水变成了间歇注水，每次的注水量都一样，所以水压不会改变。擒纵机构的设计十分精巧，欧洲人一直到500年后才学会使用这种技术。另外，这个擒纵机构还像一个左右平衡的水秤，工作时，一左一右地交替“秤水”，十分有趣。

1127年金兵攻破开封（史称靖康之难）[68]，将水运仪象台掠往燕京（北京）并置于司天台。燕京与开封相差约600千米，因为纬度不同，测量结果当然不准。1214年金朝逃避蒙古人侵略时，水运仪象台因运输不便而遭丢弃。而偏安在杭州的南宋，理学渐渐占据了主导地位，着重“格物致知”，不重视科学技术与创新发展。因此，即便有苏颂的书籍作参考，也无人能够完全理解水运仪象台的工作原理，更无法仿造。

宋代理学的代表人物是朱熹（1130—1200）[69]。他对中国文化历史的发展有着巨大的影响。朱熹出生于福建漳州的书香望族，从小就聪明过人。4岁时，他的父亲朱松指着太阳告诉他：“此日也”。朱熹问：“日何所附？”朱松回答说：“附于天。”朱熹再问：“天何所附？”这使朱松惊讶不已，但他13岁时父亲就病逝了。朱熹早年遍访名师，很快就学业有成。他21岁中举，但做了一任县主簿（县秘书长）后就回家读书、办学了。他学佛学道，最后锁定儒家思想，26岁时在一个杜鹃啼叫不已的夜晚悟出了理学真谛（杜鹃夜悟）：“事有小大，理却无小大。”于是开创了自己的理学学派。他博通诸子百家，研究过雪花、潮汐、彩虹。他还提出了化石的概念（这比西方早了数百年）。他可能做过浑仪，还有撰有著作《北辰辨》，认为北极星也是动的（读者可以想一想，北极星是不是动的？[1]）。他提出了自己的宇宙学说，他说：“未有天地之先，毕竟也只是理。有此理，便有天地；若无此理，便亦无天地、无人、无物、都无该载了。有理，便有气流行，发育万物。”什么是理？他说：“太极只是天地万物之理”“太极只是个极好至善之理，人人有一太极，事事有一太极……言万个是一个，一个是万个。盖统体是一太极，然又一物各具一太

1　是的，由于钱德勒摆动（Chandler wobble）的影响，北极星有一个7年的摆动周期。

极”。理从何来？他没有说，只是说圣人知之，凡人可学，“敬之问：人之所以异于禽兽者几希？曰：人与万物都一般者理也，所以不同者心也。人心虚灵，包得许多道理，过无有不通”。今天我们知道宇宙有自己的自然规律，但不是太极。太极只是中国古代的一种朴素理念，要用太极去解释万物无疑是缘木求鱼。

朱熹生前并没有做过大官，最高为焕章阁待制（即皇帝的顾问），没有实权，时间也不长。但他著书办学数十年，学生众多，许多学生，还有学生的学生，都做了大官。他的名声也就被越推越高，最后尊为圣人。他注释和编定的四书（即《大学》《论语》《孟子》《中庸》）也成为经典。以至于后来各朝代的会考只在四书之内找题目作八股文，叫作“为圣人立言”。为了功名，人们只能专注于学四书与八股。这有积极的一面，也有消极的一面。积极的一面是，人们从小就能接受传统的道德教育，能写文章。消极的一面是，拘泥于四书中的章句和古代的教条，不重视创新发展，以致科学技术被称为“淫巧奇技”。试想，孔子[26]是2 000多年前的人了，他提出的伦理道德规范确实有划时代的意义，但也不都是正确的，对于科学与技术更是如此。例如，他对当时西方文明就知道得很少（当时的西方也不了解东方），又怎能预测后来东西方文明不断融合的世界？15世纪欧洲开始文艺复兴，中国在科学技术上就渐行渐后了。

宋代的水运仪象台的精度不高，硕大的水运机构的工作频率大概是几分钟一次（史书中没有详细的数据）。此外，由于各部件的加工精度不高，摩擦力难以控制；水流还有其动态特征，也不好控制。据估计，水运机构的计时误差每天至少要有几分钟。不过当时最小的纪时单位是“刻”（参见2.2节），所以如果每天有专人按日影来校正一下，还是好用的。

近年来，世界上许多地方都仿造了水运仪象台，如中国的中国科学技术馆（北京）、国家天文台（北京）、苏颂科技馆（福建同安）、“国立”自然科学博物馆（台中），日本的诹访湖时间科学馆（长野），英国的科学博物馆（伦敦），等等。国内外研究水运仪的书籍不少，有兴趣的读者可以参考相关资料[70，71]。

1260年蒙古忽必烈（1215—1294）[72]即汗位，建元“中统”。1271年，忽必烈取《易经》“大哉乾元”之意改国号为“大元”。1279年，元军在崖山海战消灭南宋，最后一统中国。

元代出了一位伟大的科学家郭守敬。郭守敬（1231—1316）[73]，字若思，河北邢台人。郭守敬最大的贡献是治水。1272年，忽必烈定都大都（即现在的北京），大都成为国家政治与经济的中心，人口不断增加。1291年，忽必烈任命郭守敬为都水监，负责修治都城至通州的运河。郭守敬用一年半的时间组织开挖了通惠河，通惠河不仅保证了北京的用水，而且发展了南北交通和漕运事业，确保了北京作为国都所需要的资源。时过境迁，由于气候变化，今天北京已经变得十分缺水。北京那些“海”（蒙古人把湖泊称为海子），包括北海、南海、中南海、什刹海、前海、后海、中海，等等，都成了小湖。

郭守敬对天文与历法贡献极大。他年轻时就根据古书记载，制造出莲花漏。他发明了景符，利用小孔成像的原理把光线聚焦，使得日晷的测量精度进一步提高。日影的测量除了与日影亮度有关外，也与日影的长度有关。他在河南登封建造了一个高表（图2.25）。这个高表入地14尺，表身36尺，总高度50尺（宋元时1尺约31.68厘米，50尺约15.8米），以此提高测量精度。

图 2.25 郭守敬建造的日晷高表（引自百度百科）

郭守敬还对浑仪进行了彻底的改造。唐代李淳风[55]制作的浑仪共有6个环，即赤道环、地平环、子午环、四游环、黄道环、白道环（参见图2.19），制造与装配十分困难，使用不便，测量误差也大。郭守敬将其一分为二，变成一个简仪，一个立运仪。简仪[74]用于测量星星在赤道坐标系下的去极度与入宿度，它由北高南低的两个支架托起，中轴指向北极星（图2.26a）。在中轴的南端与中轴垂直的是固定的百刻环与可以旋转的赤道环，百刻环上刻有入宿度。为了减少百刻环与赤道环之间的摩擦，两环之中有4个小圆柱，这堪称近代滚珠轴承的先驱。围绕中轴旋转是四游双环，这个双环由一个能围绕中轴旋转的环和一个能围绕转环旋转的杆组成。杆上有一个窥管，这个窥管十分特殊，它实际上是一块平板，叫作窥衡，窥衡的两端各有一个四方形的横耳。横耳中间有个方洞，洞中有一个十字细丝，观星时把两个十字的中点与星星三点连成一线，可以减少测量误差。今天的望远镜还沿用这个方法。立运仪在简仪的下方，由一个立运环和一个阴纬环组成。立运环是一个与地面垂直、可以旋转的四游双环，用于测量星星在垂直坐标系下的角度位置。图2.26b是明代的复制品。

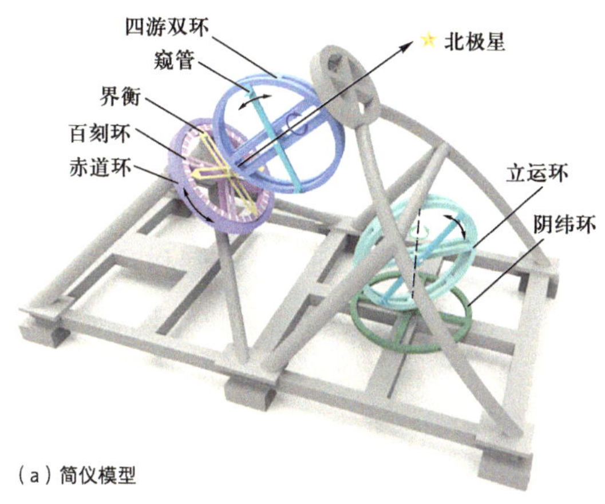

(a) 简仪模型

(b) 明代的复制品，现存于南京紫金山天文台（引自百度百科）

▲图2.26 郭守敬的简仪与立运仪

郭守敬还做过一个复杂的大明殿灯漏。这个装置用水力驱动，“灯漏之制，高丈有七尺……又次周分百刻，上列十二神，各执时牌，至其时，四门通报。又一人当门内，常以手指其刻数。下四隅，钟鼓钲铙各一人，一刻鸣钟，二刻鼓，三钲，四铙，初正皆如是。其机隐发于柜中，以水激之”。这个装置也是用水驱动的，不过它没有用到苏颂的擒纵机构。

1276年，元世祖忽必烈命许衡“领太史院事”，并以王恂、郭守敬为副，共同订立授时历。授时历取意于孔子《论语》中的名句“使民以时”。这个历法打破了过去附会《易经》的惯例，更加注重数据测量，在计算时还引入了小数的计算方法。历法规定一个回归年的长度为365日24刻25分。当时一天分为100刻，一刻分为100分，所以一年为365.242 5日，这与300年后颁布的格里高利历（参见第一章）相同。这个历法也是中国古代历法中最准确的历法，它被沿用了300多年，一直到清代初期。

元代是个多民族的国家，蒙古统治者把国人分为四等：蒙古人、色目人、汉人和南人。四种人在政府中求职、升迁的机会都不一样。他们重视色目人（今新疆、阿富汗、伊朗一带）。当时色目人已经信仰伊斯兰教，使用伊斯兰历，因此，元代还设立了勘定伊斯兰历的专门机构。

元代只延续了98年，忽必烈[72]以后的大多数皇帝都短命。元代还有许多政策很极端，统治者容许蒙古人任意夺取汉人的良田，南下牧马，而且多次远征，劳民伤财。因此，社会不稳定，人口锐减，科学技术也不能进一步发展。元代的末代皇帝元顺帝（1320—1370）曾经做过一个宫漏，据记载："又自制宫漏，约高六七尺，广半之。造木为柜，阴藏诸壶其中。运水上下。柜上设西方三圣殿，柜腰立玉女捧时刻筹，时至辄浮水而上。左右列二金甲神人，一悬钟，一悬钲，夜则神人自能按更而击，无分毫差。"然而，那只是个奢华的设计，技术上没有什么创新。

2.4 明清的历法及水法钟

明代（1368—1644）用的历法叫作大统历，是刘基（字伯温，1311—1375）[75]进献的。它与元代的授时历基本相同。刘基辅佐朱元璋（1328—1398）[76]打天下，神机妙算，屡建大功。但他刚正不阿，得罪了不少人。朱元璋登基后不久，他辞官回乡，但不久就被多疑的朱元璋召回京城。他临死前遗言子孙后代不要学天文。

明太祖朱元璋是农民出身，成年后在行伍之间才读书识字，文化水平不高。他40岁登基，生活一直比较简朴，不喜欢花俏的东西，皇宫里只有菜园没有花园。据《明史》记载："明太祖平元（1369年），司天监进水晶刻漏，中设二木偶人，能按时自击钲鼓。"这个水晶刻漏上有浑仪，"其浑仪周围长二尺五寸强，中列十二齟齬（齿轮），长八寸，以按十二时，齟齬在轮上转，触直使之手，则系鼓以报时。旁列百齟齬，以按一日之百刻，触直符之手，则系钲以报刻。丁甲庙中有十二神骑十二属相，下共一轴，一时一神立其上"。但是"太祖以其无益而碎之"。

明代初年，詹希元（字孟举，生卒年不详）以水漏在严寒时会结冰，做了个五轮沙漏。被朱元璋称为开国第一文士的宋濂（1310—1381）说这个五轮沙漏是"人以为古未尝闻，较之郭守敬七宝灯漏钟鼓应时而自鸣者，殆将无愧乎"。但沙行太快，很快就不能用了。其实沙子在空气中流动是个复杂的多相流（气固两相），远比水的单相流（液相）要复杂，而且沙子很容易受到湿度的影响，难以控制。另外，这个沙漏没有用到擒纵机构，詹希元不及苏颂、郭守敬多矣。

詹希元是个著名的书法家，图2.27是他的小楷书法《前赤壁赋》，不过他却因书法得罪了明太祖朱元璋。据传说，“詹孟举尝作太学集贤门，字画遒劲，第用趯（音“tì”），太祖见而怒曰：‘安得梗吾贤路’，遂削其趯。”“趯”是汉字笔画的种类之一，即钩。“第”中间的一竖没有钩，詹希元不经意加了一个钩，朱元璋抹去了这个钩，也杀了他的头。朱元璋在位31年，几乎把开国功臣杀光，朝中的大臣也是杀了一个又一个，自然没有人敢于冒险创新了。明代的计时装置以复制为主，没有什么创新之处，图2.26b所示的简仪就是明代中期按郭守敬的设计复制的。

明代末年，西学东渐，西方的文化渐渐地传到了中国，西方的天文历法也随之进入中国。当时的中国是个闭关自守的国家，地大物博，富裕自足，而且有自己的文化思想体系，壁垒森严。耶稣会（The Society of Jesus，1543年创立）[77]的传教士们想打入中国却难以入手。1549年，耶稣会的创始人之一圣方济各·沙勿略（St. Francis Xavier，1506—1552）[78]首先绕道非洲及印度来到中国（图2.28），但进退维谷，最后病逝在广东台山附近的小岛上。

最先在中国站稳脚跟的是耶稣会教士意大利人罗明坚（Michele Ruggieri，1543—1607）[79]，他先落脚澳门，努力学习中文。1582年，他见到了两广总督陈瑞，并献上了价值千金的钟表、玻璃、三棱镜、放大镜等物。陈瑞马上改变了态度，同意让他在内陆设立天主教教堂。陈瑞还表示礼物不能收，要他报个价，并马上付了钱，但晚上

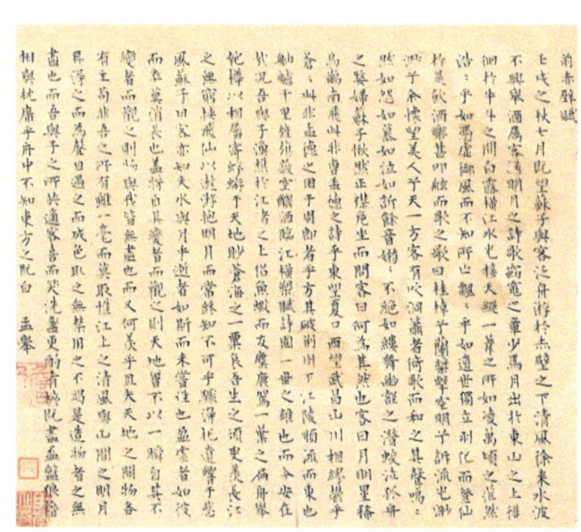

图 2.27 詹希元的小楷书法《前赤壁赋》

图 2.28 圣方济各 · 沙勿略请葡萄牙皇帝资助前往亚洲传教（引自维基百科）

又派人去告诉他用那笔钱购买更多的东西。罗明坚在肇庆（当时两广总督府的所在地）设立教堂后，在进门的墙上挂了一个钟，这个自行自鸣的钟很快引起了当地人的兴趣，一时间门庭若市。罗明坚高兴地写道："耶稣会的神父们在过去的40年里，为踏入中国历尽千辛万苦，进入这广大帝国犹如登天之难。而今却这般易如反掌，我们好似身浮梦境、幻境之中。"在后来的10年间，罗明坚带着机械钟表从广州走到南京，每到一处都引起轰动，可以说钟表是西方传教士们进入中国的敲门砖。当然，要敲开中国的大门光凭钟表是不够的。罗明坚编著了一部《葡汉字典》，这是第一部西文与汉文的字典。他1589年回国述职，因故不能再来中国。他绘制了《中国地图集》，并把四书中的《大学》翻译成拉丁文，这些工作使西方人开始认识中国。他的同窗好友利玛窦（Matteo Ricci，1552—1610）[80]则一直留在中国。

利玛窦在中国28年，他穿中国服装、讲中国语言，努力与中国的知识分子交朋友。他工作勤奋，著作等身，其中包括《天主实录》（把天主教介绍到中国，也把星期的概念引入中国）、《几何原本》（与徐光启同译）、《坤舆万国全图》（世界地图）、《西字奇迹》（这是中国汉字拉丁化、汉语拼音之始）、《同文算指》（由《实用算术概论》等编译）、《测量法义》、《浑盖通宪图说》（天文学）、《西琴八曲》等。这些书使中国人开始认识世界。还要提到的是利玛窦比伽利略（Galileo Galilei，1564—1642，参见第一章）大12岁，是同一个学校毕业的。伽利略也是耶稣会会员，但因为支持哥白尼（Nicolaus Copernicus，1473—1543）的日心说而被开除。

1600年利玛窦第二次到北京时见到了明万历帝（明神宗朱翊钧，1563—1620）[81]。万历帝10岁登基，在位48年，是明代当政最久的皇帝。他对利玛窦带来的一大一小两个自鸣钟非常感兴趣。大钟较大，万历帝为其专门建了一个宫殿，小钟则经常放在身边摆弄。太后听说后要拿去看看，万历帝无奈，叫人把小钟自鸣的发条松掉，因此这钟就不再自鸣了。太后看了几天后没了兴趣，就把钟还给了万历帝。

万历以后，另一位耶稣会的教士德国人汤若望（Johann Adam Schall von Bell，1592—1666）[82]结合中国历法与西方历法，建立了一部新历，叫作崇祯历。这时格里高利历已经颁布（1582年）多年，因此汤若望的新历应该是按格里高利历制作的。不过还没来得及发布，李自成就攻入北京城，崇祯帝朱由检[明怀宗（后改毅宗、思宗），1611—1644][83]就在煤山（现北京景山）上吊自杀了，大明帝国也就此告终。

取代明朝的是清朝。努尔哈赤（1559—1626）首先建立了后金，后来改称清。清朝初年，国家并不稳定。1661年，年仅23岁的顺治（1368—1661）面对爱妃、爱子相续病逝，自己也一病不起，临终前他根据老师汤若望的建议把皇位传给了已经出过天花的康熙（爱新觉罗·玄烨，1654—1722）[84]。康熙当时年仅6岁，是个“平常”的孩子。按照天人合一的思想，中国古代帝王是奉天承运的天子，因此出生成长都有祥瑞。按《清圣祖实录》，康熙说自己是个平常人，“朕之生也，并无灵异。及其长也，亦无非常”。然而正是这个“平常”的康熙在位61年（图2.29），把清朝一步一步地推向了全盛。

图 2.29 康熙读书画像，时年45岁（引自百度百科）

康熙八年（1669年），汤若望已经逝世，另一位耶稣会教士比利时人南怀仁（Ferdinand Verbiest，1623—1688）[85]接任康熙的老师（图2.30）。他教授康熙天文、地理和数学。这一年，汤若望的历法又被提出来，当时有不少人反对。但实践是检验真理的唯一标准，按《清圣祖实录》，二月初七日，“议政王等遵旨会议：前命大臣二十员，赴观象台测验，南怀仁所言逐款皆符，吴明烜（音“xuǎn”）所言逐款皆错。传问监正马祜（音“hù”），监副官宜塔喇、胡振钺（音“yuè”）、李光显，亦言南怀仁历皆合天象。窃思百刻历日，岁历代行之已久，但南怀仁推算九十六刻之法，既合天象，自康熙九年始应将九十六刻历日推行……。杨光先职司监正，历日差错，不能修理，左袒吴明烜，妄以九十六刻推算乃西洋之法，必不可用，应革职，交刑部从重议罪。得旨，杨光先著革职，从宽免交刑部。余依议”。汤若望、南怀仁的这个历法又称为“时宪书”。从此，西方的历算方法开始主导中国的

图 2.30 明末清初三位著名的耶稣会教士（左起）：利玛窦、汤若望、南怀仁（引自百度百科）

历法计算，每天100刻也改成了每天96刻。同年5月，康熙逮捕了鳌拜，将大权夺回手中。这一年康熙16岁。

康熙很喜欢钟表，他有一首钟表诗：

法自西洋始，巧心授受知。
轮行随刻转，表指按分移。
绛帻休催晓，金钟预报时。
清晨勤政务，数问奏章迟。

雍正（爱新觉罗·胤禛，1678—1735）与乾隆（爱新觉罗·弘历，1711—1799）[86]都喜欢钟表，当时清朝已经进入全盛时期。乾隆有一首诗：

奇珍来海舶，精制胜宫莲。
水火明非籍，秒分暗自迁。
天工诚巧夺，时次以音传。
钟指弗差舛，转推互旋转。
晨昏象能示，盈缩度宁衍。
抱箭金徒愧，挈壶铜史捐。
钟鸣别体备，乐律异方宣。
欲事寂无事，须教莫上弦。

其中，讲道的“宫莲”是指中国古代计时器设计；“水火”是指水漏与信香；“抱箭”“挈壶”都是水漏的设计特点。最后还开个玩笑，说不上弦就没有声音了。上行下效，皇帝喜好，王公贵族、商家富贾自然都趋之若鹜。由于中国的市场巨大，社会富足，舶来的钟表不计其数，据说当时世界上的高档钟表有近一半卖到了中国。西方许多有名的制表师还曾在广州设立过自己的商铺。为了迎合中国的市场，许多制表师还特别引入了中国文化元素，这些钟表叫作中国钟（China watch）。中国人喜欢好事成双，因此买钟表经常要买一对，所以有“China double watch”之说。至今在北京故宫博物院、南京博物院与台北故宫博物院都还有不少当年遗留下来的珍品。图2.31是一个水法钟（喷水钟）。喷水只是为了装饰，与计时无关。还有一件趣事，当时西方与中国的主要交通是通过东南亚的海路。东南亚有菠萝，味道甘美。西方误以为菠萝是中国特产，人人喜欢，因此许多中国钟都有菠萝图案的装饰。中国人则认为菠萝是西方的名贵产品，因此也乐于收集“菠萝钟”。

(a)

(b)

▲图 2.31 乾隆时代的西洋水法钟，钟行时水流不断循环，整点时小人会敲钟。现藏于故宫博物院

另外，中国人学习得很快。钟表传来后不久，就开始有人学习仿造。最先学会做表的人名叫瞿太素（1549—1612），他跟随利玛窦学习了几年以后，就能够自己制作圆规、浑天仪、象限仪（天体地平高度测量仪）、钟表、罗盘等仪器了。还有王徵（1571—1644），他向传教士们学习做钟表及其他仪器的技术，还写了一本书《新制诸器图说》。到了乾隆年间，中国的钟表制造中心有3个：一是清宫，二是广州，三是南京。后来苏州也成为中国的钟表制造中心。清宫之中有好几个制作所，专为皇家制作首饰、书画、瓷器、钟表等物。据记载，制造钟表的工匠最多时有近30人，有些还是外国人。他们的工资为每月五两银子，几乎相当于一个县官的收入。这些宫廷制造的钟表通常结合钟表的机械结构与中国传统的文化理念，追求富丽堂皇，用料讲究，造型多为亭台楼阁。

广州、苏州制造的钟表多为民间所用，既有豪华的自鸣钟，也有一般富裕家庭用的插屏钟、字盘钟，等等。制作钟表的人有西方人也有本地人。中国人的钟表商铺多是家庭作坊，同家本姓，设计也雷同，没有多少创新，始终无法与西洋的钟表比美。到了晚清，洋务运动开始[87]，江浙、京津各地都成立了钟表公司，其中著名的有上海的美华利、亨得利、钻石，天津的天平，烟台的宝时，等等。这些公司只是在做国内的中低端市场，无法在国际市场上竞争。这一段历史在相关著作中有详细的介绍[88]。

两次鸦片战争[89,90]后，清朝廷气势一落千丈。1900年八国联军侵华[91]时，朝廷的天文仪器也沦入他人之手。当时简仪（图2.26）被法国人抢去，浑仪被德国人抢去，但后来都归还了。1934年“中华民国”国民政府在南京成立了天文台，把这些天文仪器搬到了紫金山。

2.5 现代的农历

1911年是农历辛亥年，清朝风雨飘摇，四面楚歌。4月广州起义失败，72烈士埋骨黄花岗；10月武昌起义成功，建立了“中华民国”军政府；接着，湖南、江西、山西、云南、上海、贵州、江苏、广西、安徽、广东纷纷宣布独立。1912年1月1日，孙文（1866—1925）[92]在南京宣誓就任“中华民国”临时大总统（图2.32）。孙文原名孙德明，广东香山（现称中山）人。他奋身革命数十年，奔走于世界各地。在日本时，他有个日本名字叫作中山樵（Nakayama Kikori），因此又称孙中山。在欧美时，他有个英文名Sun Yat-sen，所以又称孙逸仙。他在就职宣言中说道：国家之本，在于人民；国家要民族统一、领土统一、军政统一、内治统一、财政统一。

中華民國大總統孫文宣言書

大中華民國元年元旦

图 2.32 孙文的《临时大总统宣言书》（引自百度百科）

紧接着在1912年1月2日，孙中山又发布了《临时大总统改历改元通电》，“各省都督鉴：‘中华民国’改用阳历，以黄帝纪元四千六百九年即辛亥十一月十三日，为‘中华民国’元年元旦。经由各省代表团议决，由本总统颁行。订定于阳历正月十五日补祝新年，请布告。孙文，冬。”阳历即公历。所谓黄帝纪年是刘师培（1884—1919）在1902年左右提出的。当时社会已经意识到必须改革，许多人主张学习西方，但又想保持国粹。所以有所谓“中学为体、西学为用”之说。刘师培写了一篇文章，即《黄帝纪年论》，认为黄帝开创干支纪年是从公元前2679年开始的。这个黄帝纪元当时并没有严格的考证，至今也没有确切的证明。1911年（辛亥年）为黄帝纪元4609年。读者可以查查“辛亥十一月十三日”是公历的哪一月、哪一日？[1]

有人说农历的岁首是立春，孙中山改动了岁首，其实并不确切。上面说到，商代的时候岁首在夏季，汉武帝[34]时才改为立春。孙中山改历改元主要

1 1911年10月10日。

是为了庆祝新国家的诞生，还来不及考虑到历法及历史的影响。当时，国民政府虽然成立，但却并不掌握全国的军政大权，没有钱，也没有治理国家的经验。同年2月12日，清朝的隆裕太后代表当时年仅6岁的宣统皇帝（爱新觉罗·溥仪，1906—1967）颁布了退位诏书，并请袁世凯（1859—1916）[93]全权组织新政府，清王朝宣告终结。2月13日，孙中山宣布辞去临时大总统职位（4月1日正式解任）。2月15日，掌握军政实权的袁世凯被选为临时大总统。4月，在南京的参议院决定将政府迁往北京。一时间，国民都为避免了内战而感到庆幸（图2.33）。

袁世凯出生于官宦之家，母亲是妾室，他幼时过继给做将军的叔父。叔父过世后，他乡试不中，就弃文从武，开始了军旅生涯。他曾经参加过抗日援朝的战争，立下军功。甲午战争失败后他受命练兵，按照西方（特别是德国）的方法建立了中国的新军。八国联军侵华时他巡抚山东，维持了山东的稳定，被升任直隶总督、北洋大臣。慈禧（1835—1908）对他既依赖又忌惮，临死前遗旨杀他。但他兵权在握，清廷不敢轻举妄动。他则称病辞去军机大臣的职位，回河南老家，一面装模作样地钓鱼，一面架起电报线路，窥听朝廷动向。辛亥革命爆发后，清廷在无可奈何之下，只好再次请他当政。他得到列强的支持，逼得清王室退位，并和革命党人达成协议，登上大总统之位。

孙中山改历改元并没有提到春节，民国以前立春作为春节是两千多年来的习俗。两年后的1914年1月21日，时任内务部总长的朱启钤（音“qián”）致大总统袁世凯《定四季节假呈》：“拟请定，阴历元旦为春节，端午为夏节，中秋为秋节，冬至为冬节……。”马上得到袁世凯的批准。在这4个节中，按农历的有3个：春节即农历元旦（农历正月初一），端午（农历五月初五），中秋（农历八月十五）。只有冬至是按照公历的（即winter solstice）。因此，“春节”被移到了农历元旦，而原来在立春的“春节”就被取消了。有人说袁世凯和朱启钤把中国最重要的春节搞乱了。其实，袁世凯的初衷是想保留传统的节日风俗，他说：“乘时布令，当循世界之大

图2.33 民国时期的宣传海报，上有孙中山与袁世凯的照片（引自维基百科）

同，而通俗宜民，应从社会之习惯。”既然要“应从社会之习惯”，为何不把农历岁首恢复到立春？这可能有如下原因：一是公历的岁首（元旦）是公历的1月1日，把农历元旦放在农历的正月初一好记好用。二是孙中山已经把农历元旦移了一次（农历十一月十三），袁世凯可能是考虑到如果恢复原状到立春，似有否定革命的嫌疑，因此将农历元旦移到农历正月初一，与孙中山的元旦保持一定的关系。两年后的1916年1月1日，利令智昏的袁世凯称帝，3月22日又在一片反对声中下台，6月6日死去。中国从此陷入30多年的战乱之中。

民国时，由于新的春节（即农历的岁首）安排，民间很快流行起“过春节”的习俗。当时，公职人员过公历年元旦，老百姓过农历年春节，从而出现了“你过你的年，我过我的节”的现象。为此，民国政府不止一次下令“禁过春节”，提倡过元旦节。1928年（“民国”十七年）12月8日，国民政府还发布了一个《中央对普用新历废除旧历协助办法》，明令“禁过旧年”，禁止春节贴春联、放鞭炮等传统年俗活动。然而却是禁而不止，成了国民政府那些不得人心的政策之一。

1949年中华人民共和国成立。新政府规定公历年和农历年都属合法，而且公历元旦放假一天，农历元旦（春节）放假3天。这样突出了农历春节的重要性，加强了中国传统文化的影响。但农历年元旦仍然是农历的正月初一，而不是立春。近年来，由于人口城市化，导致了每年的“春运”高潮，数亿人同时在农历春节回家或旅游，创造了一个世界上最大的迁徙奇观。

新中国成立以来，中央政府两次把钟表作为重点发展的工业之一。第一次是在解放初期，当时投入了相当大的力量在天津、北京、上海、广州、丹东、烟台等地建立钟表厂。在20世纪60年代和70年代，手表、自行车、缝纫机和收音机被称为“三转一响”，曾经是人们向往的紧俏商品。第二次是在改革开放初年，国家让各地的钟表厂进口了许多瑞士机床，提高了钟表的生产质量。中国香港作为东南亚经济的中心，乘全球经济高速发展和中国改革开放之机，迅速建立起钟表工业，每年的销售金额曾经高达500亿人民币。目前，中国（包括香港）机械钟表业已经稳居全球第二，但是与瑞士相比还有很大的差距。冰冻三尺非一日之寒，要做好一件事既需要天时地利人和，也需要时间的积累。

现在我们都用公历。如何把农历与公历互相换算呢？据记载，农历可以追溯到春秋时代的鲁隐公三年（公元前720年）二月己巳日。从那时候开始至今近3000年来从未间断和错乱过，是世界上使用最久的历法。太初历[38]只是第一个全国统一的历法。民国以后，中国开始使用公历。第一章讲到公历有国际标准。农历也有标准，今天的农历由中国科学院紫金山天文台[94]的历算组编写。此外，中国科学院还有一个国家授时中心[95]，随时可以查询公历和农历。

要把过去的农历日子换算成公历颇费功夫。我们先看年，因为60甲子太短，中国古代纪年常常是年号与农历一起用。例如，东晋王羲之（303—361）的《兰亭集序》[96]中有"永和九年，岁在癸丑"，这是哪一年呢？我们可以从年号和干支纪年法两个方面来相互印证。先查"永和"，永和是晋穆帝司马聃（音"dān"，343—361）的年号，从公元345年至356年共12年，则永和九年就是公元353年。司马聃两岁当皇帝，19岁病死，中间因为成亲（成年礼），还改元"升平"（357—361）。查年号需要有一定的历史知识，查到了年号就确定了年代的区间。在此基础上我们还可以把干支纪法的农历年换算成公历年。天干有10个，与公历年最后一位数的对应关系如表2.5所示。地支有12个，用公历年除以12，其余数与地支的对应关系如表2.6所示。

表2.5 天干与公历年尾数的对应关系

天干名	甲	乙	丙	丁	戊	己	庚	辛	壬	癸
公历年尾数	4	5	6	7	8	9	0	1	2	3

表2.6 公历年除以12，余数与地支的对应关系

地支名	子	丑	寅	卯	辰	巳	午	未	申	酉	戌	亥
公历年余数	4	5	6	7	8	9	10	11	0	1	2	3

在上面的例子中，若只知是"永和年间，岁在癸丑"，则在公元345—356年（年号永和）中只有353年的最后一位数字3对应的天干是"癸"；

353 ÷ 12 = 29余5，余数5对应的地支是“丑”，加起来就是“癸丑”年。由此可以确认，“永和九年，岁在癸丑”就是公元353年。

公元353年，王羲之51岁，已经辞官隐居。他与他的几个儿子与好友一起游玩，饮酒作诗，写下了《兰亭集序》。

我们知道《兰亭集序》是书法的极品。中国的文字源远流长，很早就有黄帝的史官仓颉（音“jié”）造字一说。实际上文字是一点一点积累起来的。有兴趣的读者可以读周有光先生（1906—2017）的著作[97]。周宣王（？—公元前782）时期的太史籀（音“zhòu”）编了第一部字书，叫作《史籀篇》。秦始皇一统天下后，为了统一文字，教李斯写了《仓颉篇》七章、赵高写《爰（音“yuán”）历篇》六章、胡母敬写《博学篇》七章，并颁令全国跟随，用的是小篆。小篆笔画繁复，使用不便，在汉代渐渐地变成隶书，所谓“隶书”就是下级官隶书写所用的方法。到了魏晋（220—420）时又渐渐地变为楷书和草书。楷书一笔一画，过于局促，草书数字连写，过于凌乱，因此又有了行书。王羲之的行书引领着当时的潮流，标记着时代的变迁。《兰亭集序》的原件已经不存（据说被唐太宗李世民[56]用作陪葬），图2.34是唐代冯承素（617—672）用所谓双勾法临摹的版本（即按原作勾出轮廓，然后再填实），因上面有唐中宗李显（656—710）年号“神龙”（705—707）的小印，所以叫作神龙版，是最好的版本了，这幅字现存北京故宫博物院。虽说纸寿千年，但唐朝至今约1500年了，传下来的书画很少，因此是珍品中的珍品。《兰亭集序》的文章也是极好，其中的名句“况修短随化，终期于尽”“虽世殊事异，所以兴怀，其致一也”是对人生的妙解。我们今天读来，仍然“有感于

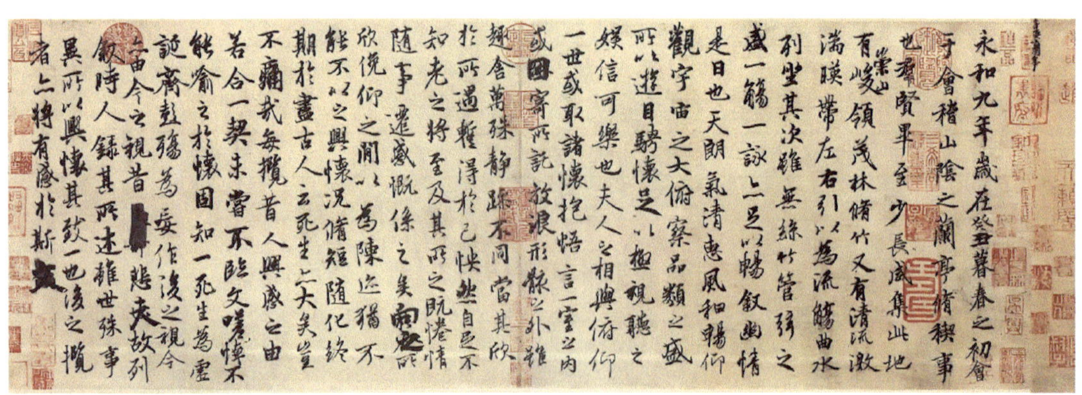

图 2.34 唐代冯承素“神龙版”《兰亭集序》，现藏北京故宫博物院（引自百度百科）

斯文”。千年之后应该还是一样的!

再看月份，纪月也用干支法。因为一年有12个月，纪月就用地支。但由于使用不便，人们通常就用数字。表2.3给出了月地支、农历月、公历月、节气及年天干的关系。农历闰月时就重复一次，因此月地支可以与年天干对应。但与公历月的关系就较难确定了。

农历纪日用的也是干支法。干支日是一个60日的循环，与岁首和月首都没有关系，因此使用十分不便。实际上汉唐的时候纪事通常只用年和月。要把公历的日子转换成农历比较繁琐。这是因为公历有闰年，而农历有闰月。要作转换，必须把日子对准。下式可以把公历日换算成干支日:

$$\mathrm{G} = 4X + \left[\frac{X}{4}\right] + 5Y + \left[\frac{Y}{4}\right] + \left[\frac{3(M+1)}{5}\right] + D - 3 \tag{2.1}$$

$$\mathrm{Z} = 8X + \left[\frac{X}{4}\right] + 5Y + \left[\frac{Y}{4}\right] + \left[\frac{3(M+1)}{5}\right] + D + 7 + i \tag{2.2}$$

式中, X 为年份的前两位数;Y 是年份的后两位数;M 是月份数;D 是天数; 奇数月时 $i = 0$, 偶数月时 $i = 6$;“[ ]” 表示取整, 例如 [3.6]=3。注意: 1 月和 2 月要当作上一年的 13 月和 14 月来计算, 因此 X 和 Y 也要按上一年的年份来取值。例如, 查 2006 年 4 月 1 日的干支, 将数值代入式(2.1), 有

$$\mathrm{G} = 4 \times 20 + \left[\frac{20}{4}\right] + 5 \times 6 + \left[\frac{6}{4}\right] + \left[3\,\frac{4+1}{5}\right] + 1 - 3 = 117$$

$117 \div 10 = 11$ 余 7。按表 2.1a, 天干的第 7 位是“庚”。另有

$$\mathrm{Z} = 4 \times 20 + \left[\frac{20}{4}\right] + 5 \times 6 + \left[\frac{6}{4}\right] + \left[3\,\frac{4+1}{5}\right] + 1 + 7 + 6 = 213$$

$213 \div 12 = 17$ 余 9, 按表 2.1b, 地支的第 9 位是“申”。因此，2006 年 4 月 1 日的干支是庚申。

当然，上面的计算方法还是比较繁琐的，最简单的方法是直接到中国科学院国家授时中心[95]网站查对。

今天人们用农历主要是查看传统的假日，如正月十五的元宵节、五月初五的端午节、八月十五的中秋节、九月初九的重阳节等。注意，这些日子与

公历没有简单的对应关系，每年都不一样。

农历年岁首有个遗留问题：生肖。中国古代有用12种动物代表12地支（表2.7）的习俗，这是因为古时读书识字的人甚少。据统计，1911年中国识字的人只占总人口的1%左右，地支这些拗口的字许多人根本读不出来，而用动物来表示出生年份十分方便。过去（汉武帝以后、民国以前）岁首是在立春，但从民国开始，岁首改为农历的正月初一，生肖也会随之改变。例如2015年是农历乙未羊年，“乙”是天干，“未”是地支，从表2.7可见，“未”对应于羊，所以是羊年。公历2015年2月4日是立春，对应于农历，则还是甲午马年腊月十六，离羊年还有14天。因此，在此时出生的孩子是属羊还是属马就成了问题。实际上现在通用公历，生肖也有同样问题。多年来，一直有人建议把农历岁首“复位”到立春。但是历史就是历史，不可改变。今天中国识字的人口已超过95%，人们的身份证上只有公历的生日，生肖只是一个民间习俗而已，不再重要。

表2.7 地支与生肖的对照

地支名	子	丑	寅	卯	辰	巳	午	未	申	酉	戌	亥
生肖	鼠	牛	虎	兔	龙	蛇	马	羊	猴	鸡	狗	猪

历法对社会的发展有着极为深刻的影响。中国传统农历对人们的影响之一是对权威的崇拜。古代有“天书”一说，由于农历的计算很复杂，绝大部分人都不知道历法是如何订立的，所以历书就成了天书。汉代以后，远古时“敬授民时”的政府职能慢慢地变成了国家制度的一部分。各朝各代都设有与太史监或钦天监职能相同或相似的部门，专门负责制定历法。由于历法是朝廷颁布的，所以又叫“皇历”。到了明清两代，朝廷更加严禁民间私自学习天文历法，否则就是“私窥天意”，要坐牢杀头。另外新皇帝登基（或有其他重大事件），就要改元。试想皇帝连时间都可以更改，当然是绝对权威了！

农历对人们的另一个影响是对命运说的迷信。在中国，算命至少可以追溯到商代（商代的甲骨文大多是占卜的记录）。用历法来算命的方法据说源自东汉年间（25—220），称为生辰八字法。所谓“八字”，如表2.8所示，是指把年、月、日、时的干支转换成五行(金、木、水、火、土),再按五行计算“命”“运”的相生相克(图2.35)。

表2.8 干支与五行的对应表

五行	天干	地支
木	甲、乙	寅、卯
火	丙、丁	巳、午
土	戊、己	辰、丑、戌、未
金	庚、辛	申、酉
水	壬、癸	子、亥

下面是一个计算八字的例子:某人2015年1月1日1时出生。首先计算年干支:按表2.5推算,2015÷10的余数是5,年天干是乙;2015÷12的余数是11,按表2.6,年地支是未。因此,年干支是乙未;但因为还没有过农历年,要减一年,所以是甲午。从表2.8可知,对应的五行是木与火。其次算月干支:1月1日是农历十一月,按表2.3,月干支是丙子,对应的五行是火与水。接着算日干支:根据式(2.1)与式(2.2),G = 164,H = 254。164 ÷ 10 = 16余4,根据表2.1a,天干是“丁”;254 ÷ 12 = 21余2,根据表2.1b,地支是丑。所以日干支是丁丑,按表2.8,对应的五行是火与土。最后算时干支:纪时本来只用地支,因此要用所谓“五鼠遁元”法“起时”[98],如表2.9所示。这个方法也可以用来计算“起月”(即计算岁首月份的干支,叫作“五虎遁月”法[99]),结果是一样的。根据表2.9,日天干为丁,1时的干支就是庚子,对应的五行是金与水。综上所述,这人的八字就是:“木火火水火土金水”。如何去解释八字有好几种方法,无非是看五行是否齐全、是否相生相克以及是否相辅相成。

图2.35 五行生克图

作者的团队曾经用统计分析的方法研究过从1916年1月1日到2016年12月31日100年来的八字。从一年、四季、月、日、时辰各个方面来看,八字

表 2.9 “五鼠遁元”法“起时”表

农历时辰	公历时段	日天干				
		甲己	乙庚	丙辛	丁壬	戊癸
子	23—1	甲子	丙子	戊子	庚子	壬子
丑	1—3	乙丑	丁丑	己丑	辛丑	癸丑
寅	3—5	丙寅	戊寅	庚寅	壬寅	甲寅
卯	5—7	丁卯	己卯	辛卯	癸卯	乙卯
辰	7—9	戊辰	庚辰	壬辰	甲辰	丙辰
巳	9—11	己巳	辛巳	癸巳	乙巳	丁巳
午	11—13	庚午	壬午	甲午	丙午	戊午
未	13—15	辛未	癸未	乙未	丁未	己未
申	15—17	壬申	甲申	丙申	戊申	庚申
酉	17—19	癸酉	乙酉	丁酉	己酉	辛酉
戌	19—21	甲戌	丙戌	戊戌	庚戌	壬戌
亥	21—23	乙亥	丁亥	己亥	辛亥	癸亥

的分布都没有什么规律。例如，图2.36是100年来八字平均分的柱状图。分数是按照五行是否齐备以及相生相克来计算的。五行齐备且相生最多为最好，得72分；五行缺四且相克最多为最差，得12分。从图中可以看到，每年的平均分都差不多。五行平均分数最低的年份，如1928年，并没有什么大的天灾人祸。五行平均分数最高的年份，如2005年，也没有什么特别之处。

古往今来，信命的传说与故事极多，袁世凯[93]就是一例。袁世凯的三女袁静雪在《我的父亲袁世凯》一文中说道：“我父亲既相信批八字，也相信风水之说，有人给我父亲批过八字，说他的命‘贵不可言’。还说我们项城老家的坟地，一边是龙，一边是凤，龙凤相配，主我家应该出一代帝王。这些说法，无疑地也会使我父亲的思想受到影响。他之所以洪宪称帝，未始不是想借此来‘应天承运’吧。”袁世凯最终身败名裂，且遗祸天下。

如今在中国，信八字、迷算命的人还不少。八字算命从来就不是科学。在最近的半个世纪中，人口激增，城市规模膨胀，同年、同月、同日、同时、同地方出生的人每天都有许多。另外医学技术的进步使剖宫产流行，更有人选好时辰来生子。八字能够说明什么呢，读者可以自己推断。

按照中国的传统思想，人有命运，国家也有命运。2000年前汉代王充（27—97）[100]在《论衡·命义》中说道“国命胜人命，寿命胜禄命”，即个人的命运由国家命运所主导，而寿命比当官发财更重要，这个观点很有道理。

国命、人命、寿命、禄命都是用时间来“称量”的。

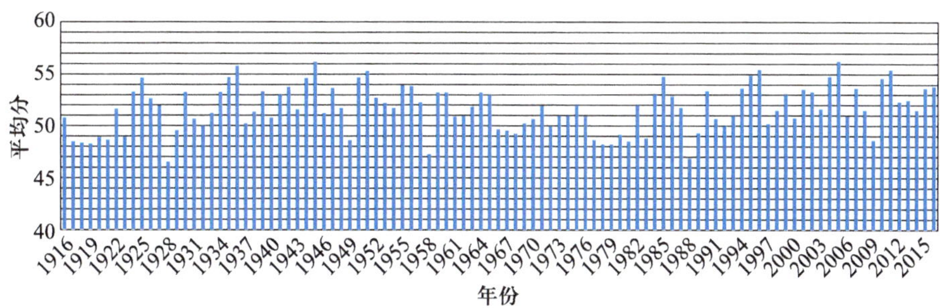

图 2.36 100 年来八字平均分的柱状图

[1] 陈美东，华同旭.中国计时仪器通史：古代卷.合肥：安徽教育出版社，2011.
[2] 陈美东.古历新探.沈阳：辽宁教育出版社，1995.
[3] 陈久金，杨怡.中国古代天文与历法.北京：中国国际广播出版社，2010.
[4] 尚书，参见百度百科。
[5] 三皇五帝,参见百度百科。
[6] 禹,参见百度百科。
[7] 天干地支,参见百度百科。
[8] 桀,参见百度百科。
[9] 汤，参见百度百科。
[10] 武丁，参见百度百科。
[11] 常玉芝.殷商历法研究.吉林：吉林文史出版社，1998.
[12] 圭表，参见百度百科。
[13] 说文解字，参见百度百科。
[14] 妇好，参见百度百科。
[15] 周文王姬昌，参见百度百科。
[16] 商纣王，参见百度百科。
[17] 周易，参见百度百科。
[18] 周武王姬发，参见百度百科。
[19] 周公旦，参见百度百科。
[20] 周礼，参见百度百科。
[21] 姜太公，参见百度百科。
[22] 水漏，参见百度百科。
[23] 周幽王，参见百度百科。
[24] 周平王，参见百度百科。
[25] 老子，参见百度百科。
[26] 孔子，参见百度百科。
[27] 孙武，参见百度百科。
[28] 墨翟，参见百度百科。
[29] 孟轲，参见百度百科。
[30] 庄周，参见百度百科。
[31] 韩非，参见百度百科。
[32] 论语，参见百度百科。
[33] 秦始皇嬴政，参见百度百科。
[34] 汉武帝，参见百度百科。
[35] 文景之治，参见百度百科。
[36] 司马迁，参见百度百科。
[37] 落下闳，参见百度百科。
[38] 太初历，参见百度百科。
[39] 史记，参见百度百科。
[40] 日月食，参见维基百科“Eclipse”。
[41] 一刹那，参见百度百科。
[42] 干支纪日法，参见百度百科。
[43] 二十四节气，参见百度百科。
[44] 北极星，参见维基百科“Polaris”。
[45] 北斗星，参见维基百科“Big Dipper”。
[46] 延时摄影,参见维基百科“time lapse photography”。
[47] 干支纪月法，参见百度百科。
[48] 秤漏，参见百度百科。
[49] 浑天说，参见百度百科。
[50] 盖天说，参见百度百科。
[51] 浑仪，参见百度百科。
[52] 李约瑟，参见维基百科“Joseph Needham”。
[53] 张衡，参见百度百科。
[54] 候风地动仪，参见百度百科。
[55] 李淳风，参见百度百科。
[56] 唐太宗李世民，参见百度百科。
[57] 一行，参见百度百科。
[58] 唐玄宗李隆基，参见百度百科。
[59] 梁令瓒，参见百度百科。
[60] 杨玉环，参见百度百科。
[61] 安史之乱，参见百度百科。
[62] 宋太宗赵光义，参见百度百科。
[63] 沈括，参见百度百科。
[64] 线香，参见百度百科。
[65] 苏轼，参见百度百科。
[66] 苏颂，参见百度百科。
[67] 水运仪象台，参见百度百科。
[68] 靖康之难，参见百度百科。
[69] 朱熹，参见百度百科。
[70] 胡维佳.新仪象法要（译注）.沈阳：辽宁教育出版社.1997.
[71] 李志超.水运仪象志——中国古代天文钟的历史.合肥：中国科技大学出版社，1997.
[72] 元世祖忽必烈，参见百度百科。
[73] 郭守敬，参见百度百科。
[74] 简仪，参见百度百科。
[75] 刘基，参见百度百科。
[76] 明太祖朱元璋，参见百度百科。
[77] 耶稣会，参见百度百科。
[78] 圣方济各・沙勿略，参见维基百科“St. Francis Xavier”。
[79] 罗明坚，参见百度百科。
[80] 利玛窦，参见百度百科。
[81] 明神宗朱翊钧，参见百度百科。
[82] 汤若望，参见百度百科。
[83] 崇祯帝朱由检，参见百度百科。
[84] 清康熙帝，参见百度百科。
[85] 南怀仁，参见百度百科。
[86] 清乾隆帝，参见百度百科。
[87] 洋务运动，参见百度百科。
[88] 张遐龄，吉勤之.中国计时仪器通史：近现代卷.合肥：安徽教育出版社，2011.
[89] 第一次鸦片战争，参见百度百科。
[90] 第二次鸦片战争，参见百度百科。
[91] 八国联军侵华，参见百度百科。
[92] 孙中山，参见百度百科。
[93] 袁世凯，参见百度百科。
[94] 中国科学院紫金山天文台，参见“中国科学院紫金山天文台”网站。
[95] 中国科学院国家授时中心，参见“中国科学院国家授时中心”网站。
[96] 兰亭集序，参见百度百科。
[97] 周有光.世界文字发展史.北京：商务印书馆.2016.
[98] 五鼠遁元起时法，参见百度百科。
[99] 五虎遁月起月法，参见百度百科。
[100] 王充，参见百度百科。

第三章 数声

Reckoning The Sound

► 当我们拿起一块机械表放在耳边，总会听到它那滴滴答答的响声。数着恒定不变的滴答声音，我们可以计算时间：一秒钟、一分钟、一小时、一天……。在过去的近 800 年中，机械钟表曾经引领了人类历史的发展。机械钟表不只是一个计时装置，还曾为人们在茫茫大海中导航，显示地球的运动。它还衍生出避震器、滚珠轴承、能量捕获装置（捕获动能及热能）等一系列发明，推动了工程技术的发展。机械钟表还改变了人们的生活习惯和世界观。这一章将介绍机械钟表的发明、发展及其影响。

3.1 中世纪的古钟与棘板式擒纵机构

第一个机械钟表是由谁发明的？今天已经无法考证。根据现有的记载，最早的机械钟表出现在1300年左右。公元5世纪到公元15世纪这一段时间，在欧洲史上称为中世纪（“Middle Ages” 或 “Medieval Period”）[1]。这时的罗马帝国已经崩溃，欧洲政治黑暗，战争不断，无知、饥荒、传染病、暴力、贫穷困扰着社会的发展，人们文化水平低下，朝代更迭不断。

中世纪期间的重大历史事件之一是基督教的十字军东征[2]。虽然第一次东征（1096—1099）十字军打下了耶路撒冷，但后来的几次总体上是失败的（最后一次在1270年）。十字军大都是乌合之众，人数不多。伊斯兰国家虽然也开始分崩离析，钩心斗角，但人多势众，最后都是各自罢兵了事。然而十字军东征使欧洲人在东方发现了在欧洲已经消失却仍在当地残存的古希腊文化，并将它们带回欧洲，间接导致了文艺复兴。

另一个重大事件是蒙古人的西征[3]。蒙古人崛起于东方的大漠之中，除了有精良的骑兵，行动如飞之外，还从中国带去了火枪、连弩、可移动的攻城塔楼等利器，而且能火攻水淹，令人闻风丧胆。蒙古人三次西征（1219—1260）：第一次打到了今天的伊朗；第二次打到了波兰的华沙城下；第三次到了大马士革，离耶路撒冷只有100多千米。这些征战给欧洲及中东带去了巨大的灾难，但同时也带去了东方的文化和技术。后来，伊斯兰国家侥幸逃过了蒙古军的铁蹄，再次兴起。1453年，奥斯曼土耳其帝国攻占了东罗马帝国的首都君士坦丁堡，并将它更名为伊斯坦布尔（意为“伊斯兰之城”）[4]。这使得整个欧洲为之震动，也加速了文艺复兴的进程。

根据文献记录，最先尝试制作机械钟的人也许是英国天文学家理查德·沃林福特（Richard of Wallingford，1292—1336），他设计了一款钟，不过，这个钟是在他死后20年才真正做出来，后来毁于

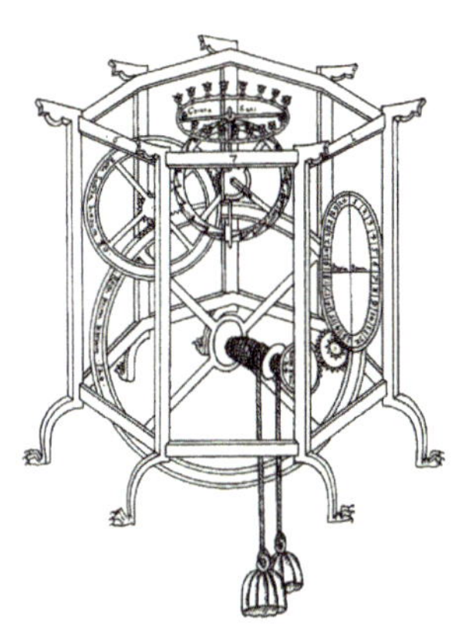

▶图 3.1 最早的天文钟之一 "Astrarium"（引自维基百科）

▶图 3.2 英国索尔兹伯里大教堂的铁钟，建于 1386 年，是世界上最早的机械钟之一（引自维基百科）

战火。稍后的意大利人乔瓦尼·德唐迪（Giovanni de' Dondi，1330—1388）用了16年时间制作了一个叫作"Astrarium"的天文钟（图3.1），这个钟在1364年完成，它不但可以计时、计日，还可以计月，所以叫作天文钟。德唐迪还写下了详细的说明，让后人得以仿制。

▶图 3.3 德国的纽伦堡蛋，制作于 1550 年，是世界上最早的机械表（引自维基百科）

现存的最早的机械钟实物是英国南部索尔兹伯里（Salisbury）大教堂的铁钟[5]，建于1386年（图3.2）。这一时期的意大利、法国、德国（德国当时还不是一个统一的国家）及中东地区都开始有了类似的机械钟。德国纽伦堡（Nürnberg）人彼得·亨莱因（Peter Henlein，1485—1542）首先做出了机械表，他和纽伦堡的工匠们做过许多个著名的"纽伦堡蛋"（图3.3）[6]。

这些钟都用了一种特别的机构，叫作棘板式擒纵机构（verge escapment）。这一机构源于钟楼的敲钟机构。当时在欧洲与中亚许多城镇中都有钟楼，战时用于报警，平时用于报时，召唤人们去做宗教礼拜或集会。钟楼敲钟的机构叫作棘板机构，又称为"立轴横杆式棘板机构"。图3.4a是棘板机构的示意图，它主要由4个部件组成：两个交替使用的重坠、一个冠轮、一个有两个棘板的立转轴以及一个连接重坠与大钟的曲柄连杆。重坠提供能量，重坠拉起后获得势能，重坠下坠释放能量驱动冠轮。冠轮交替地拨动上下两个棘板，棘板带动立转轴来回摆动。其工作原理如图3.4b、c所示。首先，冠轮

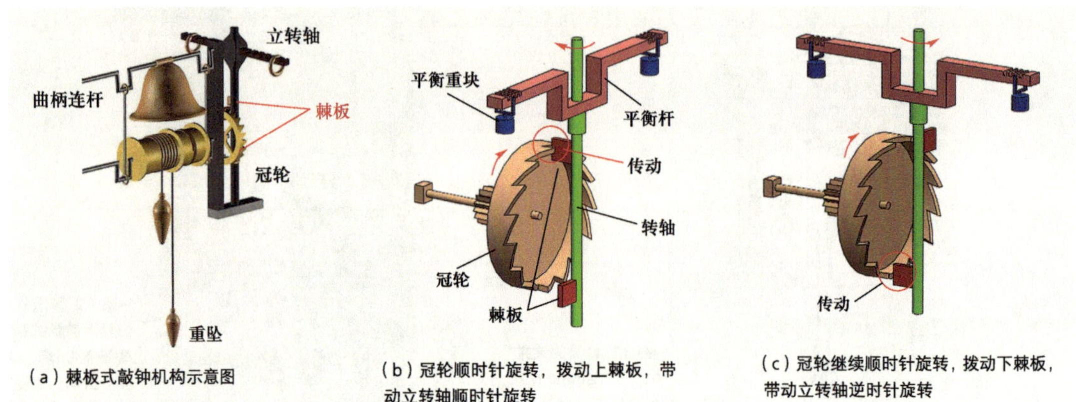

图 3.4 棘板机构示意图及工作原理

顺时针转动，冠轮的上部拨动上棘板，使立转轴顺时针旋转（图3.4b）。立转轴的旋转将下棘板送入冠轮的下部，冠轮继续旋转，冠轮的下部拨动下棘板，使立转轴逆时针旋转（图3.4c）。然后，立转轴的旋转又将上棘板送入冠轮上部，开始新的循环。立转轴改变运动方向时必须克服其惯性力矩，这一力矩由转轴平衡杆上的平衡重块进行调节，它能短暂地锁住冠轮，使得重坠一“擒”一“纵”，一步一步地下落。重坠每落下一步，相连的曲柄连杆便转动一周，驱使相连的大钟晃动一次，大钟里的钟胆敲击钟体，使大钟鸣响。

伟大的莱昂纳多·达·芬奇（Leonardo da Vinci，1452—1519）[7]也用这种机构设计过好几款钟。达·芬奇是文艺复兴时期最著名的代表人物。他出生于意大利的一个叫作芬奇的小村庄。他的父亲是当地的名门，他的母亲是家中的佣人。所以他不能用父亲的姓，只能以村名为姓。莱昂纳多·达·芬奇的意思是“来自芬奇的莱昂纳多”，所以我们应该称他莱昂纳多。他说：“人分三种：生而知之、学而知之、不学不知（Three classes of people: Those who see. Those who see when they are shown. Those who do not see）”。达·芬奇似乎生而知之，无所不通。在艺术方面，他的《蒙娜丽莎》和《最后的晚餐》是世界上最著名的油画作品；在科学方面，他研究人体、力学、流体力学和光学；在工程方面，他设计飞机（虽然这架飞机飞不起来）、坦克，攻城机械。他一生只当过一个非正式的“水官”，期间他设计了水力机械、水坝和运河。晚年他住在法国图尔（Tour），是法王弗朗西斯一世（Francis I，1494—1547）

的画家、工程师、建筑师、老师及好友。今天在那里我们还可以看到他为法王行宫设计的双螺旋楼梯。图3.5是他设计的一个钟。这个钟有两套驱动机构，一套驱动时针（上面的圆盘），一套驱动分针（下面的圆盘）。图中还可以清楚地看到重坠和立转轴。像他的许多设计一样，他只是画了图，并没有做出实物。后人按照他的设计把钟做了出来，还有人在立转轴的两侧加上了小重坠和固定的小立柱，立轴转动时小重坠会慢慢地缠绕在小立柱上，当立轴回摆时，小重坠又慢慢松开。看上去十分有趣。

图 3.5 达·芬奇设计的机械钟，实物是现代人按照他的设计制作的

此外，第一章中提到的布拉格天文钟用的也是棘板式擒纵机构。

棘板式擒纵机构摆动的频率依赖平衡杆的转矩，而这一转矩受多个因素的影响，如驱动力矩、平衡杆的平衡、转轴的摩擦等。可以想象，这一机构用于计时并不准确，后人使用游丝来替代平衡杆（图3.6），但那是三四百年后的事情了。随着更好的设计不断出现，用这种机构做的钟就渐渐销声匿迹了。本书附录中有棘板式擒纵机构的仿真动画二维码，读者可以参考。

在中世纪时期，阿拉伯国家在经济、文化、科技等方面都领先于欧洲。上述的棘板机构在阿拉伯科学家塔吉阿丁·马罗夫（Taqi al-Din Ibn Maruf, 1526—1585）[8]的著作中有详细的描述。马罗夫是当时世界上最杰出的科学家之一，他受奥斯曼帝国苏丹穆拉德三世（Murād Ⅲ，1546—1595）之托在伊斯坦布尔建立了天文台（图3.7），他的著作涉及天文、数学、光学、工程与计时（包括上述的棘板机构）。他曾经制作了世界上第一个有秒针的钟。当时奥斯曼帝国正达巅峰，宰相索科卢·帕夏（Sokollu Mehmed Pasha, 1506—1579）从威尼斯（当时是一个独立的富裕王国）手中夺得塞浦路斯，

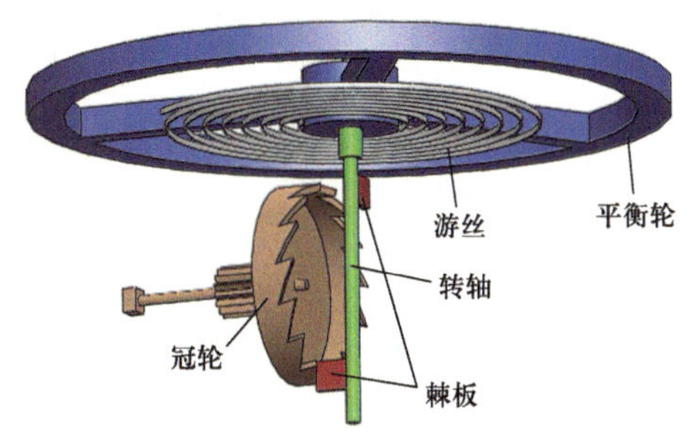

图 3.6 具有游丝的棘板式擒纵机构

▲图 3.7 马罗夫建立的天文台（引自维基百科）

使整个欧洲为之震惊。

不过好景不长，1574年，马罗夫用彗星预测苏丹攻打波斯的胜利。战争是胜利了，但是瘟疫让军队几乎全军覆没，因此反对声四起。支持马罗夫的宰相帕夏被暗杀后不久，天文台就关闭了。此时，欧洲的文艺复兴已经开始收效，伊斯兰国家在科学技术上渐渐落后。新上台的苏丹还想和英国的伊丽莎白女王（Queen Elizabeth I，1533—1603）[9]结盟以便在欧洲争霸，因此动用大量的资金购买军备，导致国力日蹙。

擒纵机构的发明意味着机械钟表的诞生。如图3.8所示，机械钟表一般由5个部分组成：① 上弦及调时机构，为钟表提供运行所需的能量及校准时间；② 能量储存机构，保证钟表能够长期不停顿地运行；③ 齿轮传动机构，齿轮系用于驱动擒纵机构及显示时间，也为钟表分出时、分、秒；④ 擒纵机构，用机械谐振性能来计时；⑤ 显示，显示的时间包括秒、分、时、日、周、月、年等。擒纵机构实际上是个振荡器，用振荡的周期来计时。例如，上述棘板式擒纵机构中的立转轴（图3.4）及平衡轮（图3.6）就是振荡器。振荡器控制着齿轮系的运动，从而控制着计时的精度，因此擒纵机构又称为机械钟表的"大脑"。一个机械钟表的好坏主要取决于擒纵机构的设计与制造，这一规则至今不变。

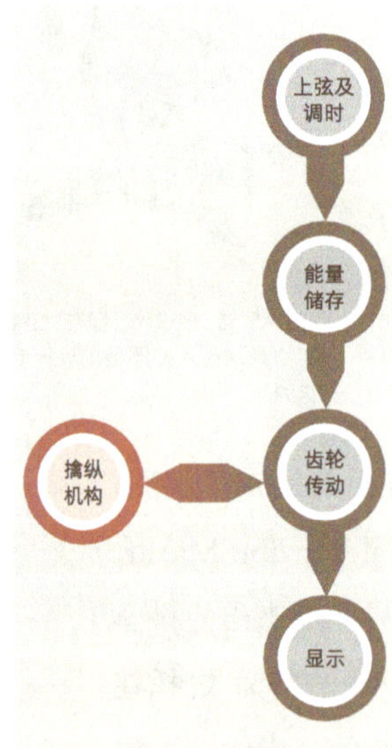

▲图 3.8 机械钟表的5个组成部分，其中最关键的擒纵机构是机械钟表的"大脑"

擒纵机构一擒一纵都会产生碰撞，从而发出重复的滴答声。因此计时就是"数声"。在本章后面的各节中，我们将讲述在过去的几百年里，人们是怎样发明各种各样擒纵机构的，从而推动了技术的进步，改变了世界。

3.2 伽利略的钟摆理论与惠更斯的摆钟

欧洲的文艺复兴英文叫作“Renaissance”，意为“重生”，15世纪时始于意大利。在此之前，欧洲十分保守、落后，音乐多是一个调子，内容只是赞美上帝。绘画没有立体感，内容只是宣传宗教。建筑与雕塑还远不如1 000年前的古希腊和古罗马。除了《圣经》外，很少有其他的书籍。

促成文艺复兴的原因很多，奥斯曼帝国夺去君士坦丁堡是重要原因之一，这使得有识之士反思失败的原因，认识到必须要改革创新。此外，从君士坦丁堡逃出来的知识分子带回了古希腊的知识，使得人们不再只以宗教的观点来看世界。还有一个重要原因是中国造纸技术与印刷技术传到了欧洲。1439年左右，德国人古腾堡（Johannes Gensfleisch zur Laden zum Gutenberg，1398—1468）[10]制作出一台活字印刷机，并开始大量印刷《圣经》，这使得更多的人可以读书识字，独立思考，而不是盲目听从。

文艺复兴追求人性的解放，崇尚科学与艺术，造就了许多伟人：达·芬奇[7]、米开朗基罗（Michelangelo di Lodovico Buonarroti Simoni，1475—1564）[11]、拉斐尔（Raffaello Sanzio da Urbino或Raphael，1843—1520）[12]、马基雅维利（Niccolò Machiavelli，1469—1527）[13]、伽利略（Galileo Galilei，1564—1642）[14]，等等。

伽利略的成就家喻户晓（图3.9）。他出生于意大利比萨（Pisa），他的父亲是一位有名的科学家。传说在1581年，当时还是学生的他在比萨大教堂（教堂就在那著名的比萨斜塔旁边）做弥撒，当他看到教堂的吊灯随风摆动时，便用自己的脉搏作为参考来测量摆动的频率。他发现不管摆动的幅度有多大，频率总是固定的，进而作研究，发现了摆的等时性原理。这个传说可能有些夸张。图3.10是比萨教堂的大吊灯，吊灯重达百斤，教堂虽不是密不透风，但也应该进不了

图3.9 伽利略（引自维基百科）

图3.10 比萨教堂的吊灯（引自维基百科）

多大的风使吊灯有较大幅度的摆动。虽然这一传说已经无法考证，但是他发现了摆的原理却是无可置疑的。他提出摆的运动周期T与摆的长度L的平方根成正比，即

$$T \propto \sqrt{L} \tag{3.1}$$

伽利略还有许多发明与发现。例如他在比萨斜塔上做实验，把两个质量不同的球体从塔上同时放下，通过两个球体同时落地的事实证明地心引力是个常量（也有人说他从来没有做过这个实验，只是通过推理得到这个结论，因为以当时的设备无法测出那么微小的时间差）。他有一句名言："在科学面前，权威一钱不值，真理至高无上（In questions of science, the authority of a thousand is not worth the humble reasoning of a single individual）。"这一实事求是的思想影响了整个世界。

伽利略对天文学也作出了巨大的贡献，他是用望远镜观测星空的第一人。文艺复兴和印刷技术使大批的欧洲人能够阅读，但他们很快就发现视力不好了，需要眼镜。当时在威尼斯有一批从君士坦丁堡来避难的工匠，他们是烧制玻璃的专家，特别是能烧制透明的玻璃（玻璃为什么能够透光？[1]），能够制作眼镜和镜子。当时的威尼斯不仅是商业中心，也是科技中心。眼镜与镜子都十分昂贵，一面大镜子的价格相当于一个农夫一年的收入，因此有些威尼斯商人富可敌国。伽利略在威尼斯教书，熟悉制作眼镜的技术。眼镜其实是一块凸镜，把两块凸镜叠在一起，就成了望远镜。最早制作望远镜的是荷兰人杨森（Zacharias Janssen，1585—1632）和李普希（Hans Lippershey，1570—1619）。伽利略听说后经过两个月的试验做出了自己的天文望远镜。他通过望远镜看到了月球上的陨石坑、太阳的黑子和木星的卫星。他让人类看见了前所未见的太空，因此他被称为现代天文学之父。

伽利略观察到木星的卫星围绕着木星旋转，从而坚信哥白尼的日心说（参见第一章），这与当时罗马教廷的地心说相违背。当时的学术文章大多是用拉丁文写的，只在一个小圈子里头流传，罗马教廷并不怎么管。伽利略名高望重，

1　玻璃的非晶结构使得光子可以顺利地通过。

他写了一本书，叫作《关于两种世界体系的对话》，偏偏是用意大利文写的，在社会上影响极大。1633年教廷对伽利略进行了审判，审判的技术专家是教廷的御用天文学家弗朗切斯科·英高里（Francesco Ingoli，1578—1649）。英高里比伽利略小11岁，早年曾发现太阳的黑子，他认为那是太阳的小卫星，因此去请教伽利略，伽利略不以为然，还把他奚落了一番。这一次，他落井下石，列举了18条数学“理据”［这些理据主要是根据第古（Tycho Brahe，1546—1601，参见第一章）的理论］和4条神学理据来证明伽利略的“错误”。最后，伽利略被判处终身拘禁在家，这还是因为伽利略在罗马教廷有许多朋友为他说话，才得以从轻发落，没有像布鲁诺（Giordano Bruno，1548—1600）那样被活活烧死（参见第一章）。

图 3.11 伽利略设计的摆钟（引自维基百科）

图 3.12 惠更斯（引自维基百科）

晚年时被拘禁在家的伽利略根据摆的频率不变原理设计了一款摆钟[15]（图3.11），但当时他已经年迈，且双目失明。他的儿子根据他的设计做了一个钟，却不能工作。伽利略去世15年后，惠更斯才做出了世界上第一个摆钟。

惠更斯（Christiaan Huygens，1629—1695）[16]出生于荷兰阿姆斯特丹附近的一个小镇莱顿（Leiden）（图3.12）。当时文艺复兴已经传到了欧洲西北部，著名的人物有英国的莎士比亚（William Shakespeare，1564—1616）[17]和弗朗西斯·培根（Francis Bacon，1561—1626）[18]；德国的汉斯·荷尔拜因（Hans Holbein，1497—1543）[19]，荷兰的艾克（Jan van Eyck，1385—1441）和惠更斯。

惠更斯像伽利略一样，在力学、光学、天文学及计时等领域都有卓越的贡献。在力学方面，他发现了离心力。在光学方面，他提出了光的波动理论。图3.13是惠更斯对摆钟的设计[20]，这个设计与伽利略的设计有所不同。在伽利略的设计中有一个针轮和一对爪子。当摆向右方运动时，如图3.11右上方的小图所示，爪子随之运动，松开针轮，使得下面

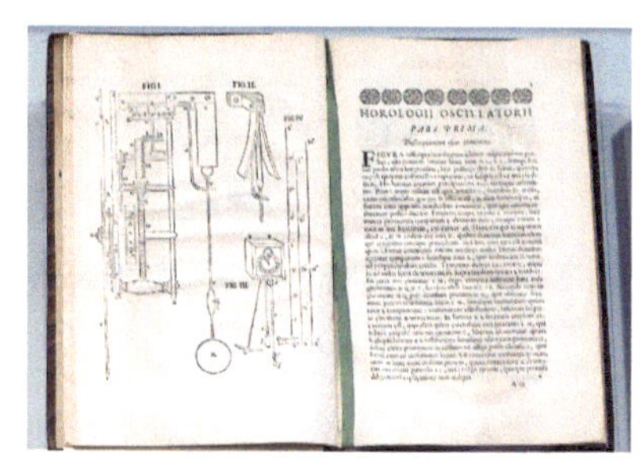
图 3.13 惠更斯对摆钟的设计（引自维基百科）

图 3.14 采用摆式擒纵机构的座钟（引自维基百科）

图 3.15 惠更斯的弹簧驱动的钟（引自维基百科）

齿轮系可以前行，这是“纵”。当摆向左方运动时，爪子抓住针轮，这是“擒”。由此形成擒纵机构，把摆的简谐运动用于计时。但是，由于摆会受到摩擦力的影响而渐渐慢下来，所以这一设计最终无法实现准确计时。惠更斯的设计与之不同：一方面它使用棘板与冠轮（参见图3.4）配合摆轮来达到擒纵的效果；另一方面，它使用重坠来驱动齿轮系，并由此通过冠轮与棘板向摆补充能量。这一设计最终由惠更斯与他的合作伙伴所罗门·科斯特（Salomon Coster，1620—1659）制作成功。这是第一个利用摆的简谐运动计时的钟，它把原来棘板式擒纵机构每天15分钟的计时误差大幅减少到每天15秒钟。图3.14是一款早期采用摆式擒纵机构的座钟。从图中可见，钟的两边加上了“翅膀”，为摆的运动提供空间。

惠更斯还推导出摆的运动周期计算公式，即

$$T=2\pi\sqrt{\frac{L}{g}} \tag{3.2}$$

式中，T为摆的运动周期；L为摆的长度；g为重力加速度。这是计时技术中最重要的公式，它证明了伽利略所说的摆的运动周期与其运动的幅度无关，更重要的是它给出了计算摆的运动周期的方法。惠更斯还确立了秒的概念，把一个0.99米长的摆的振荡周期定为一秒。惠更斯还注意到，当摆的运动幅值过大时，摆的运动变得不稳定（这是由于摆的运动变为非线性）。

惠更斯还提出用螺旋弹簧代替摆。1675年，惠更斯做了一个弹簧驱动的钟（图3.15）。这个钟使用一个塔状的螺旋弹簧作为发条，以储存能量；还有一个平面的螺旋弹簧作为游丝，产生简谐振动并计时。这一发明有两个好处：一是免除了冠轮及棘板对摆的影响，二是体积可以大大减小。惠更斯为这个钟申请了专利，专利在法国得到了认可，但在英国却遭到了拒绝。英国人认为弹簧钟早就有了（例如纽伦堡蛋），此外英国人认为弹簧的理论是他们发现的。当时惠更斯经常来往于伦敦与巴黎之间，他与胡克（Robert Hooke，1635—1703）[21]、牛顿（Isaac Newton，1642—1726）[22]等都有联系。根据历史资料记载，弹簧钟的技术是胡克的发明。

3.3 胡克的弹簧理论与锚式擒纵机构

胡克出生于英国的一个教士家庭（图3.16）。有人说他是个矮子，腿有点跛，背有点驼，鹰眼、钩鼻，生性计较。但他的聪明才智及其对科学的贡献却是有目共睹的。胡克年轻的时候在牛津大学读书，当过玻意耳（Robert Boyle，1627—1691）[23]的助手，并帮助玻意耳建立了著名的玻意耳定律（压力P与气体的容积V成反比），即

▲图 3.16 胡克（引自维基百科）

$$P \cdot V = c \tag{3.3}$$

式中，c是一个常数。

胡克最重大的贡献是在生物学方面。他用一个装满水的玻璃球作为聚光镜制造出显微镜（图3.17）（显微镜与望远镜有什么不同？[1]），然后把一个软木塞子切成片，在显微镜下仔细观测，并描述了其不规则的蜂窝状结构，他把这种结构叫作细胞（cell）。接着他又研究了各种各样的微生物和微结构，包括头发、跳蚤、细菌等。他的著作*Micrographia*描述入微，绘图精美，堪称经典。这一开创性工作奠定了现代微生物学的基础。

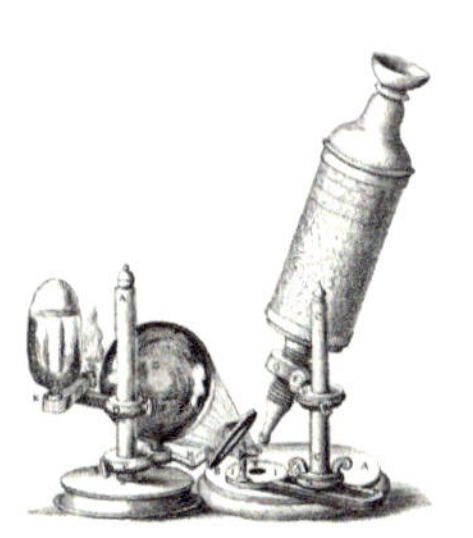

▲图 3.17 胡克的显微镜（引自维基百科）

1661年，26岁的胡克成为刚成立的英国皇家学会（Royal Society）的院士及财务总监，年少成名，大权在握。他的兴趣遍及力学、光学、天文学、建筑、工程、生物与计时等领域，其成就至今仍在多处可见。例如1666年

1　两者的工作原理是一样的，只是镜片的形状不同。

图 3.18 伦敦大火纪念碑（引自维基百科）

伦敦大火后，他作为重建伦敦的设计师之一，与克里斯托弗·雷恩爵士（Sir Christopher Wren，1632—1723）一起设计了耸立在伦敦桥（London Bridge）边的伦敦大火纪念碑（图3.18）[24]。这个纪念碑还是个可以观天与计时的科学实验室。此外，胡克还参与设计了格林尼治皇家天文台（Royal Observatory Greenwich）[25]。天文台位于泰晤士河畔，上面有两座八角形的小楼，里面安装着由英国制表业之父托马斯·汤皮恩（Thomas Tompion，1639—1713）[26]设计的两座大摆钟。沿泰晤士河出海的水手到此都会为自己的钟表校时。后来格林尼治成为世界标准时间的起点（本初子午线经过格林尼治天文台）。

胡克年轻时就开始研究计时技术。他与汤皮恩及当时的另一位制表名师约瑟夫·尼布（Joseph Knibb，1640—1711）关系密切（他们两人都是英国皇家学院的院士）。汤皮恩提出用游丝代替摆锤，并据此做出了一个钟。尼布则是报时机构的创始人。有一次，他们讨论弹簧的特性，胡克随手写下了著名的胡克公式

$$F = k \cdot x \tag{3.4}$$

式中，F为力；k为弹性系数；x为位移。这是力学的基本公式之一。

在机械手表中有两个重要的弹簧：一个是发条，一个是游丝。发条用于存储机械能。游丝就是上面说到用以代替摆的弹簧，是决定计时最关键的部件：振荡器。如图3.19a所示，游丝是按照阿基米德（Archimedes，公元前287—公元前212，参见第一章）螺线设计的。在极坐标中，游丝的几何形状为：

$$r = R_0 + \frac{p\theta}{2\pi} \tag{3.5}$$

式中，r是游丝在极坐标中的位置；R_0是内圈的半径；p是圈与圈之间的间距；θ是游丝在极坐标中的角度（以弧度为单位）。游丝和摆轮装在一起，内圈连接着转轴，外端点固定。如图3.19b所示，当摆轮顺时针运动时（从

右到左：300°→60°→0°→-60°→-300°），游丝向上部收紧，张力随之增加，直到摆轮的惯性力小于游丝的张力时，摆轮逆时针回摆。当摆轮逆时针运动时（从左到右：-300°→-60°→0°→60°→300°），游丝向下部收紧，张力随之增加，直到摆轮的惯性力小于游丝的张力时，摆轮再顺时针回摆。直到今天，许多人还对这个简单的游丝摆感到新奇，其实它是摆与弹簧的结合。当年胡克、惠更斯、汤皮恩、尼布等想把钟表小型化，使用游丝和摆轮来代替摆是必然的选择。

计算游丝摆轮的摆动频率有一个公式

$$f=\frac{1}{2\pi}\sqrt{\frac{K}{J}} \tag{3.6}$$

式中，$K=Ehb^3/(12L)$，为游丝的弹簧系数（E为游丝材料的杨氏模量，h、b、L分别为游丝的宽度、厚度及长度）；J为摆轮的转动惯量。这个公式与摆的公式相似，不过它只是个近似公式，作者和他的团队曾经对此作过仔细研究（图3.19b是用有限元分析的结果），游丝本身也有转动惯量，在运动时它的质心会变动，因此导致约10%的误差。此外，游丝与摆轮的加工误差在所难免。所以，每一块机械表通常都需要有经验的钟表师进行调试。

胡克与汤皮恩、尼布等还设计了锚式擒纵机构（anchor escapement）[27]，如图3.20所示。这一设计与伽利略及惠更斯的设计都有所不同。它由一个摆、一个锚型的双臂擒纵叉和一个擒纵轮组成，擒纵轮用重坠驱动（参见图3.20）。擒纵轮上的齿向右倾斜，当擒

（a）游丝与摆轮

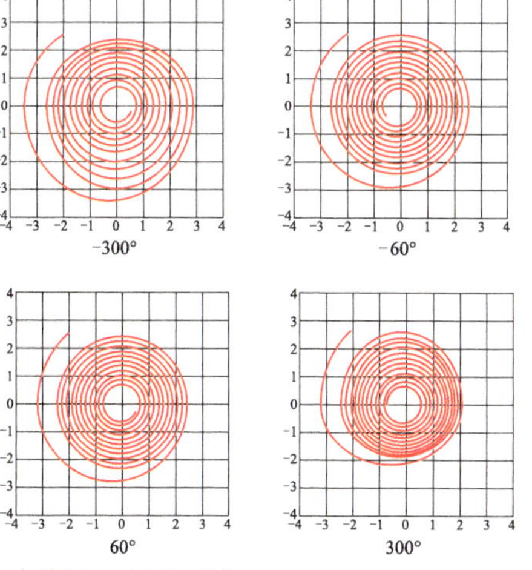

（b）游丝在一个周期中的运动

◄图 3.19 手表中游丝和摆轮的设计与运动

纵轮上的一个齿滑过擒纵叉的左臂时，擒纵叉移开，让擒纵轮向前运动。接着，摆到达其右面的最高点开始回摆，带动擒纵叉的右臂碰撞擒纵轮，使擒纵轮回转一点，并锁住擒纵轮，直到摆的运动反向，擒纵叉的右臂才松开擒纵轮。然后，擒纵轮碰到擒纵叉的左臂，开始一个新的周期。这一设计由汤皮恩成功地实现了。

这一设计有两个优点：一是，所有的运动都在一个平面上，所以它比棘板式擒纵机构更加稳定；二是，摆的运动角度很小，所以不会发生非线性问题。不过它也有一个缺点：当擒纵叉碰撞擒纵轮时，擒纵轮受到反作用力的影响会后退，并带动整个计时的齿轮系后退，这将造成较大的能量消耗及不稳定。这一问题称为“后座（recoil）”，是后世的制表师们一直要面对的难题。

图 3.20 锚式擒纵机构示意图

胡克的工作帮助英国开创了制表工业的先河，并使得英国的制表业在17世纪末及18世纪初处于世界领先地位。今天读者到伦敦的科学博物馆[28]还可以看到他们当年的成就，例如图3.21所示的莫斯廷·汤皮恩钟。

锚式擒纵机构的发明权还有过争议，英国制表师威廉·克莱门特（William Clement，1643—1704）宣称他最先发明了这个机构，并状告胡克。不过大多数人都认为胡克才是真正的发明者。对于胡克，锚式擒纵机构与游丝都只是个小发明。不久，格雷厄姆（Graham）擒纵机构就出现了（见3.4节），此案也不了了之。

胡克与许多人有过争执，其中最著名的是与牛顿[22]的争执。他与牛顿争万有引力的发现权，争光谱的发现权，牛顿因此长期未能入选英国皇家学会。后来，牛顿名声日隆才得以入选英国皇家学会。牛顿也曾因与胡克的争执而威胁要退出学会，学会不得不一再劝说并提出免去其应缴纳的会费，牛顿才留了下来。胡克过世后，牛顿成为英国皇家学会的会长，他命令把胡克的画像全部销毁。所以今天能见到的胡克画像甚少。牛顿的故事我们后面还要讲到。

图 3.21 汤皮恩制作的莫斯廷·汤皮恩钟（Mostyn Tompion clock），它代表了17世纪末、18世纪初英国的科技水平（引自维基百科）

这里还要提到的是各国的科学院。如表3.1所示，1635年法王路易十三（Louis XIII，1601—1643）建立了法国科学院，这是世界上最早的科学院。德国科学院可以追溯到1652年，当时有4位科学家首倡建立了利奥波尔迪纳科学院（Academy of Sciences Leopoldina）。当时统一的德国还不存在，只有一些互不统属的城邦。科学院是以其宗主国神圣罗马帝国（Holy Roman Empire，800—1806）[29]的皇帝（Leopold Ⅰ，1640—1705）命名的。后来几经沧桑，2007年才定名为德国科学院。英国的皇家学院是国王查理二世（Charles Ⅱ，1630—1685）在1660年建立的。当时英国经历了内战，查理二世的父亲被处决。经历流放的查理二世重登王位后实行君主立宪，他保持低调，让政府和国会来管理国家，英国再次步入稳定发展阶段。那时候计时是高新技术，许多制表师，如汤皮恩[26]与尼布等都是英国皇家学会的院士。然而时至今天，机械钟表只是精巧的奢侈品，没有多少科学内涵，所以再也没有哪个科学院院士是做钟表的了。

表3.1 世界各国国家科学院及工程院建立年表

国家	名称	成立年份
法国（创建人：路易十三）	法国科学院	1635
德国（4位科学家倡议）	德国科学院	1652
英国（创建人：查理二世）	英国皇家学院	1660
俄国（创建人：彼得大帝）	俄国科学院	1724
美国（创建人：林肯总统）	美国科学院	1863
	美国工程院	1964
日本（创建人：明治天皇）	日本学士院	1879
加拿大	加拿大科学院	1882
	加拿大工程院	2005
中国	中国科学院	1946
	中国工程院	1994

俄国科学院是彼得大帝（1672—1725）[30]在1724年建立的。美国科学院是林肯总统（1809—1865）[31]在1863年建立的，而美国工程院是1964年建立的。日本科学院是明治天皇（1852—1912）[32]在1879年建立的。

值得一提的是，与彼得大帝同一时期的中国皇帝是康熙（1654—1722，参见第二章）。他是个爱读书的人，对天文、地理、数学（主要是几何）都很感兴趣。他说："尔等惟知朕算术之精，却不知我学算之故。朕幼时，钦天监汉官与西洋人不睦，互相参劾，几至大辟。杨光先、汤若望于午门外九卿前当面睹测日影，奈九卿中无一知其法者。朕思己不能知，焉能断人之是非，因自愤而学焉。"可见，当时中国的知识分子中极少有人学习科学。康熙也知道欧洲各国的科学院，但却没有建立起中国的科学院。中国科学院建立于1946年，比法国、德国、英国晚了约300年。中国工程院建立于1994年。

3.4 格林汉姆擒纵机构

乔治·格林汉姆（George Graham，1673—1751）[33]生于英国坎伯兰郡（Cumberland）的一个平民家庭，父母早故。他很小就开始跟着汤皮恩[26]当学徒，后来还与汤皮恩的侄女结了婚。他与汤皮恩一直合作，直到汤皮恩终老。格林汉姆为机械钟表的发展作出了极大的贡献，除了著名的格林汉姆擒纵机构外，他还发明了水银补偿器、筒式擒纵机构（cylinder escapement）以及第一个计时码表（chronograph）[34]。他的水银补偿摆钟的误差每天只有几秒钟，是当时最为精准的计时装置。格林汉姆不但天赋高，工作勤奋，事业有成，而且胸怀广阔，为人诚恳，被尊称为"诚实的乔治（Honest George Graham）"（图3.22）。他没有为自己的发明申请专利，而是让同行的制表师共享，情操高尚，堪称表率。

格林汉姆精益求精，在原有的锚式擒纵机构基础之上发明了一种新的擒纵机构。这种擒纵机构称为无差拍擒纵机构（deadbeat escapement），又称为格林汉姆擒纵机构（Graham

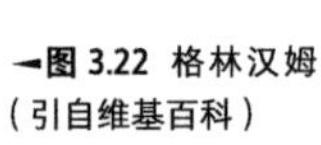

图3.22 格林汉姆（引自维基百科）

escapement)。这一设计源自英国科学家理查德·汤纳利(Richard Towneley, 1629—1707),当年汤皮恩与汤纳利一起制作格林尼治皇家天文台仪器时用的就是这个设计,格林汉姆把它进一步完善,并整理出一套设计方法。图3.23为格林汉姆擒纵机构的模型,它是从锚式擒纵机构进化而来的。与锚式擒纵机构一样,它由擒纵轮、擒纵叉和摆组成。擒纵轮由重坠通过齿轮系(与锚式擒纵机构一样)做顺时针向前运动,擒纵叉和摆在一起做摇摆运动。格林汉姆的改进包括:① 把擒纵叉和摆连在一起,并放在中心线上,这使得擒纵叉与擒纵轮在同一个平面上运动,因此十分稳定;② 将擒纵叉的端面形状与擒纵轮各齿的齿面形状相配合,使得擒纵叉不会把擒纵轮后推,减少了“后座”的问题,从而减少了能耗并提高了精度。

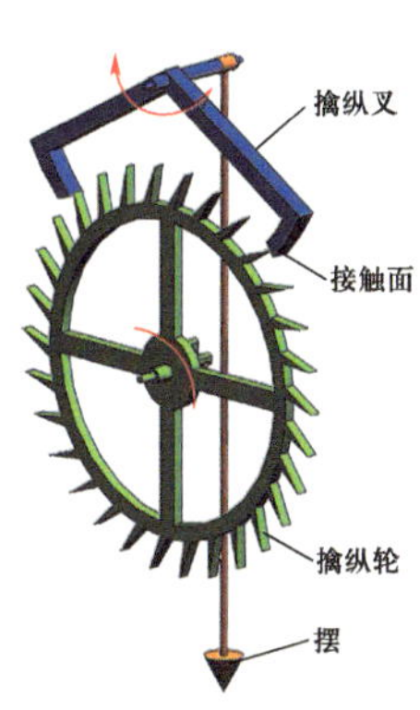

图 3.23 格林汉姆擒纵机构示意图

如表3.2所示,格林汉姆擒纵机构的一个工作周期分5步。注意,表中的小圆圈表示擒纵叉与擒纵轮的碰撞,箭头表示擒纵叉或擒纵轮的运动方向。本书附录中有格林汉姆擒纵机构的仿真动画二维码,读者可以参考。

这一设计简单、可靠、高效、准确,一次上弦可以行走

表 3.2 格林汉姆擒纵机构的工作周期

步骤	图示	说明
(1)		• 擒纵轮顺时针向前运动,擒纵轮上的一齿碰撞擒纵叉的前齿(entry pallet),为摆提供能量,这是周期中的第一个碰撞; • 擒纵叉与摆逆时针运动; • 擒纵轮继续向前运动。
(2)		• 摆达到最高点开始回摆,带动擒纵叉顺时针运动; • 擒纵轮继续向前运动。

续表

步骤	图示	说明
 (3)	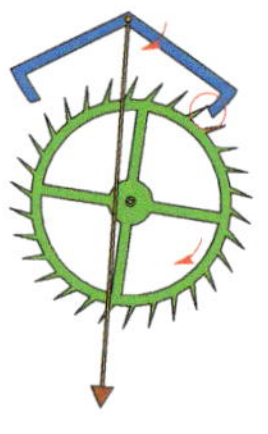	● 摆与擒纵叉继续顺时针运动； ● 擒纵叉的后齿（exit pallet）与擒纵轮的另一个齿碰撞，这是周期内的第二个碰撞，它使得擒纵轮停顿，这是格林汉姆擒纵机构的关键，擒纵叉必须恰到好处，不使擒纵轮后座，因此它属于无后座擒纵机构； ● 摆与擒纵叉继续顺时针运动，擒纵叉的后齿沿着擒纵轮的齿滑动。
 (4)	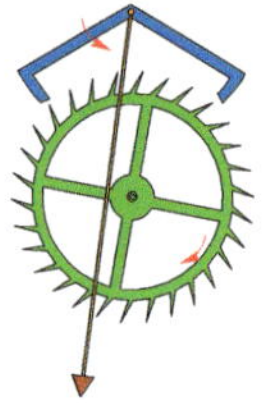	● 摆到达最高点，开始向反方向摆回，带动擒纵叉逆时针运动； ● 擒纵叉松开锁住的擒纵轮，擒纵轮重新开始先前的运动。
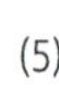 (5)	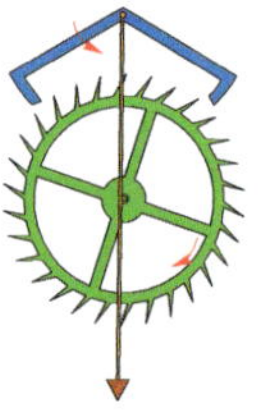	● 摆与擒纵叉继续逆时针运动； ● 一个运动周期完成，擒纵轮继续向前运动，到达另一周期开始的位置。

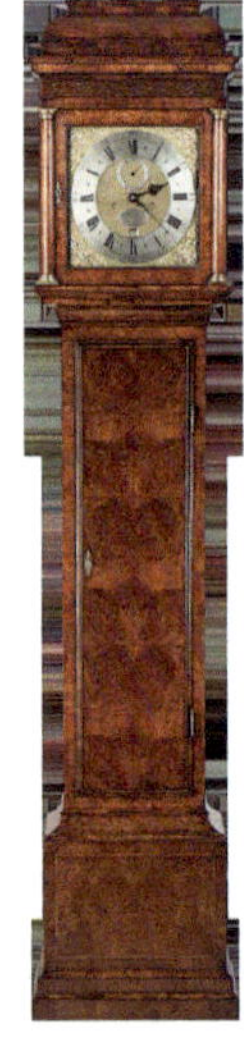

图 3.24 格林汉姆制作的立钟，至今还在正常运行（引自维基百科）

数天，每天误差不过10秒左右。格林汉姆做了许多类似的座钟，有些大钟在300年后的今天依然还走得很好（图3.24）。由于它们的可靠性好，这些落地大钟常被称为老爷钟（grandfather clock），是稳妥可信的象征。

在格林汉姆的时代，机械钟表迅速发展，百花齐放、百家争鸣。围绕锚式擒纵机构还有好几种类似的设计。图3.25a的设计叫作无后座擒纵机构，它是锚式擒纵机构中的一种，在1657年左右出现，比格林汉姆擒纵机构要早些。图3.25b的设计叫作针轮（pinwheel）擒纵机构，它是法国天文学家、制表师妮可–雷讷·勒波特（Nicole–Reine Lepaute，1723—1778）发明的，其设计思想是要减少钟摆的摆动角度。与格林汉姆擒纵机构一样，它用擒纵轮上的齿面推动擒纵叉的齿面，将能量从擒纵轮传递到擒纵叉，进而传递到摆。但是与格林汉姆对称的设计相比，它不对称的擒纵叉可能会使整个机构锁死。图3.25c的设计叫作波洛克（Brocot）擒纵机构，它是由法国制表师阿奇利·波洛克（Achille Brocot，1817—1878）发明的，完全校准的波洛克擒纵机构应该不会发生后座，但校准不易。图3.25d与e是两种格林汉姆擒纵机构的改进版，它们为后来的擒纵轮设计开辟了新的思路。

格林汉姆设计与制作钟表60余年，除了格林汉姆擒纵机构外，他还设计了一个用游丝控制计时的筒式擒纵机构（cylinder escapement）。这一设计源自上面讲到的棘板式擒纵机构，用一系列棘板来驱动转轴。图3.26是一个筒式擒纵机构的座钟，它的特点是只有擒纵轮与平衡轮，没有擒纵叉，平衡轮被水平放置，因此也称为“水平擒纵机构（horizontal escapement）”。图3.27是这个擒纵机构的模型。从图中可以看到擒纵轮有12个特别的楔形齿，由驱动机构（没有画出）驱动做顺时针运动。平衡轮（balance wheel，亦称摆轮）上有一个游丝，摆轴中间有一段半通的筒（所以也称为筒式擒纵机构），运行时楔形齿可以勾住轴筒。本书附录中有筒式擒纵机构的仿真动画二维码，读者可以参考。与棘板式擒纵机构（图3.6）相比，筒式擒纵机构的擒纵轮在摆轮运动一周时只向前走1/12圈，因此比较稳定。

不过筒式擒纵机构有两个问题：一是轴筒容易磨损、折断；二是楔

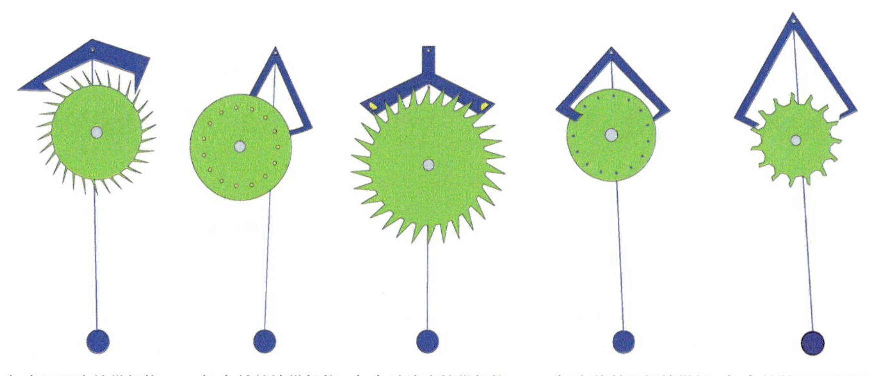

图 3.25 与格林汉姆擒纵机构类似的几种设计

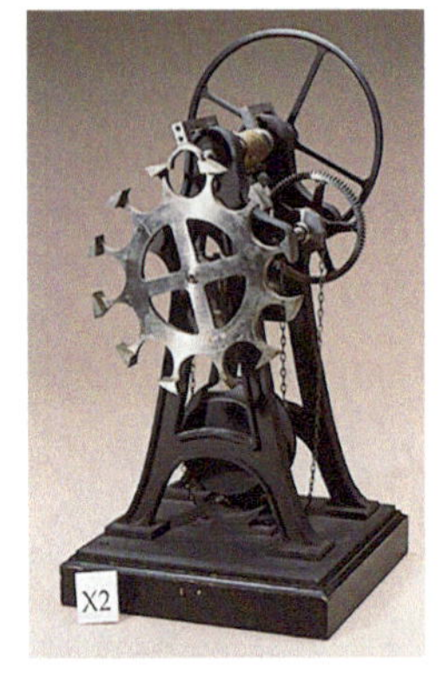

▲图 3.26 使用筒式擒纵机构的座钟（引自维基百科）

形齿的擒纵轮难以制作。后来英国制表师约翰·埃利科特（John Ellicott，1706—1772）对其作了一些改进。1764年左右，另外一位英国制表师约翰·阿诺德（John Arnold，1736—1799）[35]用红宝石来做轴筒。他们两人的故事本章后面还会讲到。图3.28是一块用筒式擒纵机构做成的腕表机芯。到了19世纪，更好的设计出现，筒式擒纵机构渐渐淡出。今天若在古董店淘宝，还可偶然发现这种古董腕表。

3.5 蚂蚱擒纵机构、航海钟与经度大奖

从17世纪中开始，英国的经济发展突飞猛进，渐渐成为世界第一强国。作为岛国，英国必须依赖航海。大海茫茫，无边无际，变幻莫测，在大海中难以确定位置。1492年当哥伦布（Christopher Columbus，1451—1506）[36]到达欧洲西南面的美洲时，他坚信自己是到了欧洲东南面的印度，把当地的原居民叫作印度人（印第安人）。航海定位之难从这个故事可见一斑。

航海还十分危险，1707年，一支英国海军舰队在回家的路上迷失了方向，一艘战舰触礁沉没，舰上约2 000名海军将士全部遇难（图3.29）。

我们知道，地球上的任意一个位置都可以由它的经度（longitude）与纬度（latitude）来确定。经纬度的概念早在古希腊时就提出了，希帕克斯（参见第一章）描述了如何用经纬度来确定地球上的位置，还描述了一个确定当地的经纬度的方法：找一个地点作为经纬度的参考点，用这个地点的时间作

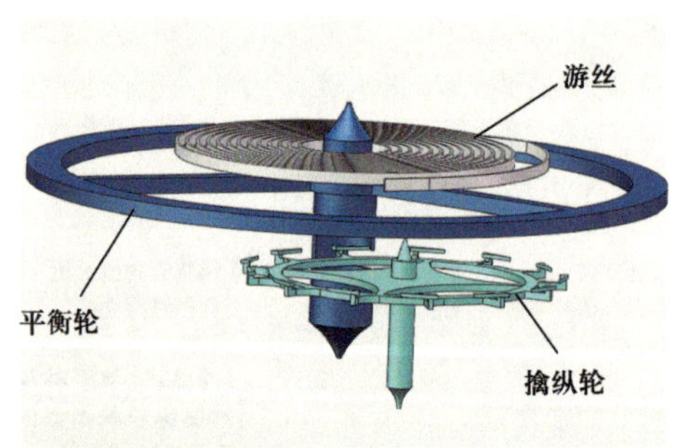

▲图 3.27 筒式擒纵机构的模型

▲图 3.28 筒式擒纵机构腕表机芯

为参考时间，再与当地时间作比较，根据两地的时间差就可以推算出当地的经纬度。1030年波斯科学家埃尔·比鲁尼（Al-Biruni，973—1048）提出了一个完整的经纬度划分方法。到了16世纪，人们（如第一章提到的墨卡托）已经可以画出相当准确的世界地图了（主要是北半球）。

第一章中讲到，1884年国际时间委员会制定了世界地理坐标系统，把经纬度标准化，但在此之前人们就在使用经纬度了。如图3.30所示，纬度从赤道开始，向南到南极，向北到北极，各有90°，每一纬度之间约为111千米，靠近南北极时略有减小（因为地球是扁圆形的）。经度从英国皇家格林尼治天文台开始，向东、向西各180°。在赤道附近，每一经度之间约111千米，但这个距离随着纬度的增加逐渐递减，到南北极时为零，不过同一纬度上经度间的距离相等。要测量纬度白天可以用太阳，晚上可以用星相。利用太阳测量纬度有个简单的近似方法：在春分或秋分的正午，阳光直射在地球表面，通过日影与地球表面的夹角

图3.29 1707年英国战舰皇家协会号（HMS Association，这里HMS是“His Majesty Ship”）在锡利岛（Scilly Isle）触礁沉没，船上约2 000名海军将士遇难（引自维基百科）

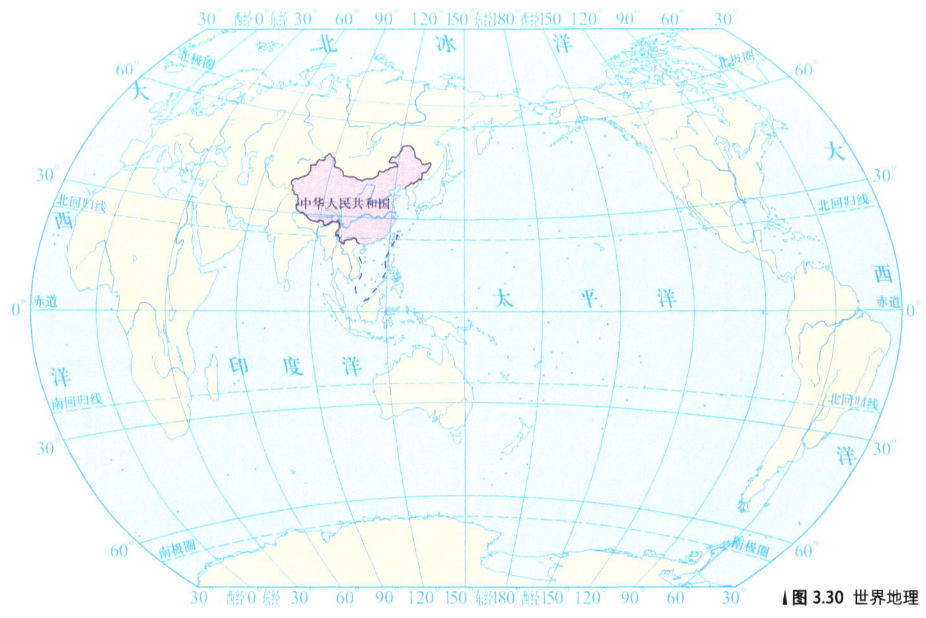

图3.30 世界地理

θ，就可以直接算出纬度 W。其公式为

$$W = 90^\circ - \theta \tag{3.7}$$

在其他的日子里，加入阳光的射入角就可以了。

在晚上测量纬度可以用北极星。在第一章中讲到，在北极北极星正好在头顶，即90°；在赤道，北极星在地平线上，即0°。从赤道向北，纬度增加一度，与北极星的夹角约增加一度。例如，北京的纬度约39.9°，因此从北京的地面看去，北极星与地面的夹角也约为39.9°。这一方法是古代航海家们所熟知的。

首先在全球范围内测量经纬度的是哈雷（Edmond Halley，1656—1742）[37]。哈雷出生于富商之家。他在牛津大学毕业后孤身去南非数年，制作了南半球地图与南半球星相图，因此一举成名。他晚年时还发现了哈雷彗星，使人们对太阳系有了更多的理解。他豪爽大方、富有激情，深受人们欢迎。哈雷从南非回到英国后结识了牛顿，结成管鲍之交。

我们在第一章中已经讲过牛顿[22]，牛顿的故事足够写几本书。他成名后还不断努力工作，牛顿力学、反射望远镜等重大发现与发明相继涌现，荣誉与地位也随之而来。他被任命为剑桥大学三一学院（Trinity College, Cambridge）的院长，因此本来对宗教不大感兴趣的他开始钻研《圣经》，花了10多年的时间试图证明上帝的存在。1699年牛顿（图3.31）被任命为皇家铸币厂的厂长，他本可以坐享丰厚的薪酬，却一如既往地认真和努力，追查假币制造者（因此牛顿是假币鉴定的世界第一人），改革币制，为大英帝国的金本制（即以黄金作为国家货币的基准）奠定了基础。1703年，他还被选为英国皇家学会会长。他勤奋工作，直到生命的最后一天。

图3.31 晚年的牛顿（引自维基百科）

牛顿建立了一套新的宇宙体系[38]。在这个体系中，物体运动，包括天体运行，可以由一系列力学方程来描述。牛顿认为时间是永恒不变的，基于时间可以预测世界的一切。而时间能够通过计数机械钟表的滴答声，一点儿一点儿地计量出来。我们看一些怀旧的电影，常看到复杂的大钟转

动不停，就是这个意思。

牛顿动手能力也很强。他和哈雷一起制作了一个六分仪（sextant）[39]，可以方便地测量太阳的高度。六分仪的前身是胡克[21]的单反镜水平测量仪。如图3.32所示，它通过调节一个可以自锁及微调的小手柄把太阳光投射到目镜的水平面上，并据此准确地读出太阳离地面的高度，由此推算纬度。

不过测量经度就要困难多了[40]。由于地球的自转，在同一纬度不同经度上看到的星相是一样的。数百年来，许多极具聪明才智的人提出了各种不同的测量方法[41]。1514年德国天文学家约翰尼斯·维尔纳（Johannes Werner，1468—1522）提出用月亮位置参照星相来定位，不过月亮的位置每天在变，而且月亮与星相的位置也随着纬度的变化而变化，太过复杂，无法实现。

也有人想用类似中国万里长城举烽火的方法，在不同的经度点上建立烟

（a）把六分仪对准地平线　（b）按手柄放出标尺

（c）移动镜头，把太阳定在地平线上　（d）松开手柄，调准太阳的位置

（e）调节镜头，确认位置　（f）读取数据

图3.32　六分仪的工作原理（引自维基百科）

火站，然后用不同的声音来加以区别，但这充其量只能在陆地上进行，海洋太大，难以实现。

1610年伽利略[14]提出用木星的卫星来确定纬度。木星是夜空中比较明亮的星体，亮度仅次于月亮和金星。木星在西方文明中十分重要，古希腊人称木星为宙斯（Zeus），古罗马人称其为朱庇特（Jupiter），是古希腊及古罗马神话故事中的主神，他用雷电来掌控诸神与世界。木星的卫星大都是用神话中宙斯的情妇或女儿的名字来命名，其中最有名的是欧罗巴（Europa，木卫二），她是腓尼基（Phoenician）的公主，住在今天的叙利亚。宙斯深爱她的美貌，但又怕妻子赫拉（Hera）妒忌，于是变成一头公牛来到她的身边。欧罗巴不知就里坐了上去（图3.33），宙斯驮着她飞渡地中海，来到欧洲，让她和她的子孙永远居住在此。因此，欧洲就称为欧罗巴。

目前发现的木星卫星一共有79颗，伽利略只发现了4颗大的（称为伽利略卫星），表3.3是这4颗卫星的特征及运行周期。木星是一个巨大的气体星球，这些卫星在围绕木星旋转时会出现食。由于这些卫星运动得很快，很难测量。伽利略花了大量的时间，还设计了一个特殊的观测头盔。不过测量实在太难，按他自己的说法，吸一口气就会影响测量的精度。他一直观测着这些卫星，直到双目失明。在4颗卫星中，欧罗巴是最小的一个，大小与月亮差不多。近年来，人们发现欧罗巴表面有厚厚的冰层，也许冰层下面会存在生命。

表 3.3 木星四大卫星的特征与运行周期

名称	中文名	直径 / 千米	重量 / 千克	轨道平均半径 / 千米	公转周期 / 天
Lo	木卫一	3 660	8.9×10^{22}	421 700	1.769
Europa	木卫二	3 121	4.8×10^{22}	671 034	3.551
Ganymede	木卫三	5 262	14.8×10^{22}	1 070 412	7.154
Callisto	木卫四	4 280	10.8×10^{22}	1 882 709	16.689

首先对经纬度进行系统测量的是法国的太阳王路易十四(Louis XIV，1638—1715)[42]。路易十四5岁登基，在位73年，是世界历史上在位时间最长的国王之一。他对内实行强权(他的名言是“朕就是国家”)，对外发动了多次战争。他建立了天文台，请来了惠更斯[16]及意大利科学家多美尼科·卡西尼(Giovanni Domenico Cassini，1625—1712，后改为法国名字Jean-Dominique Cassini)。卡西尼主持测量了大半个西欧。在测量时，卡西尼的一个同事奥勒·罗默(Ole Roemer，1644—1710)还发现了光速不是无限的，而是约为每秒30万千米。卡西尼的测量事业由他儿子、孙子和曾孙继承，他们四代人接力完成了法国地图的绘制，那是世界上第一张精确的国家地图。

图3.33 意大利画家雷尼(Guido Reni，1575—1642)的名画《欧罗巴》(引自维基百科)

1661年，测量经纬度的事情传到英国，国王查理二世(Charles II，1630—1685)请胡克[21]定夺，胡克又请年轻的天文学家约翰·弗拉姆斯蒂德(John Flamsteed，1646—1719)[43]负责此事。弗拉姆斯蒂德认为，根据星相来确定纬度的方法是可行的，但是必须要有准确的星相图。他建议查理二世建立一个天文台，准确地测量群星。查理二世爽快地答应了，他委托胡克建造格林尼治皇家天文台，并任命弗拉姆斯蒂德为天文台台长。弗拉姆斯蒂德仔细观察，用了40多年的时间一共记录了3 000多个星星的位置，这是当时世界上最完整的记录。不过他一直认为自己的记录不够完美，不愿意公开发表。

到了1714年，社会上对准确测量经度的呼声越来越高，英国国会通过决议建立经度大奖(Longitude Reward)[44]，国会还请牛顿写计划指南。当时名满天下的牛顿已经72岁了，鉴于其重要性，他对这个计划指南十分仔细和认真。他首先提到用机械钟表预测经度的可能性，用出发地的时间减去当地的时间可以估算经度，当时许多航海的船长都是这样做的，不过他指出当时的钟表制造技术无法保证精度。接着他讨论了用星相测量经度的可能性，他相信利用天文观测可以预测经度。为了配合这一计划，牛顿命令弗拉姆斯蒂德发表星相图，但固执的弗拉姆斯蒂德拒不执行。牛顿与哈雷设法偷出了弗拉姆斯蒂德的笔记并印了3 000本。弗拉姆斯蒂德购回2 000本并将其付之一炬，他宣称这是为了牛顿与哈雷好，因为不够准确的星相图将使他们蒙羞。

经度大奖最后由安妮女王（Queen Anne，1665—1714）在病床上签署生效（她不久就去世了），奖项规定：

- 一等奖：2 万英镑，授予测量经度误差不超过 1/2 度的方法（这在赤道附近相当于约 55 千米，在伦敦附近则只有 31 千米）（在北极是多少千米？[1]）；
- 二等奖：1.5 万英镑，授予测量经度误差不超过 2/3 度的方法；
- 三等奖：1 万英镑，授予测量经度误差不超过 1 度的方法。

当时的2万英镑大约相当于今天的500万美元。为了保证奖金评判的公平性，政府成立了一个专门的评判委员会，评委包括皇家学会代表（执行主席）、陆军第一司令、海军司令、上议院的发言人、皇家天文台台长以及牛津大学与剑桥大学的3位数学讲座教授。牛顿当时是剑桥大学的数学讲座教授、英国皇家学会会长，自然也在其中，这是世界上第一个科技研发管理委员会。由于任务艰巨，委员会还有权对有机会成功但尚未成功的技术给予小额资助。当然，陆军第一司令、海军司令、上议院的发言人从来不出席会议，评审工作实际上是由几位科学家主持。

这个大奖立刻成为荣誉与财富的象征，财富还是小事（当年牛顿就曾经在一次失败的投资中损失了2万英镑），但能拿到世界上第一个科技奖必能名垂青史［当时诺贝尔（Alfred Nobel，1833—1896）[45]还没有出生，更不要说诺贝尔奖了］。一时间社会上下趋之若骛，经度测量和永动机与能治百病的灵丹妙药一样成为热门话题。不过当时谁都没有想到这个科技计划会延续100多年，一共给出了10万英镑，直到1828年才落下帷幕。委员会收到的申请书不可胜数，其中有些是关于海水淡化，有些是如何制造永动机，有些是如何计算 π 值，但与经度测量没有一点关系。

1　在北极为零。

最先去申请这个大奖的是英国制表师萨克尔（Jeremy Thacker）。他的“Chronometer（意为非常准确的表）”是一个悬挂在陀螺仪架（即上下、左右、前后都可以旋转的架子）上并放在真空罩里的表，陀螺仪架可以减少海浪的影响，而真空罩可以减少压力与湿度变化的影响。他还设计了一个上弦的装置，可以使表在上弦时不需停顿（否则必然会带来误差）。不过这个“Chronometer”并不那么准确，而且受温度的影响较大，委员会很快就拒绝了他的申请。今天瑞士制表师们把Chronometer这个词“专利”了，一般机械表的误差约为每天10秒，而Chronometer的误差必须小于6秒。但是这个精度对于经度测量还远远不够。地球大圆的周长约为40 070千米，所以地球在赤道附近的自转时速为40 070/24 ≈ 1 670千米/小时，或0.463 9千米/秒。每天6秒钟的时间误差将导致2.783 4千米的经度误差。假定一次航行的时间为30天，经度误差将积累到约83.5千米。而当时乘船从伦敦到纽约需要60天，经度误差将达到约167千米。因此，要达到经度大奖的标准（经度测量误差不大于1/2度），计时的误差必须小于每天1秒。

最后得到经度大奖的是一位原来默默无名的英国制表师约翰·哈里森（John Harrison，1693—1776）[46]。哈里森出生于一个农民家庭，从来没有受过正式的教育。他原来是个木匠，后来偶然在朋友处借得一本剑桥大学的讲义，其中关于钟表设计与制作的内容让他深深着迷，他仔细研读并开始自己动手尝试制作钟表。18岁时他在家乡布鲁克斯比（Brockelsby）建造了一个大钟，大钟的大部分零件都是用木头做的，300多年后的今天这个大钟还在正常运行。他有几项发明，其中之一是无润滑的齿轮，他依据树木的年轮做成齿轮，这些年轮之间的蜂窝组织有效地减少了振动，因此减少了振动造成的磨损。另一个发明是使用两种不同的金属（铜和钢）来补偿温度变化的影响。他还发明了蚂蚱擒纵机构，这种机构的最大特点是解决了摩擦所造成的误差问题。图3.34是蚂蚱擒纵机构的示意图，它由驱动机构（重坠及齿轮系）、摆、一个双层的擒纵轮以及两个像蚂蚱腿的擒纵叉所组成。每个擒纵叉都带有一个平衡重锤，这使得擒纵叉可以自如地摆动。此外，擒纵叉上还有个小钢片，可以防止擒纵叉弹得过高。本书附录中有蚂蚱擒纵机构的仿真

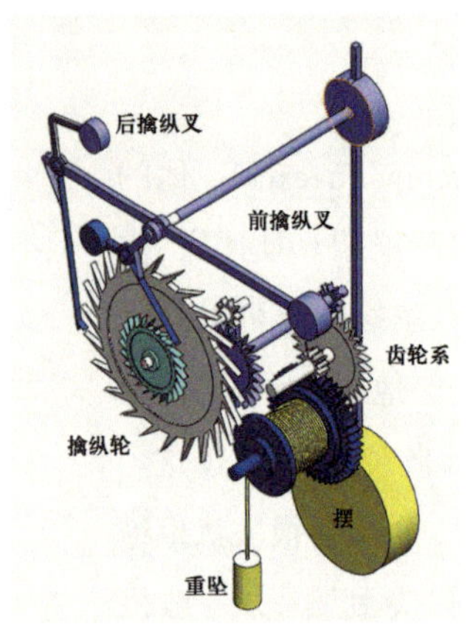

图 3.34 蚂蚱擒纵机构示意图

图 3.35 哈里森的航海钟 H1（引自维基百科）

动画二维码，读者可以参考。

蚂蚱擒纵机构有两个优点：一是，擒纵叉与擒纵轮之间没有滑动摩擦，前擒纵叉松开时后擒纵叉抓住，后擒纵叉松开时前擒纵叉抓住，两者交替，因此摆在一个周期内只受到两个脉动的影响；二是，擒纵叉像蚂蚱一样跳入跳出，因此与擒纵轮的摩擦很小。

1730年哈里森带着他的蚂蚱擒纵钟来到伦敦，在格林尼治皇家天文台找到了哈雷[37]。这时，经度大奖委员会已经成立26年，却从来没有开过会，一大堆送上来的申请报告都被委员会的那几个科学家扔进了档案馆。自从弗拉姆斯蒂德去世后，哈雷接任了皇家天文台的台长。哈雷热情地接待了哈里森，他表示自己是天文学家，对钟表不在行，建议哈里森去找格林汉姆[33]。哈里森有些犹豫，害怕格林汉姆会抄袭他的发明。几天后，哈里森去拜访格林汉姆，两人整整谈了一天。格林汉姆仔细分析了蚂蚱擒纵机构的缺点：一是擒纵轮的间歇运动是不可控制的，随着驱动机构出力的大小会有误差（这对所有的机械钟表都是一样的）；二是摆受到擒纵机构碰撞的影响，也会有误差，但最大的问题是摆会受到环境的影响，在波涛汹涌的大海上不可能保持稳定。最后“诚实的乔治”格林汉姆还借钱给哈里森，让感激莫名的哈里森回故乡再加一把劲儿。

5年后，哈里森带着他的航海钟Harrison 1（简称H1）再次来到伦敦（图3.35）。这个钟重达30多千克，拥有锃光瓦亮的船形构架和异样的弹簧，日、时、分、秒的指针像来自天外的神器（至今这个钟还在格林尼治皇家天文台准时地走着）。格林汉姆大为高兴，特意写了一封推荐信给经度大奖委员会。一年后，委员会让H1出海实测。战舰HMS Centurionzha载着H1从伦敦出发，到里斯本时用了7天的时间。回程看到陆地时船长认为已经到了达特茅斯（Dartmouth），但根据H1的测量，距离达特茅斯应该还有120千米，而实际结果确实如此。准确的测量使船长极为赞赏，写了一封信确认H1的精准性。

1737年哈里森站在经度大奖委员会的面前。以哈雷为首的8个委员（包括海军总司令、陆军总司令与议会发言人）大都认为哈里森已经达标，但是哈里森自己却不满足，他请委员会给他500英镑，让他把他的航海钟做得更加完善。委员会当然接受，哈里森又回到了自己的工作室。两年后他又做出了H2，上面刻着“Made for His Majesty George The IInd（为皇帝乔治二世所制）”，这时他47岁。接着，他销声匿迹了19年。

作为高科技的标杆，H1和H2名扬天下，格林汉姆曾把H1借来放在他的商店里让人参观。法国皇室的御用制表师朱利安·罗伊（Jullien Le Roy，1686—1759）[47]也特意为此来到伦敦，一见之下大为激赏。为什么不放在博物馆展览呢？因为当时世界上还没有几个博物馆，最早的公众博物馆是牛津大学的阿什莫尔（Ashmolean）博物馆[48]，建于1683年，大英博物馆（British Museum）[49]则建于1753年。

没有人知道为什么哈里森用了19年才做出H3，只知道他和他的儿子威廉·哈里森（William Harrison，1728—1815）夜以继日疯狂地工作。H3看上去与H1和H2大致相同，但是其中有许多重要发明，一直影响到今天。例如双金属簧片[50]，当时没有准确的测量装置，哈里森一定是用了大量的时间来做实验。这一简单可靠的装置如今仍然到处可见，包括家用温度计、空调及冰箱的自动开关等。另外，哈里森首先采用了滚动轴承（没有人知道他是怎么把小滚珠磨出来的）[51]和钻石轴承（也没有人知道他是怎样把钻石磨成轴承的）。在此期间，英国皇家学会要授予他院士的荣誉，他客气地建议授给他的儿子。他当然知道院士是不能转让的，但只要能获得世界第一个科技奖，院士头衔就不重要了。1765年他的儿子威廉·哈里森入选英国皇家学会院士，那是实至名归。在制作H3的时候，老哈里森结识了约翰·杰弗里（John Jefferys，1701—1754），杰弗里请他做了一块表。这块表虽是哈里森设计的，但上面只有杰弗里的签名。几年后的1759年，哈里森最后完成了H4。H4与前面的H1、H2和H3都不一样，但与杰弗里的表十分相似。它摒弃了蚂蚱擒纵机构，转而采用一种简单的叉瓦式擒纵机构（3.6节介绍）。哈里森非常满意，他认为这块表足以赢得经度大奖。1761年，几经延误之后，他的儿子威廉·哈里森陪伴着H4进行了航海实验，往返牙买加的航程历时82天，H4的误差只有2分钟，完全能够满足经度大奖的要求。今天，这4个钟表都陈列在格林尼治天文台博物馆，与其他3个相比，H4看上去只是一块普普通通的表，很不起眼，而且还不能工作（那些微小的零部件终于抵受不住时间的磨蚀）。

然而，哈里森的好运渐退。哈雷去世后，詹姆斯·布拉德利（James Bradley，1693—1762）接掌了格林尼治皇家天文台。他终于完成了弗拉姆斯蒂德[43]的星相图，因此利用星相图以及上述的六分仪也可以准确地测量经度。与材料和加工成本至少要500英镑的H系列相比，六分仪只需要20英镑，而当时在伦敦，500英镑已经可以买一座豪宅了。当然，使用星相图远不如使用钟表那么简便。

1757年，德国人托比亚斯·迈耶（Tobias Mayer，1723—1762）交来一张用月亮位置计算经度的表。迈耶是位地图制作人，对地理十分熟悉。另外，他有一位朋友——伟大的数学家欧拉（Leonhard Euler，1707—1783）[52]。欧拉天资过人，虽然中年时就视力减退，晚年更是双目失明，但他心境清明，妙思如泉，对数学（包括微积分、数论、图学、逻辑等）、物理学（包括流体力学与光学）、机械工程、天文学与音乐等都有巨大贡献。今天数学中常用的自然数“e”就来自他的名字。e来自无穷级数，即

$$\mathrm{e}=\sum_{n}^{\infty}\frac{1}{n!}=\frac{1}{0!}+\frac{1}{1!}+\frac{1}{2!}+\frac{1}{3!}+\cdots \tag{3.8}$$

欧拉把它用得出神入化，并引入复数方程

$$\mathrm{e}^{\mathrm{i}\varphi}=\cos\varphi+\mathrm{i}\sin\varphi \tag{3.9}$$

作为一个特例，当$\varphi=\pi$时就是欧拉等式，即

$$\mathrm{e}^{\mathrm{i}\pi}+1=0 \tag{3.10}$$

这个等式包含一个加法、一个乘法及一个指数，被称为世界上最美妙的数学方程。另外，用“π”来表示圆周率也是他提出的。

欧拉帮助迈耶准确地计算了不同地区、不同时间的月亮位置。布拉德利

亲自校验，确认误差不大于1.5弧分，换算成经度约为1/2度（这是经度大奖的要求）。虽然这个表用起来还是很不方便，但已经成了哈里森航海钟的有力竞争对手。布拉德利对钟表不在行，也不感兴趣，因此自然有所偏袒，最后哈里森只得到1500英镑的奖金和一肚子气。不久，布拉德利去世，接任的第四任皇家天文台台长纳撒尼尔·布利斯（Nathaniel Bliss，1700—1764）也只任职两年就去世了。第五任的皇家天文台台长馁维·马斯基林（Nevil Maskelyne，1732—1811）[53]比哈里森小40岁。与自学成才的哈里森不同，他是剑桥高才生，年轻时就是布拉德利亲自选定的助手。1760年他曾经像哈雷一样远赴非洲测量南半球的星相，回来后补足了南半球的月亮位置表，因此一举成名。1763年，他负责测试哈里森的航海钟H4、月亮位置表以及一个用观测木星卫星位置来测量经度的装置。他与威廉·哈里森一起远航南美洲的巴巴多斯（Barbados），最后证明H4的测量结果最准，月亮位置表也能达标。但是马斯基林认为测量有误差。几经争吵，最后经度大奖委员会要求哈里森把技术公开，并派了一个工作小组（马斯基林也在其中）去接收，马斯基林还发表了哈里森航海钟的资料。虽然哈里森很不高兴，但这样做却是对的，因为经度大奖的目的就是要让国家与公众受益于新的科学和技术。最后，哈里森得到了1万英镑的奖金，并得到许诺：当H4能够量产时，可以得到余下的奖金。委员会还决定奖励月亮位置表，由于迈耶已经病逝，经度大奖委员会就把3 000英镑奖金交给了迈耶的遗孀，并把另外300英镑奖金给了欧拉。

马斯基林当上天文台台长后经过几十年的努力完善了月亮位置表（使计算时间大幅减少到30分钟），这使得英国舰队与商船都得益不少。按照协议，哈里森要协助拉坎·肯德尔（Larcum Kendall，1719—1790）[54]做一个H4拷贝。肯德尔是杰弗里的学徒，也是那个接收工作小组的成员之一，这块H4拷贝表做得很好，上面有杰弗里的签名，因此叫作K1。著名的库克船长（James Cook，1728—1779）[55]带着K1远航全世界，他盛赞哈里森航海表（实际上是K1）的精准。库克曾经3次远航南太平洋（图3.36），发现了新西兰、澳大利亚、南太平洋诸岛，最后在夏威夷被当地的土著居民杀死。他的远航对世界发展有着重要的影响。

哈里森还做了一个H5，看上去更加简朴。H5后来到了国王乔治三世（King George Ⅲ，1738—1820）手中。这时哈里森已经80岁了，他请人画了一张像（图3.37），他身旁放着的是H3，手中拿着的是杰弗里表（因为H4更加小些），看上去相当满足。虽然没有拿到全部的奖金，但是他的航海钟已经名满天下，还有儿子可以接班。1772年，幸运之神再次眷顾，他的儿子威廉·哈里森写信给国王乔治三世投诉。国王十分同情，并亲自在他新建的私人天文台做实验，证明H5确实精准。不久在国王的推动下，国会（而不是经度大奖委员会）决议奖给哈里森8 750英镑，这使得哈里森总共得到的奖金超过了2万英镑，摘下了经度大奖的桂冠。

哈里森的航海精密表（Marine Chronometer）带动了整个英国与欧洲大陆的制表业，后起之秀不断涌现。在英国有约翰·埃利卡特（John Ellicott，1706—1772）、约翰·阿诺德[35]、拉坎·肯德尔[54]、托马斯·麦基（Thomas Mudge，1715—1794）[56]、威廉·哈里森和托马斯·恩肖（Thomas Earnshaw，1749—1829）等人。在欧洲大陆有法国人朱利安·罗伊[47]与皮埃尔·罗伊

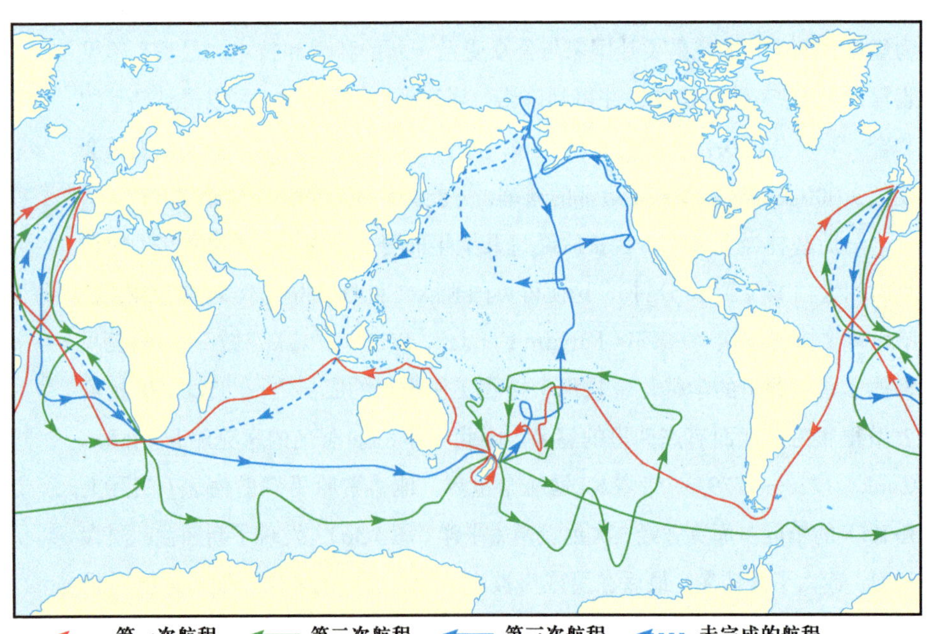

图3.36 库克船长的3次远航航线，其中，红线为第一次，绿线为第二次（带着K1），蓝线为第三次（虚线为未完成的航程）（引自维基百科）

(Pierre Le Roy, 1717—1785)[47]父子俩，瑞士人费尔南迪·博斯奥(Ferdinand Berthoud, 1727—1807) 和阿伯拉罕·宝玑(Abraham Louis Breguet, 1747—1823)[57]等人。他们的努力使钟表的精度不断推高，造价不断降低。

图 3.37 哈里森晚年画像，他身边放着H3，手中拿着杰弗里表。画像现存于伦敦科学博物馆（引自维基百科）

阿诺德是一位极有成就的制表师，他最著名的发明是带“S”形尾巴的游丝。他首先提出了陀飞轮(tourbillon) 的理念。1792年他与宝玑相识，两人一见如故，惺惺相惜。阿诺德让自己的儿子跟随宝玑学艺，宝玑则把做出来的第一块陀飞轮表归功于阿诺德。宝玑的故事将在3.7节介绍。

还有肯德尔[54]，前文讲到他做的K1与H4一模一样，但他的K2则作了大量简化，每只造价需要200英镑。他的K3最有名，曾经远航全世界，除了南极洲，哪里都去过。经度大奖委员会也给了他不少的奖励。

麦基[56]是乔治·格林汉姆[33]的高徒，也是哈里森航海表接收小组的成员之一。他发明了一种新的擒纵机构，叫作英国叉瓦式擒纵机构(English lever escapement)(3.6节将详细介绍)。他用这种擒纵机构做了3块表，其中一块表被马斯基林[53]拿去测试时搞坏了，他的儿子是个律师，将马斯基林告到法庭。

恩肖与阿诺德都想要批量生产精准的航海表，并互相竞争。阿诺德娶了个富太太，还有儿子在宝玑那里学成归来可以独当一面，生意不错，产品高调，每个表卖80英镑。恩肖娶了个穷太太，而且子女甚多，背了一身债务，把表卖得便宜些，只要65英镑，但销量也多些。两人互告抄袭，各不相让(乔治·格林汉姆的风范难以复制)。1799年经度大奖委员会给两人每人奖金3 000英镑。当时阿诺德已故，他的儿子罗杰·阿诺德(John Roger Arnold) 领回了奖金。这时，经度测量问题已基本解决，到了1828年，经度大奖委员会宣告解散。

英国在进步，欧洲大陆也在前进。博斯奥曾经找到哈里森，出价500英镑要求学习3天，哈里森没有同意。他转而师从麦基，把H4和英式擒纵机构的设计思想带回了法国。当时还没有谁想到要进行技术封锁，而现在几乎每个国家和公司都在想方设法保护自己的技术。

朱利安·罗伊堪称神童，他13岁时就做出了第一块表。他的发明包括报时装置及镂空表，他还是法王路易十五的御用制表师，今天在卢浮宫还能看到他的作品。他不但技术精湛而且管理有方，当时一般的制表师的作坊每年只能做100块表，而他建立的工厂每年能做3 500块表。他的儿子皮埃尔·罗伊[47]继承父业，有3项重要革新：弹簧棘板擒纵机构、温差补偿平衡轮和同步游丝。

图 3.38 2008 年霍金为剑桥大学的基督圣体钟揭幕

作为皇家天文台台长，马斯基林对经度测量的贡献是巨大的。在担任台长的40多年中，他勘定了每天太阳与月亮在不同经度与纬度上的位置，而且简化了计算方法，使计算经纬度的时间大幅减少到30分钟。他每年发表一本航海历书，英国舰队与商船从中得益不少，甚至全世界的航海人都依赖它。不过，他是经度大奖委员会的主席，自己倒没有拿到任何奖金。马斯基林还努力推动世界时间标准化，他把经过其工作与居住的地方——英国皇家格林尼治天文台的经线定为本初子午线(prime meridian，参见第一章)。今天全世界都在使用格林尼治时间。

2008年，为了纪念哈里森的航海钟，剑桥大学基督圣体学院建造一个大型的基督圣体钟(Corpus Clock)[58]。这个钟用了哈里森发明的蚂蚱式擒纵机构，钟上面还做了一个大蚂蚱，一口一口地把时间“吃掉”，钟的下面刻着《圣经》中的名句：“世界随时间过去，但欲望依然存在(The world passeth away, and the lust thereof)。”当代著名物理学家斯蒂芬·霍金(Stephen Hawking，1942—2018)[59]为它揭幕(图3.38)。霍金的名著《时间简史》[60]是当今最有影响的科普著作之一。

2014年，英国再次推出经度大奖计划(Longitude Price 2014)[61]。这个计划斥资1 000万英镑，资金主要来自国家的彩票收入及BBC广播电台，还是由英国格林尼治皇家天文台的台长主持。计划首先提出了6个“世纪挑战”，包括飞行(零排放的飞机)、食品(全球食品保障)、抗生素(安全有效的药物)、瘫痪(瘫痪病人生活自理)、水(清洁水源)以及老年痴呆(人工智能及恢复),然后在全国范围征集投票,最后评出以抗生素为主要研究方向。

现在全球都在搞科技基金和科技奖,例如,2017年中国国家自然科学基金每年已达100亿人民币(约合10亿英镑);美国国家自然科学基金每年为77亿美元(约合50亿英镑)。英国这个新的经度“大奖”实际上只是个小奖,再也不可能像过去的那个经度大奖一样有影响力了。

3.6　英国叉瓦式擒纵机构与弹簧棘爪擒纵机构

在开发航海钟的100多年中,新的设计不断涌现,其中又以英国叉瓦式擒纵机构与弹簧棘爪擒纵机构最为重要。

上节已经介绍,英国叉瓦式擒纵机构是由麦基[56]发明的。如图3.39所示,它由4个部件组成:擒纵轮(上有一个半圆形的宝石碰针)、锚式擒纵叉(上有切入、切出两个宝石)、摆轮和游丝。摆轮与擒纵叉及擒纵轮形成了一个稳定的三角形(如图中的红色虚线所示),擒纵叉的运动由两个限位销限制着。这个机构的运动分两层:一层是擒纵轮驱动擒纵叉,另一层是擒纵叉与摆轮互相挑动。这个擒纵机构把蚂蚱式擒纵机构中的两个擒纵叉简化成一个简单的锚式擒纵叉,擒纵叉上只装两个宝石,加工十分容易。此外,它还把蚂蚱式擒纵机构中的双层擒纵轮改为一层,这使得擒纵轮、擒纵叉和摆轮的运动都分布在同一个平面上。摆轮的中心、擒纵叉的中心、擒纵轮的中心构成一个直角三角形(如图中的红线所示),使得擒纵机构的运行更加稳定。英国叉瓦式擒纵机构的缺点是后座的影响较大。本书附录中有英国叉瓦式擒纵机构的仿真动画二维码,读者可以参考。用这种擒

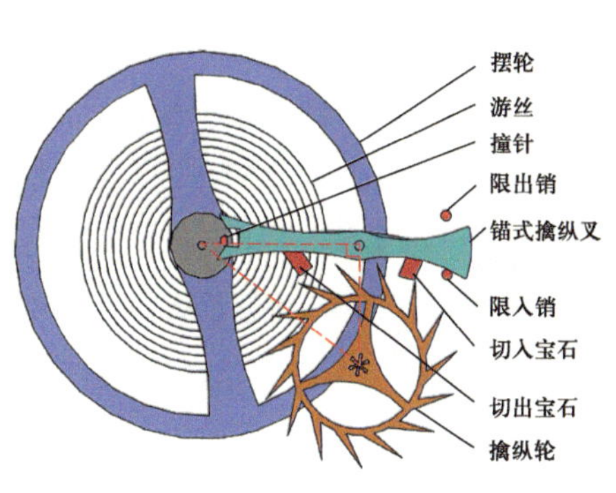

图 3.39　英国叉瓦式擒纵机构示意图

图 3.40 一块用英国叉瓦式擒纵机构制作的古董表（引自维基百科）

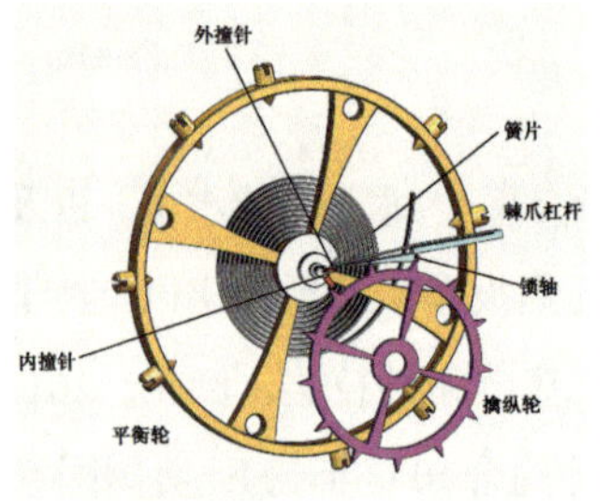

图 3.41 弹簧棘爪擒纵机构的示意图

纵机构制作的表在古董店里偶然还能找到（图3.40）。

弹簧棘爪擒纵机构是法国制表师皮埃尔·罗伊[47]发明的。图3.41是弹簧棘爪擒纵机构（spring detent escapement）的示意图，它由擒纵轮、安装有内外两个撞针及游丝的平衡轮以及具有簧片的擒纵叉组成。它与英国叉瓦式擒纵机构最大的不同是其擒纵叉，由于使用了一个压紧簧片，擒纵叉的运动幅度很小。本书附录中有弹簧棘爪擒纵机构的仿真动画二维码，读者可以参考。图3.42是一块用弹簧棘爪机构制作的古董表机芯。

图 3.42 用弹簧棘爪擒纵机构制作的古董表机芯（引自维基百科）

3.7 宝玑擒纵机构与法国大革命

与英国一样，法国也有一大批伟人，例如笛卡儿（René Descartes，1596—1650）[62]、帕斯卡（Blaise Pascal，1623—1662）[63]等，他们是现代科学的奠基人。稍后又有伏尔泰（Voltaire，原名François-Marie Arouet，1694—1778）[64]。伏尔泰比牛顿晚半个多世纪，他精通哲学、文学、艺术、历史、物理学、数学等多门学科，是百科全书派的创始人（图3.43）。伏尔泰著作等身，写了200多部书以及两万多篇短文书信。他有一句名言："我可以不同意你的意见，但我会用我的生命来捍卫你表达自己意见的自由（I disapprove of what you say, but I will defend to the death your right to say it）。"直到今天，我们都钦佩他的胆气与见识。

图 3.43 伏泰尔在巴黎的法国先贤祠（Panthéon）之墓

法国的钟表制作技术也与英国不相伯仲。法国著名的制表师有前文提到的罗伊父子[47]、博斯奥，等等，但最为著名的是宝玑[57]（图3.44）。宝玑是瑞士人，他出生于瑞士小镇纽夏特（Neuchâtel），父亲早逝，继父是个制表师，他跟随继父移居巴黎，学习制表技术，很快就青出于蓝而胜于蓝。1775年，他与新婚的太太一起在巴黎创立了宝玑公司，直到今天这个公司还是世界上顶尖的制表公司之一。

宝玑年轻时就名满天下，他的顾客包括整个欧洲的王公贵族。其中为法国王后玛丽·安托瓦内特（Marie Antoinette，1755—1793）[65]制表的故事最为著名。

宝玑生逢法国大革命[66]时期，他与法国大革命的领袖让保罗·马拉（Jean-Paul Marat，1743—1793）[67]是同乡好友。马拉出生于一个中产阶级家庭，从小受过很好的教育，学习过医学和科学，与牛顿[22]、伏尔泰[64]和富兰克林（Benjamin Franklin，1706—1790）[68]都相识。马拉曾经把牛顿的《光学》翻译成法文，在科学上颇有造诣。后来他投身政治，创办了著名的报纸《人民之友》，是法国大革命中的倡始者。大革命前，马拉被政府通缉，有一次宝玑去马拉家，正逢马拉被围困，他把马拉化装成一个老妇人，两人牵着手有惊无险地逃脱了。大革命后，马拉成为主要领导人之一。1793年，大革命越演越烈，宝玑的名字上了砍头榜，马拉安排宝玑星夜逃回瑞士，避过一劫。早年马拉为了逃避追杀曾经长年生活在巴黎的下水道中，因此患上了一种怪异的皮肤病，每天需要泡在水里，他就在浴缸里写作。有人利用这个机会把他刺死在浴缸中（图3.45）。他的墓碑上写着："统一、共和、自由、平等、博爱或者死"。

▲图 3.44 宝玑（引自维基百科）

马拉死后，罗伯斯庇尔（Maximilien Robespierre，1758—1794）[69]掌权。他把王后玛丽·安托瓦内特送上了断头机。玛丽·安托瓦内特死得实在有些冤枉，她是奥地利神圣罗马帝国的公主，从小娇生惯养，对权力斗争并不感兴

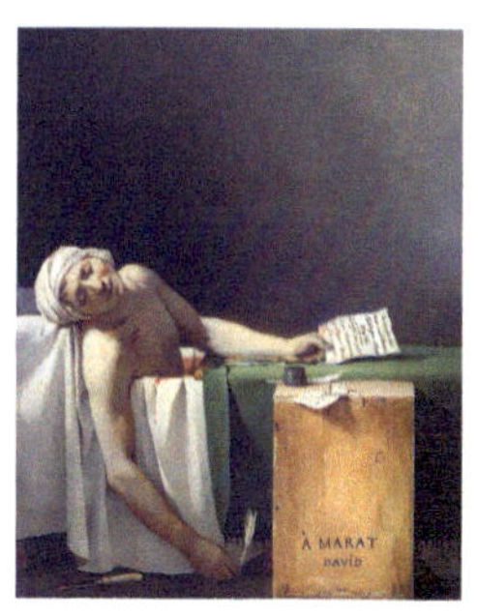

▲图 3.45 法国著名画家大卫（Jacques-Louis David，1748—1825）的名画《马拉之死》（引自维基百科）

图 3.46 玛丽·安托瓦内特死在断头机上，时年 39 岁（引自维基百科）

图 3.47 间接地激发了法国大革命的钻石项链（引自维基百科）

趣，只想享受她那奢侈豪华的时尚生活。她嫁给法王路易十六（Louis XVI，1754—1793）之后，夫妻感情不错。玛丽·安托瓦内特漂亮、高雅、大方，是当时那些骑士们的崇拜偶像。为她制表的订单来自她身边的侍卫们，这些侍卫可不是什么护卫保镖，而是皇亲国戚、权要贵胄，领头的是汉斯·弗森（Hans Axel von Fersen，1755—1810）。弗森是瑞典人，他的血管里流着北欧维京人（Vikings）桀骜不驯、敢于破浪远航的血。他在军校毕业后来到法国，当时适逢美国的独立战争，富兰克林[68]到巴黎游说英国的宿敌法国帮助美国。路易十六于是派出海军去拦截英国的运兵与给养船只，弗森自告奋勇前往。他作为法国海军副帅身先士卒，打败了英国海军，为美国的独立建国立下大功。他凯旋后要为偶像玛丽·安托瓦内特献上一份厚礼。他向宝玑下了制表的订单，说明要不计成本，不计时间，只要做出最好的表。没想到表还没有做出来，玛丽·安托瓦内特却死在了断头机上（图3.46）。

玛丽·安托瓦内特不会法语（当时欧洲上流社会通行拉丁语），跟法国的现实生活完全脱节。有人做了一串价值连城的项链想要卖给她（图3.47），她公开表示要把钱用在保卫国家的士兵身上。但是一班追名逐利的人使劲儿怂恿她，在那耀眼的钻石光芒下，她又犹豫起来。她有一个闺友是巴黎圣母院主教的情妇，这人贪得无厌，与主教串通密谋挪用教会的钱来买这串项链，以换取法国大主教的荣衔，结果阴谋败露，搞得满城风雨。玛丽·安托瓦内特虽然再次宣布不要这串项链，但还是民望大跌，间接地激发了法国大革命的爆发。大革命开始时，她与丈夫一起被革命政府从凡尔赛宫赶了出来。他们策划了一个逃亡计划，逃到边境时被当地人发现并抓了回来，最后两人都被送上了断头机。

当时革命政府的领袖是罗伯斯庇尔。罗伯斯庇尔[69]出生于一个中产阶级家庭，他父亲好不容易把他送进了贵族学校。他学习努力，是个好学生。有一次，学校邀请玛丽·安托瓦内特来参观视察，罗伯斯庇尔被安排代表学生宣读赞颂诗。不巧那一天下大雨，玛丽·安托瓦内特坐在镶金的马车里露露脸就走了。罗伯斯庇尔冒雨跪在操场中间，其心情可想而知。这次他大权在握，自然没有怜悯之心。今天，我们在巴黎的巴士底狱（Bastille）还可以看见当年囚禁玛丽·安托瓦内特的牢房。过了一年，罗伯斯庇尔自己也被送上了断头机。

据记载，在法国大革命中，断头机一共砍了680个人头，其中大部分是王公贵族、政府权贵，也有无辜的科学家，如发现了氢和氧的拉瓦锡（Antoine Lavoisier，1743—1794）。

法国大革命平息后，宝玑又回到了巴黎，他首先为拿破仑（图3.48）制表。拿破仑（Napoleon，1769—1821）[70]在法国大革命时期是国民自卫队的一个炮兵队长，他先是对外抵御英军侵略有功，接着对内镇压了巴黎民众的暴动，凭军功一步一步走到了权力的巅峰，并为自己加冕为法国皇帝。他有一句名言："我与我的对手们最大的不同是知道五分钟的重要。"他要求他的将军们去找宝玑制表。

图 3.48 拿破仑跨过阿尔卑斯山（引自维基百科）

宝玑是当时最优秀的制表师，他的发明一个接着一个，包括著名宝玑擒纵机构、自动上弦机构、避震器和陀飞轮。他是法国科学院与英国皇家学会的双料院士。他有一句关于机械钟表的名言："给我一个完美的润滑，我就给你一块完美的表。"摩擦是机械运动中不可避免的问题，有运动必然有摩擦，摩擦的影响是非线性的，既不能消除也很难控制。数百年来钟表的润滑一直用一种特别的鲸鱼油。近年来材料科学不断进步，开发出了许多摩擦系数可控的材料，这一问题才逐步得到解决。

拿破仑失败后，宝玑继续为名人们做表，其中包括英王乔治四世（George Ⅳ of the United Kingdom，1762—1830）、俄国沙皇亚历山大一世

图 3.49 宝玑的玛丽·安托瓦内特（引自维基百科）

图 3.50 宝玑的双轮擒纵机构

（Alexander Ⅰ of Russia，1777—1825）以及在滑铁卢打败拿破仑的威灵顿公爵（Arthur Wellesley, Duke of Wellington，1769—1852）。但他最珍视的还是当年要为玛丽·安托瓦内特所做的表，宝玑把这块表作为一个追求，一做就是20年。这块表的功能包括闹表（在设定的时间自鸣报时）、问表（随时按键报时）、万年历（其实只是考虑了四年一闰，没有考虑世纪年的影响）、温度计、秒表（计时）、储存能量显示、避震及独立秒针。这样的机械表对于今天的制表技术也还是一个挑战。宝玑把这块表叫作玛丽·安托瓦内特，它是世界上最贵的表（图3.49），在今天的价值约3 000万欧元。后来宝玑公司又复制了一块，价值数百万欧元。

图3.50所示的是宝玑设计的一个独特的双轮擒纵机构，它分为两层：第一层由擒纵叉与左右两个擒纵轮组成；第二层是两个擒纵轮带动的两个齿轮以及带有滚轮的摆轮。滚轮上有一个宝石撞针及左右两个宝石棘爪。注意：摆轮上的游丝与驱动擒纵轮的齿轮系都没有在图上显示出来。本书附录中有双轮擒纵机构（宝玑擒纵机构）的仿真动画二维码，读者可以参考。宝玑擒纵机构一如其人，对称、清晰、流畅、稳定。不过，双擒纵轮难以制作，价格很高，因此用得不多。

其实宝玑最有影响的发明不是宝玑擒纵机构，也不是玛丽·安托瓦内特表，而是避震器[71]。表带在身上，碰撞在所难免。宝玑做了一个弹簧避震器，用来保护摆轮的主轴。经过200多年的发展，今天各种各样的避震器随处可见，包括每一辆汽车都在用它。关于避震器的设计，我们在本章后面还会介绍。

3.8 双三角擒纵机构、大本钟与工业革命

19世纪30年代，英国率先进入了工业革命时期。工业革命的引擎是蒸汽机。像钟表一样，蒸汽机的发明也不是一蹴而就的，它源自英国钢铁工业的需求。英国的钢铁工业起始于16世纪初的英王亨利八世（Henry Ⅷ，1491—1547）[72]时期。亨利八世为了扩军备战，用尽了国库的储蓄。军备需要金属，当时用的主要是铜。英国的自然资源不多，铜料需要进口，有人向他推荐钢铁，因此他大力推动英国的钢铁生产。英国是个岛国，气候湿冷，地下水很多，开采铁和煤都必须排水。到了18世纪，英国的钢铁工业已经很有规模了，用人力和畜力排水采矿成了钢铁业发展的瓶颈，蒸汽机也就应运而生。

图 3.51 詹姆斯·瓦特（引自维基百科）

最早的蒸汽机也许是丹尼斯·帕潘（Denis Papin，1647—1712）发明的，它只是一个烧水的锅炉加上两个罐子，利用蒸汽压力来抽水。接着托马斯·萨弗里（Thomas Savery，1650—1715）作了一些改进。后来托马斯·纽科门（Thomas Newcomen，1664—1729）发明了把热能转换成机械能的蒸汽机，虽然效率很低，但也吸引了一些用户。詹姆斯·瓦特（James Watt，1736—1819）[73]并不是发明了蒸汽机，而是改善了蒸汽机。

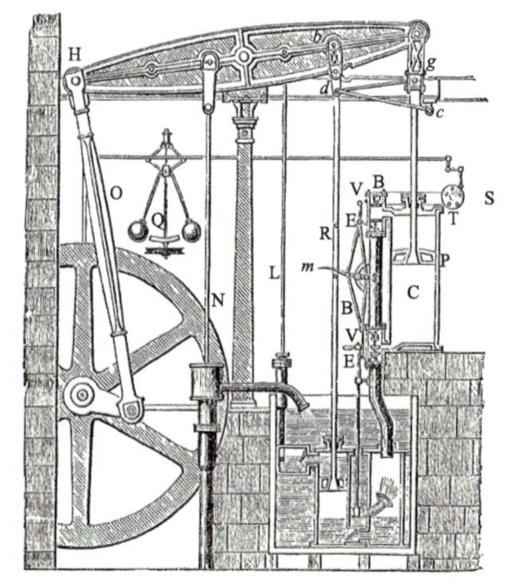

图 3.52 瓦特的蒸汽机示意图（引自维基百科）

瓦特出生于苏格兰，他的父亲是个修船厂的厂主，也是个技师，他的母亲出生于贵族家庭，受过很好的教育。瓦特原打算继承父业，但父亲早逝，自己的年资不够，因此就去伦敦学习了几年。他回到苏格兰后在格拉斯哥大学（Glasgow University）开了一个修理店，修理

学校的各种科学仪器与设备。

瓦特在格拉斯哥大学工作了数年（图3.51），正巧有一台纽科门蒸汽机需要修理。他潜心钻研，发明了一个提高蒸汽机效率的新设计[74]（图3.52），这就是瓦特的蒸汽机。这一设计的关键是把蒸汽机缸体与冷凝器分开，从而使得蒸汽机的效率得以大幅提高，还能做快速的往返运动。为了把蒸汽机推向市场，瓦特移居伯明翰，与一位商人合作把这一技术商业化。他们提出了一个利润分成的方法：降低售价，提成是蒸汽机给用户带来的利润的一部分。这个方法一方面使蒸汽机得以快速推广，另一方面还可以在数年内收回成本并持续赚钱。先进的蒸汽机技术结合创新的商业模式，使得他们的生意非常成功。后来他们公司还发明了把蒸汽压力转换为旋转运动以及自动控制旋转速度的技术，一时间名震全世界。蒸汽机不但改变了钢铁工业，而且催生了纺织机械、火车、轮船、金属切削机床和汽车等，这就是第一次工业革命，世界因此为之一变。

在蒸汽机技术的推动下，英国很快成为世界最强盛的帝国。1843年，英国的下议院火灾后，议院决定要修建一座配得上大英帝国威严的议会大厦。议会大厦最高的建筑物是一个钟楼，负责建造大钟的是埃蒙特·丹尼森爵士（Sir Edmund Beckett Denison，1816—1905）。丹尼森是一位律师，同时也是建筑师和钟表师。为了制造这个大钟，他特别设计了一个双三角擒纵机构（double-triangle escapement），这一设计源自古老的重力擒纵机构[75]。当时，重力擒纵机构已有好几种不同的设计，如麦基[56]的设计、布劳森（J. M. Bloxham，生活于19世纪中叶）的设计以及三角形设计（图3.53a、b、c）。丹尼森把三角形重力擒纵机构改为双三角擒纵机构，像锚式擒纵机构一样，这个擒纵机构由重坠驱动。如图3.54所示，它有左

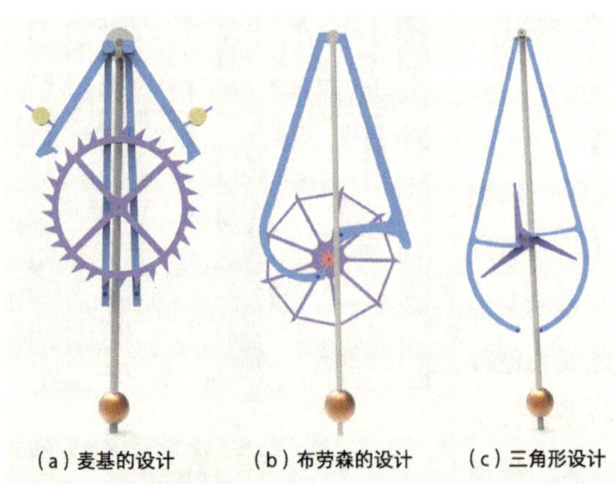

图3.53 3种重力擒纵机构示意图

右两个擒纵叉，左擒纵叉上有个前锁块，右擒纵叉上有个后锁块。擒纵轮由前后两组同轴的三角形齿轮组成，这两组齿轮相差60°。运动的周期由摆来控制。这一设计的特点是简单、稳定，两个三角形既互相独立又互相耦合，运动高度对称，很少出错。本书附录中有双三角擒纵机构的仿真动画二维码，读者可以参考。

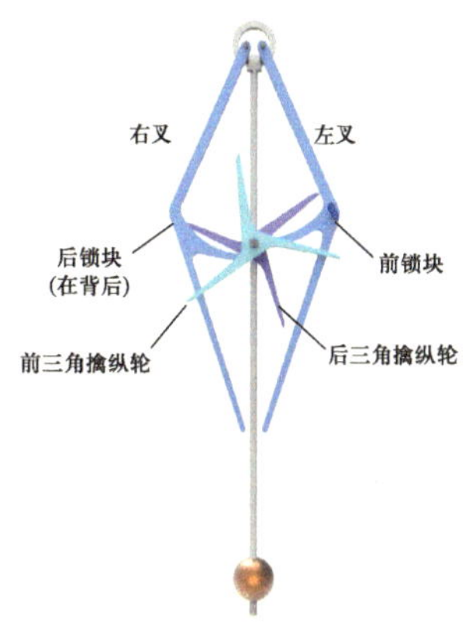

图 3.54 双三角擒纵机构示意图，它的擒纵轮由前后两个三角形齿轮组成，因此得名

图 3.55 英国国会的大本钟（引自维基百科）

1859年大钟做好以后，议会讨论大钟的命名，有人说要以维多利亚女王的名字命名，也有人说要用议会的名字命名，议员们争论了一天都没有结果。最后不知道谁说就叫大本钟（Big Ben）[76]吧（图3.55），全场轰动，一致同意。100多年来大本钟很少出错。在第二次世界大战时，德国轰炸伦敦，大本钟虽然受损，但却奇迹般地被保留了下来。1956年英国广播电台（British Broadcasting Corporation，BBC）开始用大本钟的钟声作为报时信号，大本钟的声音响彻大英帝国。后来更有无数小说、电影、电视剧以它为背景道具。今天大本钟是伦敦的一个旅游景点，游客们可以预约上去看看。

3.9 傅科摆与地球的运动

19世纪的法国在世界近代史中起着重要的作用，在文学上有雨果（Victor Hugo，1802—1885）[77]、大仲马（Alexandre Dumas，1802—1870）[78]；在艺术上有莫奈（Claude Monet，1840—1926）[79]、罗丹（Auguste Rodin，1840—1917）[80]；在科学上有卡诺（Nicolas Léonard Sadi Carnot，1796—1832）[81]、拉普拉斯（Pierre-Simon Laplace，1749—1827）[82]、傅里叶（Jean-Baptiste Joseph Fourier，1768—1830）[83]；在工程上有埃菲尔（Gustave Eiffel，

1832—1923）[84]等一大批英才。

1848年拿破仑三世（Louis-Napoléon Bonaparte，1808—1873）[85]通过选举成为法国第二共和国的总统。拿破仑三世的父亲是拿破仑的弟弟，母亲是拿破仑的第一位妻子约瑟芬（Joséphine de Beauharnais，1763—1814）的女儿。约瑟芬比拿破仑大6岁，在认识拿破仑之前就有一个女儿色茜儿（Cécile，Hortense Eugénie Cécile Bonaparte，1783—1837）。色茜儿聪明美貌，能歌善舞。在拿破仑的极力主张下，她嫁给了拿破仑的弟弟，生了两个儿子，大儿早逝，二儿就是拿破仑三世。拿破仑三世长大后做梦也想着复辟，他在两次复辟失败后终于找到机会，首先当选为国民议会议员，接着以高票数当选总统。

拿破仑三世在复辟失败流亡国外时曾经潜心学习科学，还发表过科学论文。当时的一个热门科学问题是证明日心说。那时哥白尼的日心说已经有300多年的历史，渐渐被大多数知识分子所接受。根据日心说，地球除了每年围绕太阳旋转一周外还每天自转一周。但是人们为什么感觉不到地球的转动呢？最早研究这个问题的人是笛卡儿[62]。他根据伽利略[14]那个著名的比萨斜塔实验推断，如果地球是从西向东旋转，那么把一个重物扔上天空，掉下来时就会偏东一点。笛卡儿请他的好朋友马林·梅森（Marin Mersenne，1588—1648）[86]神父做了一个实验：把大炮垂直架好，一炮打上去，看看炮弹落下来时有没有偏差。幸好炮弹离奇地飞出去无踪影，否则这个危险的实验后果不堪设想。梅森神父是现代声学之父，也是质数的发现者。稍后的牛顿[22]受到苹果下落的启示发现了万有引力定律，他也研究过地球自转对物体下落的影响。1679年，牛顿写信给胡克[21]，讲述了他的观点。胡克做了几个实验，回信说测量结果差别甚大，无法确定是不是地球自转的影响。从理论上来说，物体下落确实会受到地球自转的影响，拉普拉斯[82]和高斯（Johann Carl Friedrich Gauss，1777—1855）[87]都曾经计算过，物体在71.6米处落下时会向东偏差3.95毫米。但是物体下落时会受到气流的影响，所以无法准确测量。

一个名不见经传的法国人提出了一个新的想法：利用钟摆来测量地球的自转。伯纳德·傅科（Jean Bernard Léon Foucault，1819—1868）[88]是个自学成才的科学家（图3.56）。他出生于一个中产阶级家庭，本来已经进了医学院念书，但念了一半就退学回家做自己的研究。他想到了物体下落的时间太短，用钟摆可以把时间一点一点地积累起来，从而测量出地球的自转。1851年，他在自家的地下室做了一个精密的钟摆，并准确地记录了一个物理现象：随着地球的旋转，钟摆会不断地变换摆动的方向，这就是著名的傅科摆（Foucault pendulum）[89]。

图 3.56 傅科（引自维基百科）

不过，怎样才能使人们接受这个想法呢？傅科找到了他的朋友，巴黎天文台的台长阿拉戈（Dominique François Jean Arago，1786—1853）[90]。阿拉戈年轻时曾经到中东去测量纬度，不幸做了战俘，他凭着机智和勇敢死里逃生，还带回了准确的测量结果，因此一举成名。他任天文台台长期间主持测量了巴黎的子午线，即所谓的玫瑰线（Rose Line），它正好把法国一分为二。在玫瑰线上还有卢浮宫、圣苏皮斯（Saint-Sulpice）大教堂等著名的建筑。当年凡尔纳（Jules Gabriel Verne，1828—1905）的小说《海底两万里》就讲到了它，在电影《达·芬奇密码》中更被大肆渲染。1884年，在国际子午线大会上，法国提出要把这条线作为本初子午线，但没有得到多数人的支持，最后过英国伦敦的格林尼治（Greenwich）的经线被定为本初子午线（参见第一章）。巴黎子午线的经度为东经2°20′14.03″。1994年法国为了纪念阿拉戈，在巴黎沿着玫瑰线埋下了121块铜牌，上面刻着“Arago”，这成了巴黎旅游的一个景点。阿拉戈有许多发现与发明，例如温度与压力的关系、光的偏振、电磁场的传播、电场的涡流（这是与傅科一起发现的）等。学而优则仕，他还是国民议会的议员，曾任海外殖民地部部长（在此期间，他废除了所有法国殖民地中的奴隶制）及国防部部长。

阿拉戈曾经请傅科做一个测量光速的仪器。傅科不负所托，做了一个精确的仪器。这个仪器由一个每分钟48 000转的蒸汽机（当时能做到这个转速真是不易）、一个旋转镜以及一个固定镜组成。光线分两束，一束直接射到固定镜上，另一束通过旋转镜折射到固定镜上，因此有一个微小的偏差，根据这个偏差可以测出光线在空气中的速度（每秒钟约30万千米），加上一个盛水的玻璃容器还可以测出光线在水中的速度。因此，阿拉戈比拉普拉斯[82]和泊松（Siméon Denis Poisson，1781—1840）[91]更早地测出了光速，并证明光在空气中的速度比在水中的速度要快。阿拉戈由此入选法国科学院院士。

图 3.57 在巴黎法国先贤祠（Panthéon）的傅科摆（引自维基百科）

阿拉戈支持傅科的想法，在巴黎天文台建立了一个11米高的大型钟摆。1855年巴黎主办世界博览会，在拿破仑三世的支持下，傅科在巴黎的先贤祠（Panthéon）建了一个67米的大摆（图3.57）。一时间人们蜂拥而至，惊叹不止。这个大摆至今仍然是巴黎旅游的一个热点。

不过，古板的法国科学院却认为傅科摆缺乏理论依据。当时也确实如此，傅科是个自学成才的实验科学家，并不精通数学，他只给出了一个简单的公式

$$T=\frac{24}{\sin\alpha} \tag{3.11}$$

式中，T为大摆旋转一周所需要的时间；α为所在地的纬度。因此，当傅科申请法国科学院院士时，科学院要他证明这个公式，但傅科只有实验数据，没有数学证明。

实际上当时能证明这个公式的数学工具已经由另外一位法国数学家提出来了。1832年古斯塔夫·科里奥利（Gustave de Coriolis，1792—1843）[92]发表了一篇文章，文中讲述了科里奥利力（又称为科里奥利效应）[93]：当你站在一个转盘上投出一个物体，这个物体将沿着转动方向及投出方向的组合方向做运动。这一效应在日常生活中随处可见，小到家中抽水马桶的水流，大到龙卷风都受其影响。最有意思的是地球逆时针旋转，在赤道速度最大（在北极和南极的速度是多少？[1]），因此在北半球带动气流作顺时针旋转，在南半球则作逆时针旋转，这就形成了季候风，对全球的气候有巨大的影响。如图3.58所示，全球有十几个季候风，这些季候风塑造了世界的气候，温暖潮湿

1　在北极和南极的速度为零。

图 3.58 世界主要季候风图，图中红线表示暖流，蓝线表示冷流（引自维基百科）

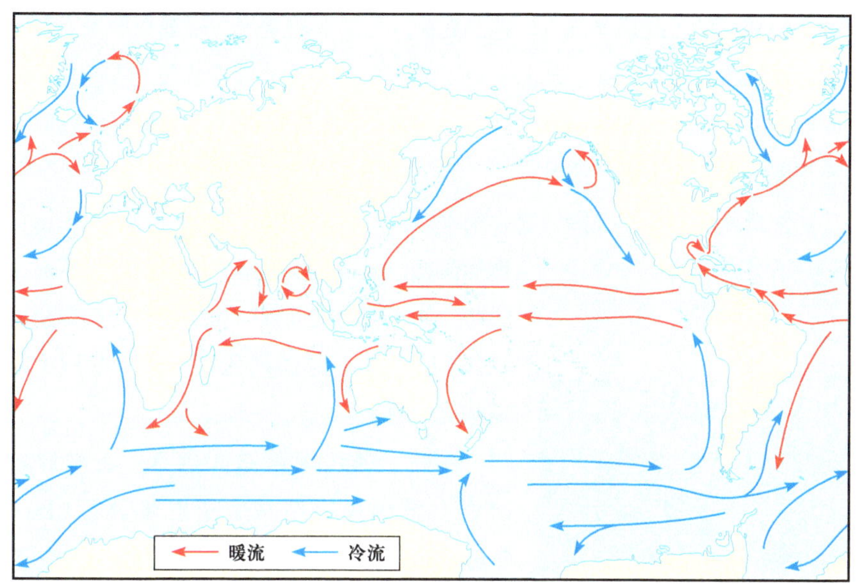

的季候风带来了雨水，而寒冷干燥的季候风则塑造了沙漠。

不过，科里奥利的工作一直到20世纪初才受到重视。根据文献记载，没有迹象表明傅科知道科里奥利效应，至于他怎样推算出傅科摆的运动周期公式，至今还是个谜。傅科最后还是入选了法国科学院院士，实至名归。

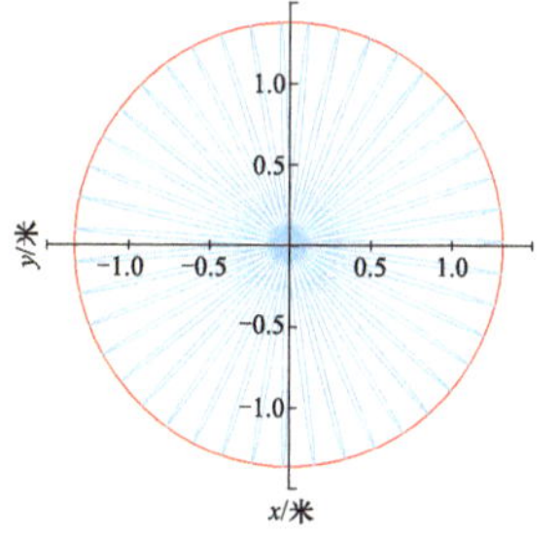

图 3.59 傅科摆在香港的运动轨迹鸟瞰，它每天转 144°，两天半左右会转一圈

根据傅科的这个公式，香港纬度为北纬22° 15′ 00″（跟广州差不多）。故此摆的旋转角度为每天144°。图3.59为傅科摆在香港的运行轨迹。目前，世界各地有多个傅科摆，广东科学中心就有一个。

1852年，在当了4年总统后，拿破仑三世像他的叔叔一样解散国会，自己称帝。阿拉戈坚决反对，从此不再涉足政界。拿破仑三世上台后开始时还努力发展经济文化，他大兴土木，重建巴黎，今天我们看见的巴黎城市大都是他当政时设计建造的。到了1870年，德意志联邦崛起，并向法国寻衅。此时拿破仑三世已经病体缠身，老态龙钟，无法掌控全局。法军在质量上与数量上都无法与德军相比，却又不得不战。拿破仑三世御驾亲征，被铁血宰相俾斯麦（Otto von Bismarck，1815—1898）[94]击败并俘虏，凄惨下台后像他的叔叔一样客死在流放之地。

俾斯麦逼得法军投降后乘胜围攻巴黎，1871年1月，他用克虏伯（Krupp）重炮轰城，逼得巴黎投降，法国割地赔款后才罢休。他还在巴黎近郊的凡尔赛宫成立德意志联邦（图3.60）。德国从此渐渐成为欧洲大陆最强大的国家。

图 3.60 1871 年德意志联邦在法国凡尔赛宫成立，中间穿白衣者为俾斯麦，台阶上正中站立者为德皇威廉一世（William I，1797—1888）（引自维基百科）

战败了的法国则陷入内乱。巴黎守城时成立的国民卫队成立了巴黎公社（Paris Commune，1871年）[95]。他们力图恢复法国大革命时的制度，包括恢复每天10小时、每小时100分钟、每分钟100秒的历法（参见第一章），但是很快就失败了，那个历法也只执行了18天就停止了。

3.10 瑞士叉瓦式擒纵机构与瑞士表

瑞士[96]是个多山的小国，东面是奥地利，南面是意大利，西面是法国，北面是德国。面积为4.1万平方千米，人口为800多万，与香港差不多。瑞士建国于1291年，但一直是法国的附庸国，在拿破仑[70]战败后，瑞士才真正独立。1845年瑞士成立了联邦政府，对外奉行中立政策，不卷入大国之间的纷争。对内努力发展科技，精益求精。社会安定团结，经济发达富裕，人民安居乐业。在历史上，瑞士人才辈出，著名的科学家有伯努利家族（Jacob Bernoulli，1654—1705，Johann Bernoulli，1667—1748）、欧拉[52]等。著名的商业公司有雀巢、瑞士银行、诺华（制药）、ABB（机械）、斯沃琪（钟表）等。

近年来，不少人研究瑞士为何会如此成功，并且希望能够拷贝。瑞士成功的原因很多，其中最重要的一条是作为一个中立国家，瑞士数百年来没有战争，没有大起大落，人们代代相传，把事情做得越来越精美。此外，当年的钟表业为瑞士打下了坚实的工业基础，今天瑞士的钟表业仍然处于世界领先地位。虽然钟表业只占整个国民经济总产值的2%左右，它却引领了许多其他的工业，例如瑞士的金属切削机床、冲压机床、传感器与测量装备、微型机械电子系统等都是世界上顶尖的。

纵观数百年来钟表制作的历史，无数有名无名的制表师作出了许多贡献。据统计，各种各样的擒纵机构[97]有近100种。这些擒纵机构包括上述的锚式擒纵机构、格林汉姆擒纵机构、筒式擒纵机构、蚂蚱擒纵机构、英国叉瓦式擒纵机构、弹簧棘爪擒纵机构、双三角形擒纵机构以及宝玑擒纵机构，等等。随着技术的进步，这些擒纵机构都已经销声匿迹，目前只剩下一种设计：瑞士叉瓦式擒纵机构（Swiss lever escapment）。

瑞士叉瓦式擒纵机构源于英国叉瓦式擒纵机构，因为它出自一群无名的瑞士制表师之手，故称为瑞士叉瓦式擒纵机构。瑞士原来就有制表的基础。在16世纪时，一批胡格诺（Huguenot）教派的信徒从德国和法国来到瑞士以逃避宗教迫害，他们首先建立了瑞士的制表工业。法国大革命时，更多的胡格诺教制表师逃到了瑞士，瑞士渐渐成为世界的制表中心。这个瑞士叉瓦式擒纵机构是他们的经典之作。

图3.61为瑞士叉瓦式擒纵机构的示意图，它由一个摆轮（上带游丝及一个宝石撞针）、一个擒纵叉（带有左右两个宝石撞针）、一个擒纵轮和一对分处左右的定位针所组成。擒纵轮由发条通过一个齿轮系驱动，连接擒纵轮的齿轮是秒针轮，再依次是3轮与2轮，最后是发条鼓。擒纵轮由摆轮的往复摆动来控制。表3.4为瑞士叉瓦式擒纵机构在半个周期中的运动，另外半个周期是对称的。

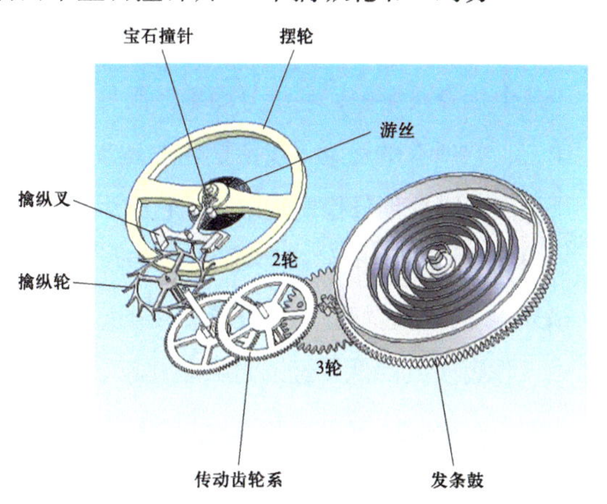

图 3.61 瑞士擒纵机构

本书附录中有瑞士叉瓦式擒纵机构的仿真动画二维码，读者可以参考。

表 3.4 瑞士叉瓦式擒纵机构在半个周期中的工作原理

图示	说明
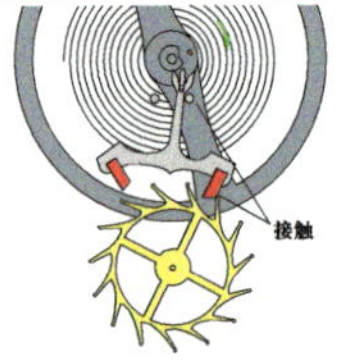	• 擒纵叉与右定位针接触； • 擒纵轮与擒纵叉的右撞针接触； • 擒纵轮与擒纵叉均被锁住； • 摆轮顺时针运动。
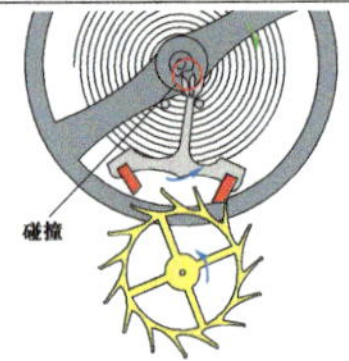	• 摆轮上的撞针碰撞擒纵叉（第一个碰撞，如图中红圈所示）； • 擒纵叉逆时针运动，松开擒纵轮； • 擒纵轮在齿轮系的推动下逆时针运动； • 摆轮继续顺时针运动。
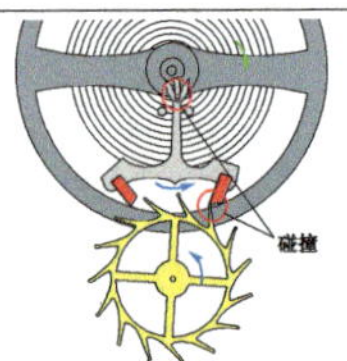	• 擒纵轮碰撞擒纵叉的右撞针（第二个碰撞，如图中红圈所示），把能量传递给擒纵叉； • 擒纵叉逆时针加速运动； • 擒纵叉头碰撞摆轮（第三个碰撞，如图中紫圈所示），把能量传递给摆轮； • 摆轮继续顺时针运动。
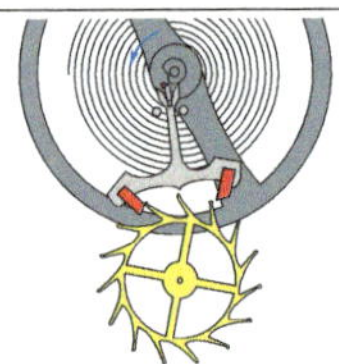	• 擒纵叉与右定位针接触，到达极限位置； • 擒纵轮与擒纵叉的右撞针接触，锁住擒纵叉与擒纵轮； • 摆轮到达极限位置，完成半个周期，开始逆时针运动。

瑞士叉瓦式擒纵机构大约在19世纪中叶出现，与其他的擒纵机构相比，它有如下几个优点：第一，它十分简单，而且是对称的，容易制作，容易装配，容易维修；第二，它所有的运动（包括摆轮的运动、擒纵叉的运动与擒纵轮的运动）都在一个平面上，因此十分稳定；第三，它的运动是线性的（准确地说是分段线性，擒纵轮、擒纵叉及摆轮之间的碰撞将一个运动周期分成5段，每段可以用一个线性微分方程描述），因此精度高，容易控制；第四，它摩擦小，效率高，节能。

作者及其团队曾经通过数学建模、计算机仿真与实验实测，仔细研究过瑞士叉

图 3.62 瑞士叉瓦式擒纵机构中摆轮、擒纵叉及擒纵轮的运动规律

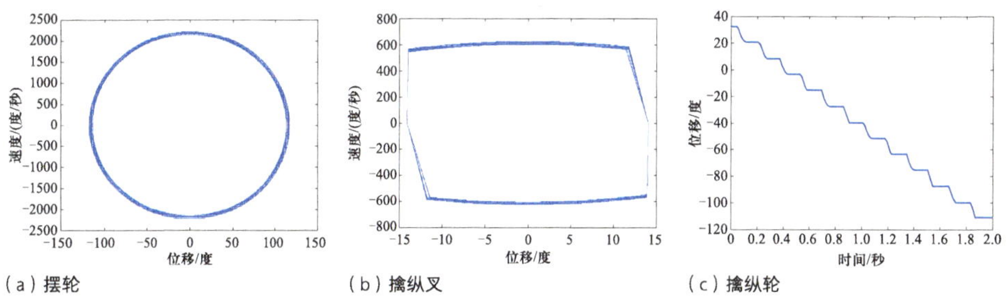

(a) 摆轮　(b) 擒纵叉　(c) 擒纵轮

瓦式擒纵机构[98]，图3.62是其摆轮、擒纵叉及擒纵轮的运动规律。在理想的情况下，摆轮应做简谐运动，运动轨迹是一个圆。但如表3.4中所述，摆轮受各个碰撞的影响，做分段周期运动，运动轨迹像一个轮圈（图3.62a）。擒纵叉的运动最有意思，是一个平行四边形的环带，4个顶点由4个碰撞所确定，只要控制好这4个点，擒纵机构就能准确而稳定地运行（图3.62b）。擒纵轮做顺时针转动，一擒一纵是一个阶梯（图3.62c）。进一步研究还发现瑞士叉瓦式擒纵机构有两个特点：一是对制造误差及装配误差不敏感，只要控制好几个关键点机构的运行就十分准确、稳定；二是能抵御外界扰动，在扰动过去后很快就能恢复正常运行。这些特点使得瑞士擒纵机构成为机械手表设计的首选，100多年来经久不衰。今天，世界上95%以上的机械表都使用这一擒纵机构。

瑞士凭借其优秀的设计、尖端的设备及精湛的工艺把机械手表做到了极致。今天，瑞士表已经成为一种高端奢侈品，有些人甚至把拥有瑞士表作为一种炫耀。

什么是瑞士表呢？瑞士有近百家大大小小的制表公司，他们达成一个共识：瑞士表必须有60%以上的零部件由瑞士制造。当然，有些零部件很难制造（如游丝），有些则比较容易（如表带）。所以人们一般还是认品牌，如劳力士（Relex）[99]、欧米茄（Omega）[100]、宝玑（Breguet，当年宝玑[57]建立的公司）、宝珀（Blancpain）、雅克德罗（Jaquet Droz）、百达翡丽（Patek Philippe）、爱彼（Audemars Piguet）、江诗丹顿（Vacheron Constantin）、真力时（Zenith）、万国手表（IWC Schaffhausen）、积家（Jaeger-LeCoultre），等等。下面我们还会讲到这些公司的一些故事和他们的发明。

3.11 美国的铁路表、标准化与生产线

美国有着得天独厚的地理优势，远离欧洲强国，资源丰富，气候宜人。作为新移民的国家，没有历史包袱，人民思想开放，勤奋努力。1776年获得独立后，乔治·华盛顿（George Washington，1732—1799）[101]、托马斯·杰斐逊（Thomas Jefferson，1743—1826）[102]、本杰明·富兰克林[68]、约翰·亚当斯（John Adams，1735—1826）等人确立了自由和民主为立国之本，推动国家飞速发展（图3.63）。

美国人口众多，各方面需求量大，仰仗进口不是办法，必须自己制造。美国建国之初，工业基础很薄弱，自己不能制造枪炮。面对着英国的经济封锁，政府悬赏5 000元，征集本土公司在3年内做出1 000支枪。美国企业家伊莱·惠特尼（Eli Whitney，1765—1825）[103]承接了政府的这个合约。惠特尼出生于一个农民家庭，23岁才开始读书识字。他发明了一个把棉花与棉籽分离的机器，并因此致富。但他从来没有做过枪。1798年，3年过去了，惠特尼请当时的总统约翰·亚当斯与候任总统杰斐逊来公司参观。他做的枪支数量不足，但是他用一把螺丝刀演示了枪支零件的互换。亚当斯和杰斐逊都觉得不错，又给了他5 000元继续研发，最后他制造出了优质的枪械。零件互换依赖标准化，这一技术最先由法国发明，但却没有得到推广。美国率先推广，对后来的工业发展起到了重大推动作用。惠特尼还发明了金属铣床（图3.64）。

图3.63 华盛顿向国会交出军权，保证三权分立的民主政体得以实现（引自维基百科）

到了19世纪末，美国已经逐步成为世界一流强国。当时的美国人才辈出，如铁路大王范德比尔特（Cornelius Vanderbilt，1794—1877）[104]、钢铁大王卡耐基（Andrew Carnegie，1835—1919）[105]、银行家摩根（J. P. Morgan，1837—1913）[106]、石油大王洛克菲勒（John D. Rockefeller，1839—1937）[107]等，他们都

图3.64 惠特尼发明的金属铣床（引自维基百科）

是当时的世界首富。另外，在美国伟大的发明一个接着一个，发电机、缝纫机、收割机（即康拜因，英文为Combine，意为具有多种功能组合的收割机器）、塑料、制冷机、电报、电话、飞机，等等。直到今天，这些发明还不断为美国带来巨大的财富。

在计时技术方面，美国也有一些创新与突破。美国人阿隆·丹尼森（Aaron Lufkin Dennison，1812—1895）首先把自动机床引入制表业，使制表的质量提高、成本降低。丹尼森早年当学徒时就开始尝试制造自动车床，他还曾经到欧洲经商，几经失败后最终在波士顿建立了成功的制表公司。1850年时，一块表的价格约40美元。到了1878年，丹尼森的表一块只卖3.5美元（当时美国工人的平均月薪约10美元），每月能销售数千只。不过丹尼森主要的业务是做表壳，机芯是欧洲或美国其他公司做的，包括瑞士的欧米茄[100]和美国的沃顿（Waltham）等。丹尼森最出名的产品是防水表壳（图3.65）[108]。后来的潜水设备及海洋工程设备都使用这种表壳的螺纹紧固方法。

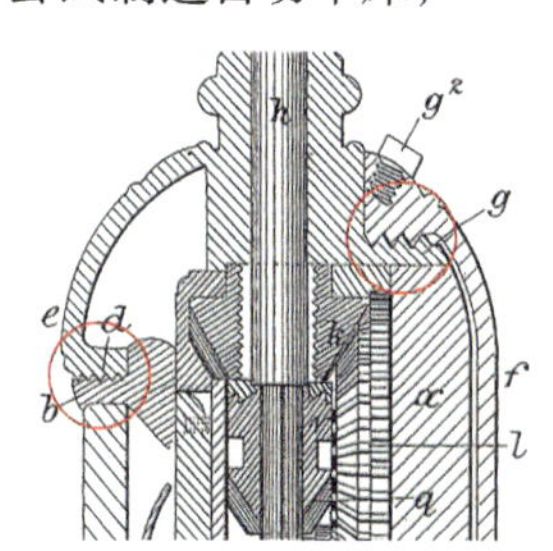

图 3.65 丹尼森的防水设计专利，它使用多个紧固螺纹（如红圈所示）来保证水或潮湿的空气无法进入机芯（引自维基百科）

美国还率先使用生产线进行大规模生产。在工业革命时代，亚当·斯密（Adam Smith，1723—1790）[109]首先提出了劳动力分解（division of labor）的理念，把简单重复的工作让非熟练工人承担，从而降低生产成本。生产线的理念是亨利·福特（Henry Ford，1863—1947）[110]提出来的，他受到芝加哥屠宰场工作流程的启发，把汽车的装配工作安排成一条线，每个工人只需重复几个简单的操作。这大大地提高了工作效率与产品质量，同时也降低了成本。这一生产方式改变了世界，今天从汽车生产到麦当劳快餐服务都在运用这种模式。

福特的家位于汽车之城底特律旁边。福特去世后，他的家捐给了作者的母校密歇根大学（University of Michigan），现在是密歇根大学迪尔伯恩（Dearborn）分校的所在地。福特还是一位颇有造诣的制表师，能制作双针的铁路表。

第一章中讲到曾经美国的铁路系统很发达，而铁路的运作依赖计时，美国铁路表[111]应运而生。到了20世纪初，美国有好几个著名的制表公司，如Waltham、Elgin、Hamilton和宝路华（Bulova，参见第四章）。美国的铁路表因其廉价和可靠而闻名于世，但技术并不领先。为了推动国内市场，他们率先推出“美国制造”的理念。按规定美国铁路表必须是美国制造的，而且每天的误差不能超过4秒。测试是按手表表面上下平放（face up and face down）、前后竖放（crown up and crown down）及左右侧放（crown left and crown right）6个方向进行的。这是因为手表中的零件（特别是摆轮和游丝）会受地心引力的影响，所以把手表放在不同的方向精度会受到影响。

后来美国通过高新技术（如汽车、飞机、航天与半导体）称霸全球，不再去做钟表甚至也不再去修建铁路，美国表荡然无存，美国铁路也一蹶不振。一百多年后今天的美国面临世界各国的竞争，特别是中国与其他发展中国家的竞争，又开始想回归“美国制造”了。

3.12 腕表

20世纪初计时技术的一个突破是腕表[112]。腕表，顾名思义，就是戴在手腕上的表，在此之前的表主要是怀表。制表师们认为，表是精密的计时装置，必须认真保养。除了每年一次的抹油外，每天的使用也十分讲究：白天要垂直地揣在口袋里（所以，今天的西服和牛仔裤都还有“表袋”），晚上要垂直地挂起来，否则就会有误差。

腕表与怀表最大的不同是尺寸。怀表大些没有什么关系，但腕表，特别是女式腕表，尺寸太大就显得粗俗。小尺寸的表很早就有了。著名的纽伦堡蛋（图3.3）大约有拳头大小[6]。早在1571年，伊丽莎白一世[9]就有一块小表，她常把这块表挂在皇座的扶手上。著名的法国数学家、物理学家帕斯卡[63]也经常把一块小表挂在手腕上。1821年左右，宝玑[57]做了个直径只有18.5毫米的小表（图3.66）。

小型表意味着精巧的设计、特别的材料和精湛的工艺，稍有差池就会损坏。如今这些小表所剩无几，还能走的都是价格不菲的古董。

图 3.66 宝玑为拿破仑的第二任太太玛丽 · 路易丝（Marie Louise，1791—1847）皇后做的表。玛丽 · 路易丝是神圣罗马帝国的公主，法国皇后玛丽 · 安托瓦内特[65]的侄女（引自维基百科）

到了20世纪，人们的生活水平不断提高，生活方式随之改变，开始崇尚探险、运动和旅游，使用方便的腕表应运而生。1927年10月，梅塞迪丝·吉莉丝（Mercedes Gleitze，1900—1981）戴着一块腕表游泳横渡冰冷的英吉利海峡。英吉利海峡最窄的地方也有34千米，海水的温度终年不超过15℃。在7次失败后，吉莉丝经过了近20多个小时艰苦卓绝的努力终于获得成功。劳力士[99]抓住这个题材，请吉莉丝做他们蚝式潜水表（Oyster）的代言人（图3.67）。劳力士创立于1905年，原是一个英国的钟表销售公司，1919年搬到瑞士后，凭借着创新的腕表成为世界名牌。

图 3.67 吉莉丝为劳力士蚝式潜水表做宣传广告（引自劳力士官网）

在20世纪初，腕表代表着新的时尚。除了小巧玲珑和精准外，腕表还必须有下述特点：① 防水；② 防锈；③ 防磁；④ 防震；⑤ 不受温度变化的影响。防水的技术在前面已经讲过。劳力士的蚝式潜水表号称能够深潜100米，水深每增加10米，压力就会增加一个大气压（一个大气压相当于约1千克重物在1平方厘米产生的压力，这是一个很大的压力）。一般人戴着氧气筒最多也只能潜到30 ~ 40米（世界纪录为103米）。压力越大，防水就越困难，对密封的要求越高。

防锈是材料的问题。1821年，法国工程师皮埃尔·贝迪尔（Pierre Berthier，1782—1861）率先做出了不锈钢[113]。后来，英国、德国都开发出自己的不锈钢材料。1921年，英国工程师亨利·布雷尔利（Harry Brearley，1871—1948）在实验中无意发现了一种价廉物美的不锈钢材料，并借助宣传大获成功。有了不锈钢，防锈的问题迎刃而解。不锈钢大多是铬（Cr）铁合

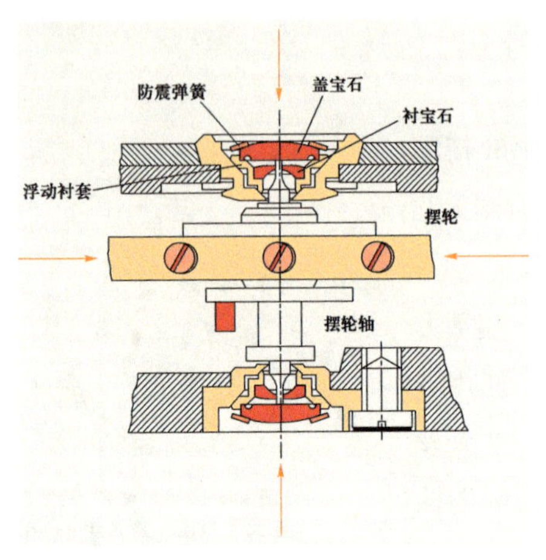

图 3.68 瑞士“Incabloc”避震器

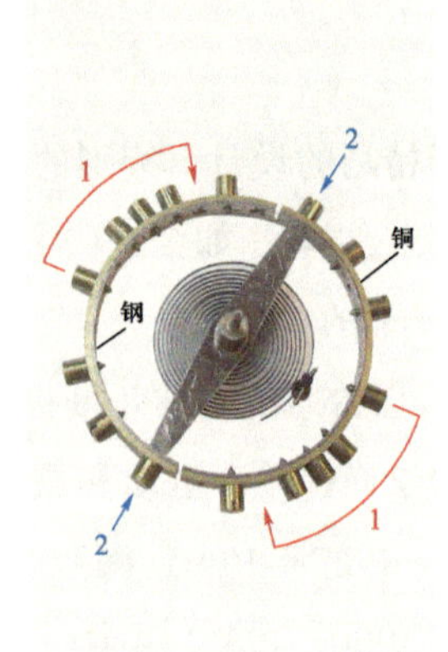

图 3.69 双金属片摆轮（引自维基百科）

金或铬-镍（Ni）铁合金，在今天的日常生活中很常见。

防磁主要是因为游丝像个线圈，在磁场的作用下会产生电磁力，从而影响计时的准确性。人们不会在强磁场下生活，因此这一问题通常不太严重。彻底解决的方法是使用非磁性材料的游丝。

防震是要解决碰撞所造成的偏差。怀表揣在怀里，很少碰撞。腕表戴在手上，碰撞在所难免。在碰撞中，最容易受损的是摆轮。摆轮连着游丝，在一秒钟内要摆动好几次，稍有偏差就会影响计时精度。上面讲到宝玑首先做了一个避震器。到了1930年左右，一家瑞士公司发明了一个叫作“Incabloc”的避震器。如图3.68所示，这个避震器由两个宝石（盖宝石与衬宝石）、一个弹簧片（防震弹簧）以及一个浮动衬套所组成。两个避震器上下支撑着平衡轮轴与平衡轮，当震动来自垂直方向时，弹簧片吸收了震动的能量。当震动来自水平方向时，浮动衬套吸收了震动的能量。因此，Incabloc避震器是个名副其实的万向避震器。今天，大部分的机械腕表都使用这种设计。

温度影响比较难解决。怀表揣在怀里，温度变化很小。腕表戴在手腕上，温度变化可达二三十度。物体热胀冷缩，游丝会因此变长或变短，计时精度随之受到影响。17世纪时制表师们就注意到这个问题。解决的方法之一是用双金属片[50]的摆轮，这个想法首先是由哈里森[46]在制作他的航海钟时提出来的，后来由皮埃尔·罗伊[47]、阿诺德[35]、恩肖等不断改进。图3.69为有温度补偿的双金属片摆轮，摆轮由铜的外圈和钢的内圈压制而成，两个半环由一个钢的支架连接。当温度升高时，由于铜的热膨胀大于钢，摆轮将向内弯曲变小，从而补偿了游丝因热膨胀而变软的影响。另外，摆轮上还有“1”和“2”两组螺丝，调节“1”可以调节摆轮的弧长，从而调节温度补偿的效果。

调节“2”可以调节摆轮的直径大小，从而调节摆轮的平衡。有经验的制表师可以把表调到每天误差在3 ~ 5秒之间。类似的设计还有好几种。

更好的方法是使用热膨胀极小的材料。瑞士物理学家查尔斯·纪尧姆（Charles Edouard Guillaume，1861—1938，图3.70）[114]发明了两种新的合金：一种是镍合金，叫作Invar，其热膨胀系数几乎为零，可以用作摆轮；另一种是镍铬合金，叫作Elinvar，其弹性系数几乎不受温度影响，可以用作游丝。这些新材料颠覆了传统固体热胀冷缩的性质，纪尧姆因此获得了1920年度的诺贝尔物理学奖。后来，瑞士工程师雷汉·卓曼（Reinhand Straumann，1892—1967）博士把这一技术产业化，并建立了专门生产游丝的Nivarox公司。目前，大部分产自瑞士的机械表用的都是Nivarox的游丝。

图3.70 瑞士物理学家纪尧姆（引自维基百科）

在各个工程领域中，材料工程非常重要。今天人们翻山越海，登天入地都需要以优异性能的材料作装备。解决了材料问题，工程问题就解决了一半。

3.13 复杂机构

随着社会需求与科学技术的不断发展，机械钟表的功能也不断增加。这些功能包括万年历、月相、秒表、闹表、问表等。制表师们把它们统称为“复杂机构（Complication）”。把它们组合在一起则称为“Grand Complication”。其实，比起擒纵机构，这些都只是运动机构，并不复杂，只是要在方寸之中实现着实不易。在上面的章节中提到，这些机构有好几个是宝玑[57]发明的，宝玑的玛丽·安托瓦内特表堪称Grand Complication之宗。在后来的200多年间，不断有人改进这些机构或发明新的机构，使得机械手表锦上添花。下面将分别予以介绍。

3.13.1 陀飞轮

在各种复杂机构中，最广为人知的是陀飞轮（tourbillon）[115]。前面讲到陀飞轮最早是由英国制表师阿诺德[35]与宝玑[57]两人提出来的。阿诺德去世后，宝玑制作出第一个陀飞轮表，并把它归功于阿诺德的发明。

陀飞轮有何用处？上面讲到过地心引力的影响，把一块表平放在桌子上或戴在手上，游丝的位置会有所改变，承受的地心引力也不同，这可能会影响计时的精度。为了消除这个影响，陀飞轮的设计思想是让整个擒纵机构旋转（通常是每分钟旋转一周）。图3.71是宝玑原创的陀飞轮。从图中可以看出，擒纵机构装在一个架子上，架子由一个齿轮驱动。这个设计后来由德国制表师阿尔弗雷德·海威格（Alfred Helwig，1886—1974）改进成为所谓的飞行陀飞轮（flying tourbillon），它是当今各种不同的陀飞轮设计中最常见的一种。

图3.72是飞行陀飞轮的模型。从图中可以看到，它由一个支架、一个摆轮（上带一个滚轮及游丝，游丝没有画出来）、一个擒纵叉、一个擒纵轮、一个日轮以及一个行星轮组成，擒纵轮连着行星轮，行星轮与日轮啮合。它颇似一个旋转的英式擒纵机构。表3.5是飞行陀飞轮在一个擒纵周期里的运动。它的运行原理与英国叉瓦式擒纵机构差不多，在一个擒纵周期中，行星轮绕日轮旋转两个齿。

有人做过实验，认为陀飞轮能够提高手表计时的精度。但这些实验都不大科学。首先，实验无法把擒纵机构与陀飞轮分开。其次，假定陀飞轮表是平放在桌子上，那么旋转的擒纵机构根本不能改变地心引力的影响。为了解决陀飞轮平放的问题，制表师们又提出了各种各样的方法，例如，安东尼·兰德尔（Anthony Randall）在1977年推出了双轴陀飞轮（图3.73），托马斯·贝歇尔（Thomas Prescher）在2004年推出了3轴陀飞轮（图3.74）。

图 3.71 宝玑的陀飞轮（引自维基百科）

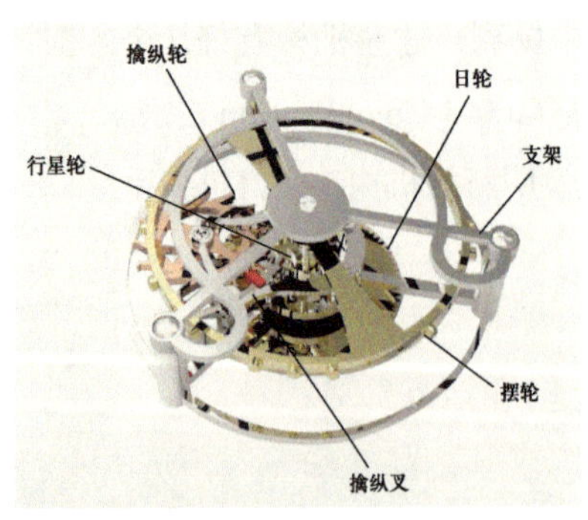

图 3.72 飞行陀飞轮的模型

表 3.5 飞行陀飞轮的运行周期

图示	说明
	● 摆轮（滚轮）逆时针运动； ● 擒纵叉锁住擒纵轮。
	● 滚轮上的撞针与擒纵叉碰撞（第一个碰撞，如蓝圈所示），并带动擒纵叉顺时针运动（绿色箭头）。
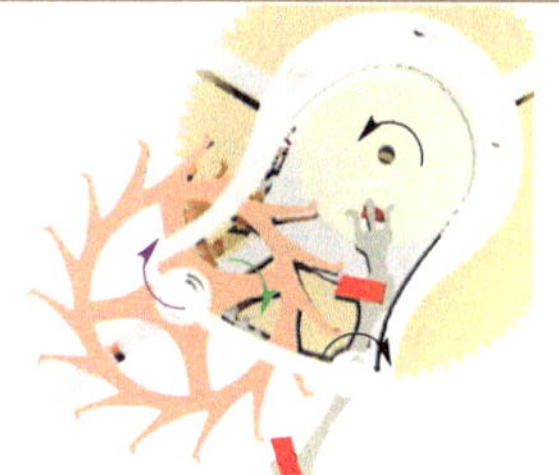	● 擒纵叉松开擒纵轮； ● 擒纵轮在齿轮系的驱动下顺时针运动（绿色箭头）； ● 擒纵轮下的行星轮绕日轮顺时针旋转（紫色箭头）。
	● 擒纵轮碰撞擒纵叉（第二个碰撞，如蓝圈所示），把能量传递给擒纵叉； ● 擒纵叉碰撞滚轮上的撞针，把能量传递给摆轮（第三个碰撞，如绿圈所示）； ● 擒纵叉锁住擒纵轮； ● 滚轮继续逆时针运动。
	● 滚轮（摆轮）到达极限位置，在游丝的作用下反向顺时针运动。

续表

图示	说明
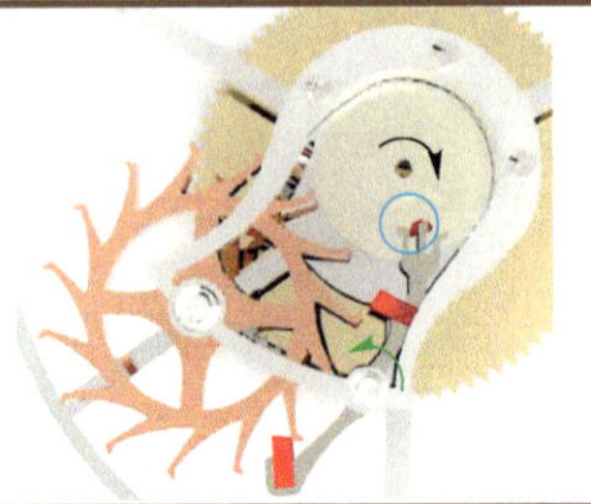	• 滚轮继续顺时针运动，滚轮上的撞针碰撞擒纵叉（第四个碰撞）； • 擒纵叉逆时针运动。
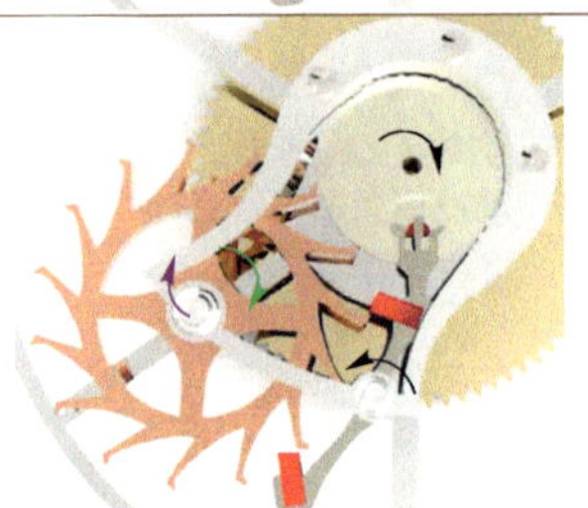	• 擒纵叉逆时针运动，松开擒纵轮； • 擒纵叉顺时针运动； • 擒纵轮下的行星轮绕日轮顺时针旋转。
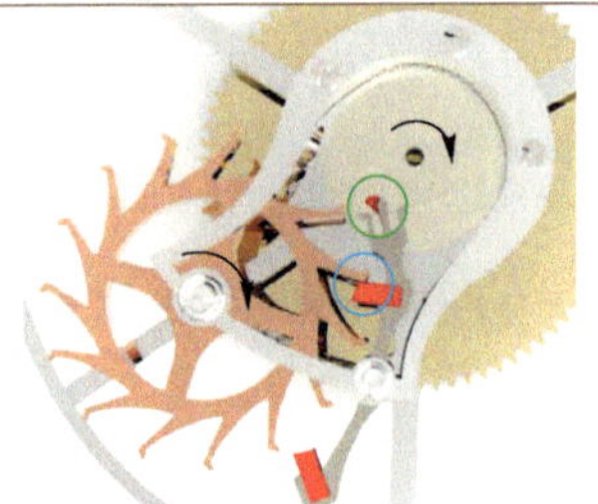	• 擒纵轮顺时针运动，碰撞擒纵叉（第五个碰撞），把能量传给擒纵叉； • 擒纵叉碰撞滚轮的撞针（第六个碰撞），把能量传给摆轮； • 擒纵叉锁住擒纵轮； • 滚轮继续顺时针运动。
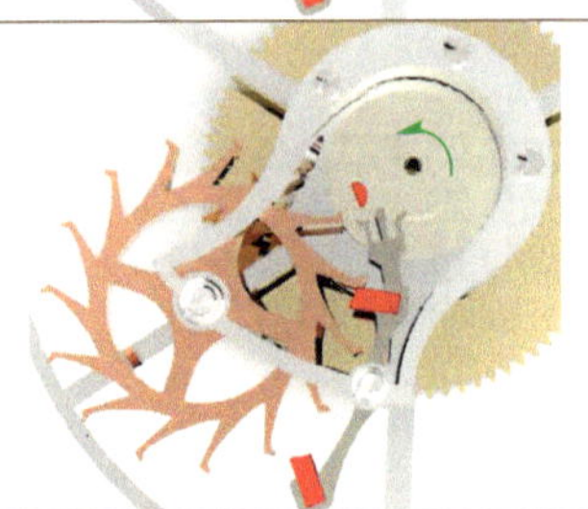	• 滚轮（摆轮）到达极限位置，在游丝的作用下反向逆时针运动，完成一个周期。

另一个新的设计是斜角（30°）陀飞轮。这个设计是由法国制表师罗伯特·格贝尔（Robert Greubel）与英国制表师史蒂芬·傅斯礼（Stephen Forsey）在2007年推出的。图3.75是斜角陀飞轮的模型。从图中可以看出，它有两个转轴：一个是水平放置；另一个倾斜放置。运行时两轴同时旋转，斜轴与

一般的陀飞轮一样，每分钟转一圈，水平轴则是每4分钟转一圈。2011年，他们又设计了一个4轴陀飞轮，这是将两个斜角陀飞轮做在一起（图3.76），中间用一个差分齿轮连接，以此对消斜角的影响。这个设计可以说是把陀飞轮做到了极致，看上去也赏心悦目。本书附录中有双陀飞轮和四陀飞轮机构的仿真动画二维码，读者可以参考。

图 3.73 兰德尔的双轴陀飞轮（引自维基百科）

作者与团队的同事曾对陀飞轮进行了仔细的数学分析[98]：手表的计时精度主要是由游丝和摆轮确定的，而游丝和摆轮的运动可以用波动方程来描述，地心引力则可以看成一个扰动。由于游丝的质量约为摆轮的1/10，地心引力对计时精度的影响不会超过1/10。但是，加上一个转轴相当于加上了一个扰动（2轴、3轴或4轴扰动更大），这个扰动的影响可能比地心引力的影响更大，得不偿失。其实，陀飞轮的主要目的不在于提高计时精度，而在于它的观赏价值。

图 3.74 贝歇尔的 3 轴陀飞轮（引自维基百科）

3.13.2 月相

图 3.75 斜角（30°）陀飞轮模型

在各种复杂机构中，月相是最为简单的。在本书第一章中曾经讲过，朔望月的周期是29.53天左右，月相与公历的月份没有简单的关系，但要计算月相并不难。第一个做出月相表的是宝玑[57]。同期，瑞士制表名师宝珀（Jehan-Jacques Blancpain，1693—1765）创立的宝珀公司也推出了新式月相表，并以月相作为招牌，一直延续至今。

图 3.76 斜角双陀飞轮模型

月相表通常要同时显示月份、星期、日及月相。月相机构有几种不同的形式。图3.77是宝珀的月相表及机芯。月相显示轮有59齿，每59天转一周；上面的两个月亮图案与表盘上特殊设计的视窗相结合显示朔望，不过其月相显示与实际月相差异较大。图3.78是这一月相机构的计算机模型，它有十多个部件，分6个部分：

- 月相轮，包括月相显示轮（2）、月相中间轮（2A）、月相轮调节杆（2B）、月相轮跳杆（2C）以及月相轮小跳杆；
- 月份轮，包括月份轮（3）、月份调节杆（3A）；
- 星期轮，包括星期轮（4）、星期调节杆（4A、4B）以及星期中间轮（4D）；
- 日期轮，包括日期轮(5)、日期轮调节杆(5A)以及日期中间轮(5B)；
- 日月跳杆（6）；
- 小时轮（7）。

月相机构的运行如下：

图3.77 宝珀的月相表与机芯

图3.78 月相机构的模型

- 小时轮（7）驱动日期轮（5），小时轮每转一周为 24 小时，日期轮转动一齿为 1 天。
- 日期轮（5）驱动星期中间轮（4D），星期中间轮驱动星期轮（4），日期轮每转动一齿，星期轮转动一齿。
- 日期轮（5）驱动月份轮（3），日期轮每转动一周为 31 天，月份轮每转动一齿为 1 个月。另外，月份轮通过日月跳杆（6）拨动日期轮，以计算小月（30 天）。
- 日期轮（5）驱动月相中间轮（2A），月相中间轮驱动月相轮（2），日期轮每转动一齿，月相轮转动一齿。

月相的设置有两种方法：一是拨动上弦机构来设置；二是通过月相轮跳杆来设置。另外，月相表是以59日为周期的，因此每59日的误差为$29.53\times2-59=0.06$天，积累起来每年误差约为0.36天，每3年左右就会有一天的误差。这一误差只能用人工来调节。

近年来还多了几种新的设计，其工作原理大同小异，这里就不再详细介绍了。

3.13.3 万年历

万年历的英文是"perpetual calendar"，原意为多年可用的历书。万年历表也就是可以多年使用的表。本书的第一章详细讲述了公历。公历中的大部分规则都是不变的，包括：一天24小时、每小时60分钟、每分钟60秒以及一周7天。公历中一年有12个月，1、3、5、7、8、10、12月是大月，有31天。4、6、9、11是小月，有30天，这些都是不变的。唯有2月是变的：平年有28天（对应于一年365天），闰年有29天（对应于366天）。闰年是4年一次（即能被4整除的年份），但如果是逢百之年，则只是能被400整除的才是闰年。上节讲到的月相表已经考虑了一年中的大月，小月和2月。所谓的万年历表其实就是在此基础之上再加上闰年，不过逢百之年闰否是不考虑的（参见第一章）。

最早做出万年历表的也是宝玑[57]。万年历表通常是在月相表的基础上制

▲图 3.79 宝珀的万年历表

作。图3.79是宝珀的万年历表，可以看到表盘上有5套指针：中间大的是时针与分针，与一般的钟表一样；上面的小窗中长针是月份，短针是年份[1、2、3是3个平年，L是闰年(leap year)]；左面的小窗是星期；右面的小窗是日期；下面的小窗是月相，与月相表类同。

万年历表也有几种不同的设计。图3.80是一个万年历表机构的模型，从图3.80a中可以看到，它有3个轮系：星期轮系、日期轮系及月份轮系。日期轮系用于显示日期，它由日期轮、日期轮外圈、日期棘爪、蜗牛轮及附棘爪组成。日期轮有31齿，其中有一个齿较其他齿长些，是第28天的记号。日期轮外圈上有个形状特别的轮廓，与星期轮系连接。月份轮用于显示月份与年份(平年或闰年)，又叫作程序轮(program wheel)，这是因为它需要计算一年中的月份及其相应的天数。月份轮有外齿与内齿：外齿由日期轮外圈驱动，日期轮转动一圈，外齿转动一齿；内齿用于计算每月的天数，考虑到4年一闰，内齿分4段，共有4×12 = 48齿。齿有4种不同的高度，即高0格(基底)、高1格、高2格、高3格，如图3.80b所示，其中：

- 高 3 格：平年 2 月，28 天；
- 高 2 格：闰年 2 月，29 天；
- 高 1 格：小月，30 天；
- 高 0 格：大月，31 天。

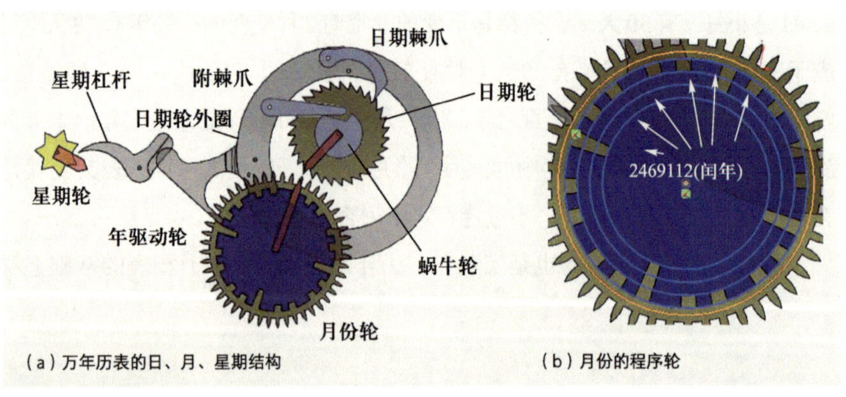

(a) 万年历表的日、月、星期结构　　(b) 月份的程序轮

▲图 3.80 万年历表的设计

图3.80b中还标出了一个平年中的2月，4、6、9、11四个小月以及闰年的2月。从图中可以看出4年一闰的内齿排列。

万年历表的关键在于换月时月份与日期的显示，它是由日期轮系与月份轮系同时作用所获取的。如表3.6所示，一共有4种情况，分别是：前行1日（从大月到小月）、前行2日（从小月到大月）、前行3日（从闰2月到3月）以及前行4日（从平2月到3月）。

表3.6 万年历表月份变更时的4种情况

说明	图示
前行1日（从大月到小月，如从8月31日到9月1日）： • 在午夜时，日期轮顺时针前行1齿（绿色箭头），接着日期棘爪锁住日期轮； • 同时，月份轮从大月进入小月（红圈），并推起日期轮外圈； • 日期轮外圈推动星期杠杆，星期杠杆推动星期轮顺时针前行1齿（红色箭头）。	 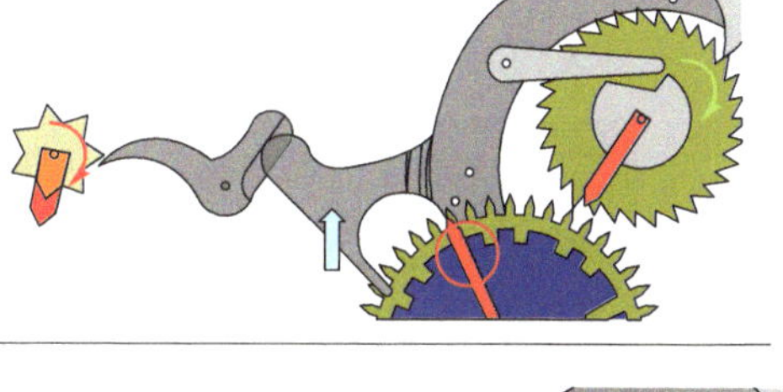
前行2日（从小月到大月，如从6月30日到7月1日）： • 在午夜时，日期轮顺时针前行1齿，接着日期棘爪锁住日期轮； • 月份轮从小月进入大月，推起日期轮外圈，使日期棘爪松开，同时附棘爪推动蜗牛轮（红圈），使日期轮顺时针再前行1齿； • 星期杠杆推动星期轮顺时针前行1齿。	
前行3日（从闰2月到3月，即从2月29日到3月1日）： • 在午夜时，日期轮顺时针前行1齿，接着日期棘爪锁住日期轮； • 月份轮从闰2月进入3月，推高日期轮外圈（红圈），使日期棘爪松开，同时附棘爪推动蜗牛轮（绿圈），使日期轮顺时针再前行2齿； • 星期杠杆推动星期轮顺时针前行1齿。	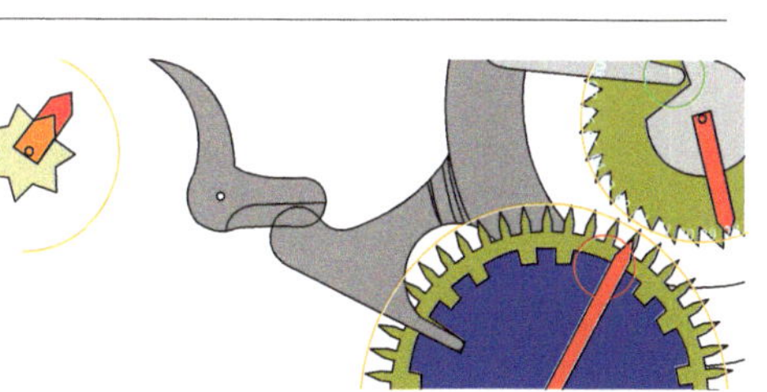
前行4日（从平2月到3月，即从2月28日到3月1日）： • 在午夜时，日期轮顺时针前行1齿，接着日期棘爪锁住日期轮； • 月份轮从闰2月进入3月，推高日期轮外圈，使日期棘爪松开，同时附棘爪推动蜗牛轮，使日期轮顺时针再前行3齿； • 星期杠杆推动星期轮顺时针前行1齿。	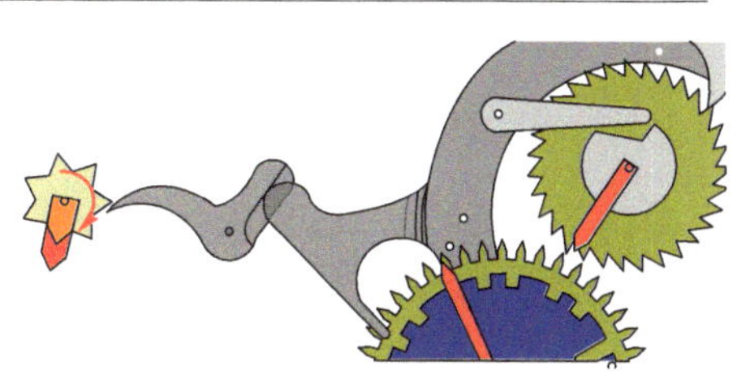

3.13.4 秒表、闹表与问表

秒表英文是“stopwatch”，用于计时。它在生活中时常用到，在各种各样的竞赛中更是必不可少。秒表也是宝玑[57]首先发明的，后来有了好几种不同的设计。图3.81是宝玑公司一款有秒表功能的表。从图中可以看出，秒表有两个按钮：起/止按钮①及重设按钮②。表面的红色指针就是用于秒表计时的。

图3.82是秒表的部分模型。如图所示，它有十多个部件，包括起/停按钮、重置按钮、柱轮杠杆、柱轮钩、柱轮、耦合杆、计时轮、计时轮闸、计时驱动轮系及重置杠杆。秒表分两部分：一是起/停机构；二是重置机构。秒表的工作程序如表3.7所示。

（a）正面　（b）背面

图3.81 宝玑公司一款有秒表功能的表

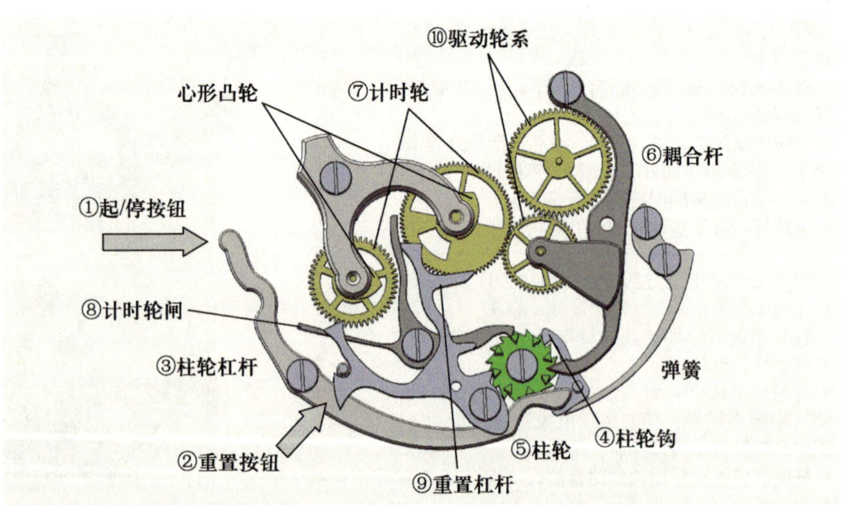

图3.82 秒表的部分模型

表 3.7 秒表起 / 停机构的工作程序

说明	图示
启动： • 按下起 / 停按钮①； • ①推动柱轮杠杆③； • ③推动柱轮钩④； • ④推动柱轮⑤顺时针前行； • ⑤推开计时轮闸⑧； • ⑧松开计时轮⑦； • 同时，⑤还推动耦合杆⑥； • ⑥将计时驱动轮系⑩推入； • ⑩驱动计时轮⑦开始计时。	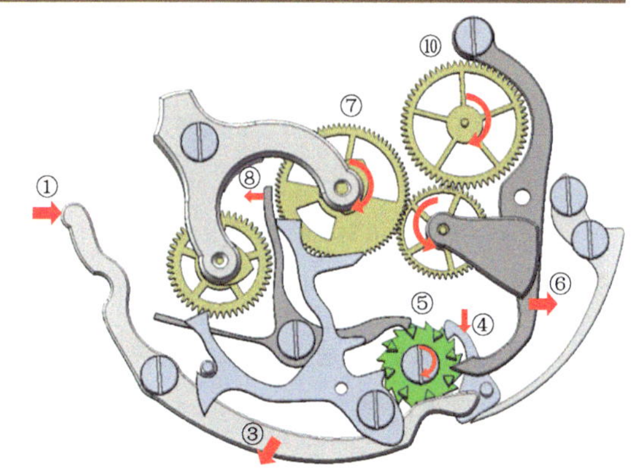
停止： • 按下起 / 停按钮①； • ①推动柱轮杠杆③； • ③推动柱轮钩④； • ④推动柱轮⑤顺时针前行； • ⑤推开耦合杆⑥（蓝色箭头）； • ⑥将计时驱动轮系⑩与计时轮⑦分离； • 同时，⑤推动计时轮闸⑧（蓝色箭头）； • ⑧刹住计时轮，停止计时。	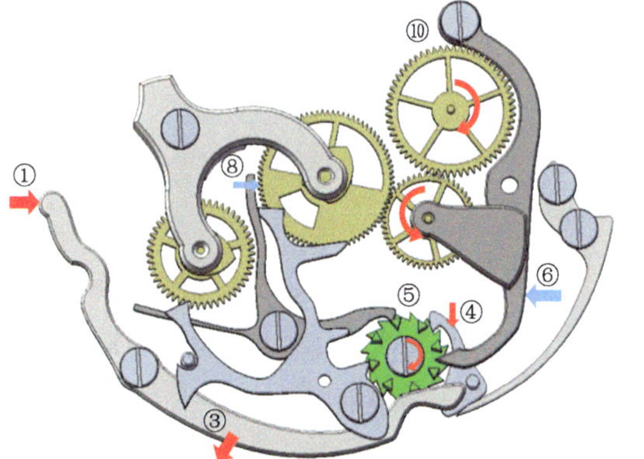
重置： • 按下重置按钮②； • ②推动重置杠杆⑨； • ⑨推动心形凸轮； • 心形凸轮推动计时轮复位（蓝色箭头）。	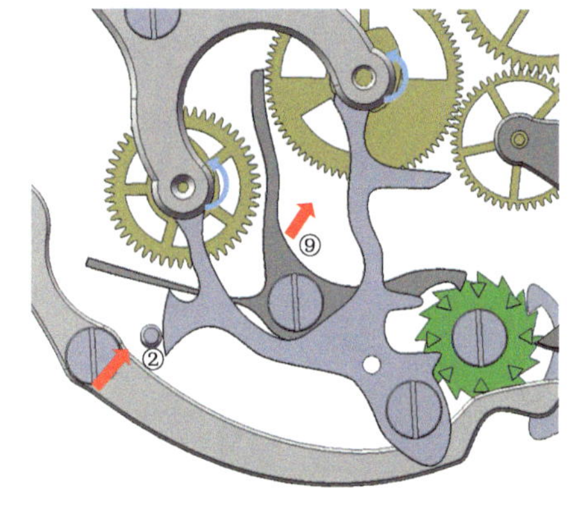

最后还要讲讲闹表与问表。闹表与闹钟一样，用于定时发声报时，用上述的秒表机构再加上一个敲钟的机构即可。为了保证计时的精度，闹表通常使用一个专门的发条。

问表是结合计时及闹表的功能，按下按钮可以报时。闹表有两个不同声音的小铃铛，一个用于报时，一个用于报刻。例如3点15分，即3点1刻，报时声是“丁—丁—丁—当”。

从功能的角度来看，陀飞轮表、万年历表、秒表、闹表、问表对于个人的实用价值都不大。不过有时高端消费品的价值不在于实用，一块具有复杂机构的腕表就是一个华丽精美的小机器，滴答作响，引人入胜，还是会得到许多人的喜爱。

3.14 机械钟表与能量捕获

3.14.1 动能的捕获与自动上弦机构

腕表戴在手上，手在不停地运动，能不能把这个动能捕获下来进而驱动腕表呢？这就是自动上弦机构的初衷。最早的自动上弦机构可以追溯到18世纪，瑞士制表师亚伯拉罕·伯特莱（Abraham Louis Perrelet，1729—1826）首先做出了自动上弦的怀表。大约同一时期，法国制表师赫伯特·萨顿（Hebert Sarton，1748—1828）也发明了自己的自动上弦机构。宝玑[57]做了近30块有自动上弦机构的怀表。图3.83是伯特莱的自动怀表，其半圆形的摆砣是经典，一直沿用至今。

图 3.83 伯特莱的自动怀表
（引自维基百科）

怀表是揣在怀里的，所经受的运动主要上下运动，运动幅度小，可捕获的能量不多，还要靠手工上弦补足。加之自动上弦的怀表造价昂贵，所以在19世纪并不流行。到了20世纪，腕表逐渐代替怀表，手臂摆动大，可捕获的能量多，自动上弦再次受到青睐。1922年，英国制表师约翰·哈伍德（John Harwood，1883—1965）推出了他的锤式自动上弦机构，很快就获得了成功。连伟大的爱因斯坦（Albert Einstein，1879—1955）[116]都曾经为他赞好（图3.84）。爱因斯坦有一句名言："能数的东西可能没有数，数了的东西可能不能数（Not everything that can be counted counts, and not everything that counts can be counted）。"时间能不能"数"呢？与牛顿的机械时间不同，爱因斯坦的是相对时间，属于一个不同的时代，我们将在下一章详细描述。爱因斯坦在瑞士生活多年，对钟表技术颇有兴趣。第二次世界大战时，他写信给罗斯福总统（Franklin Delano Roosevelt，1882—1945）[117]力主开发原子弹技术。1945年原子弹爆炸，迫使日本投降，但也杀死了近20万人。爱因斯坦十分震惊，说如果他知道原子弹有如此的威力，宁可去当一个制表师（…If only I had known, I should have become a watchmaker）。

图 3.84 爱因斯坦观看哈伍德（前排右二）的自动怀表（引自维基百科）

图 3.85 1956 年劳力士公司的广告，左上为伯特莱，右上为哈伍德（引自劳力士官网）

哈伍德的设计引发了近百个不同的设计，其中著名的品牌有绮年华（Eterna）、西马（Cyma）、欧米茄（Omega）、天梭（Tissot）、真力时（Zenith）和劳力士（Rolex）。大家各出奇谋，互不相让，甚至互告抄袭，诉诸法庭。哈伍德的设计存在两个问题：一是摆砣太大（因此表也很大）；二是手动上弦时需要打开表盖，拨动时针。1930年纽约股票市场崩盘，触发了经济大萧条，哈伍德专门做自动表的公司也随之倒闭。

自动表真正的赢家是劳力士。劳力士采用伯特莱的摆砣式设计，精巧稳定。另外，劳力士的产品追求坚实可靠（直到今天还是如此），加之财政稳健，因而稳步发展。1956年，劳力士公司把伯特莱和哈伍德推崇为自动上弦机构的发明者（图3.85），了结了这一段谁是自动表发明者的公案。

▲图3.86 达·芬奇设计的永动机（引自维基百科）

自动上弦机构还令人想到了永动机（perpetual motion machine）[118]，所谓永动机就是不需外加能量可以永动的机器。从古到今，人们发明了各种各样的“永动机”，这些机器可分3类：① 无需输入能量作功的机器；② 将热能（或其他形式的能量）百分之百转化为动能的机器；③ 没有摩擦损耗可以永动的机器。图3.86为莱昂纳多·达·芬奇[7]设计的永动机，机器由滚珠驱动，在蓝色回路中循环直线下落的滚珠驱动木轮旋转。这一设计属于上述的第三类。实际上，由于珠子滚动时摩擦力很大，机器很快就会停下来。

▲图3.87 牛顿的“永动机（Newton's Cradle）”（引自维基百科）

牛顿也设计过一个叫作“Newton's Cradle”的永动机。如图3.87所示，它是一串紧凑相接的摆。一侧摆的运动会通过碰撞传到另外一侧。这也属于第三类永动机，但由于摆的摩擦力很小，这个“永动机”还真的可以运行很久，今天我们在商店中还常能见到它。

现代常用的自动表有劳力士公司的设计、瑞士ETA公司的设计以及日本精工公司的设计。劳力士的设计年代久远，效率较低，只能捕获手臂向前摆动时的动能。瑞士ETA的设计及日本精工的设计都能捕获手臂向前及向后摆动时的动能。

1. 瑞士ETA自动上弦机构

图3.88是瑞士ETA公司自动上弦机构的模型。如图3.88a和b所示，它由一个摆砣、一套减速齿轮（反向齿轴、反向轮、减速轮）、一套棘轮（棘轮驱动轮、棘轮）、一套反向轮（反向耦合轮、辅助反向耦合轮）以及两对4个小爪所组成。棘轮防止上弦时发条松开，它巧妙地利用4个小爪拨动齿轮系，不管摆砣朝哪个方向摆动都可以上弦。如图3.88c中虚线所示，当摆砣顺时针旋转时，带动辅助反向耦合轮逆时针旋转，并通过小爪带动反向轮逆时针旋转，从而带动反向齿轴逆时针旋转。此时，另一对小爪使辅助反向耦合轮与辅助反向轮解耦，因此不会造成自锁。又如图3.88c中实线所示，当

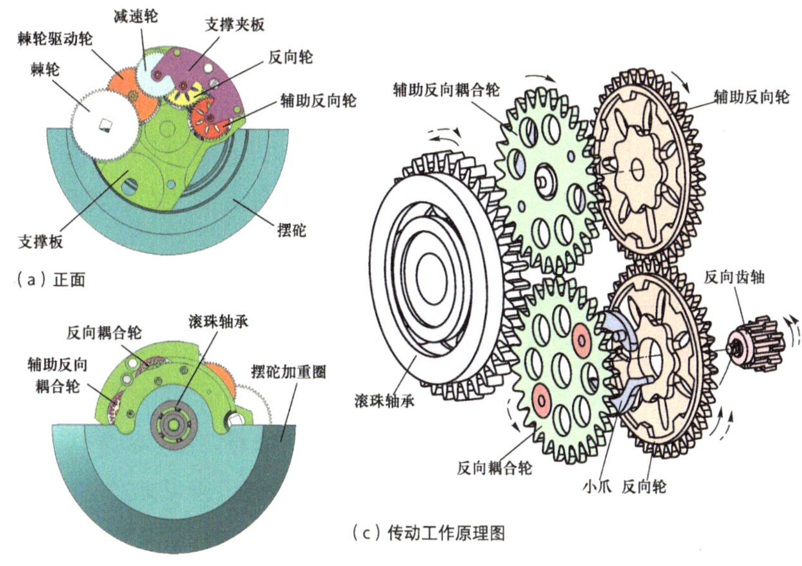

图 3.88 ETA 自动上弦机构的工作原理示意图

摆砣逆时针运动时，带动辅助反向耦合轮顺时针旋转，并通过小爪带动辅助反向轮顺时针旋转，从而带动反向轮逆时针旋转，进而带动反向齿轴逆时针旋转。此时，另一对小爪使反向耦合轮与反向轮解耦，因此也不会自锁。本书附录中有瑞士ETA自动上弦机构的仿真动画二维码，读者可以参考。

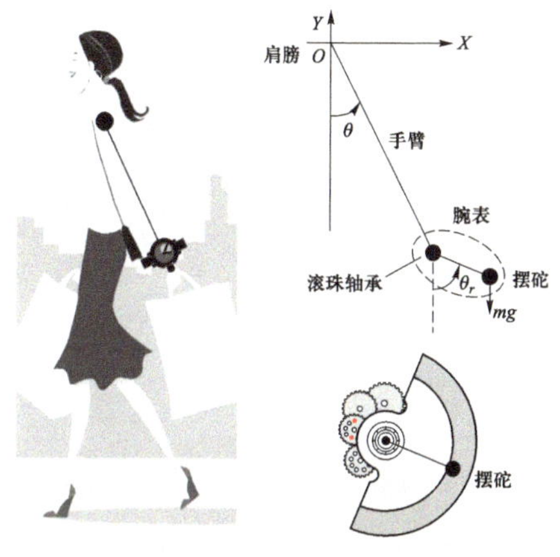

图 3.89 腕表自动上弦机构的模型

作者的研究团队曾经作过分析[98]，一块自动表戴在手腕上可以看作一个双摆系统。如图3.89所示，手臂以肩膀为中心是一个摆，摆砣以滚珠轴承为中心是另外一个摆。双摆的运动比较复杂，有时甚至会产生所谓的混沌运动[119]（参见第五章）。不过因为手臂比摆砣长得多，在自动上弦的机构中混沌运动是不会发生的。图3.90是一组计算机仿真结果，从图中可以看出，手臂摆动1次，摆砣摆动约13次。我们做过实验，ETA自动上弦机构动能捕获的效率约为46%。假定手臂的甩动速度为每秒钟1.6次（保健医生建议每天要走10 000步，每分钟走100步，每秒钟走1.6步)，那么只要连续走动3小时左右就能上满弦。实际上自动表只需要上半弦就可以很好地工作，此时发条的扭矩小，自动上弦机构的效率也就高些。因此，人们只需每天走5 000步，每分钟走80步左右就可以保证自动表持续工作了。

2. 日本精工自动上弦机构

日本制造机械钟表也有较长的历史了。在20世纪初，日本已经有近30家钟表制造公司。在第二次世界大战以后，日本把钟表认定为奢侈品课以重税，日本的制表业遭到重创，一直到20世纪60年代才渐渐复苏。60年代末，日本抓住石英表技术的契机，一举成为世界最大的制表工业基地之一（参见第四章)，帮助其机械表建立起品牌。目前日本每年制造约6 500万只手表，其中机械表只有约26 000只。日本的机械表在设计与制造两方面还不及瑞士，但价廉物美，有一定的竞争力。

日本最大的制表公司精工（Seiko）建立于1881年。精工表的自动上弦机

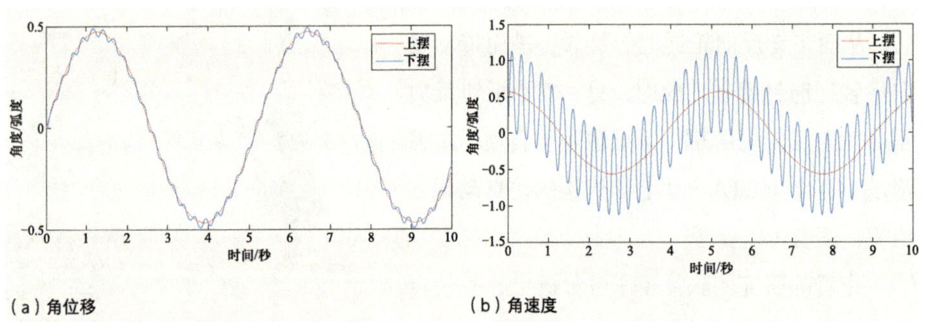

（a）角位移 （b）角速度

图 3.90 ETA 自动上弦机构的仿真结果，其中手臂是上摆（upper pendulum），摆砣是下摆（lower pendulum）。手臂摆动一次，自动上弦机构的摆砣摆动 13 次，并带动上弦机构上紧发条

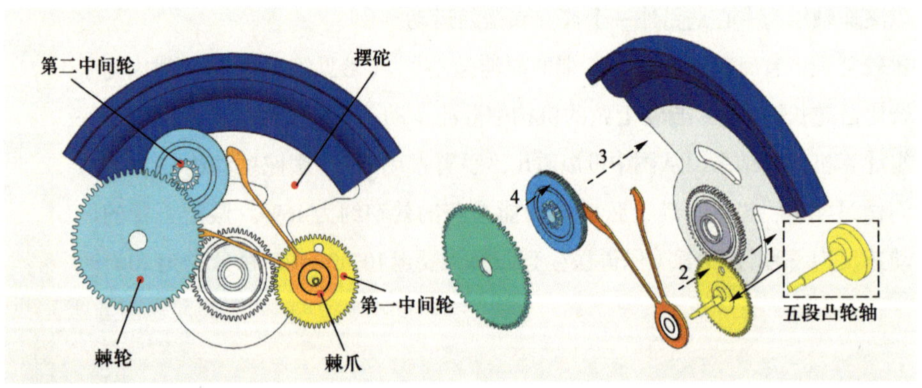

图 3.91 精工的自动上弦机构模型

图 3.92 精工自动上弦机构的运动示意图

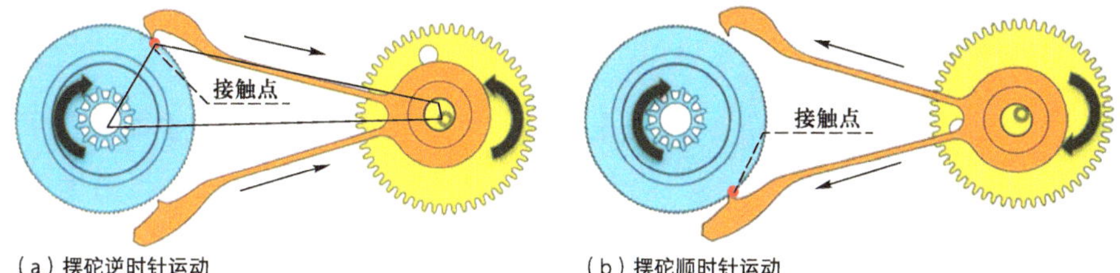

构设计据说是从蒸汽火车的驱动机构得到灵感，图3.91是精工表自动上弦机构的模型。它由摆砣、第一中间轮、五段凸轮轴、一双棘爪、第二中间轮以及棘轮所组成。如图3.92a所示，当摆砣做逆时针运动时，凸轮轴带动上棘爪驱动第二中间轮，从而驱动棘轮做顺时针运动上弦，这一动作类似于蒸汽火车所做的曲柄滑块运动。如图3.92b所示，当摆砣做顺时针运动时，凸轮轴带动下棘爪驱动第二中间轮，从而驱动棘轮做顺时针运动上弦。本书附录中有日本精工自动上弦机构的仿真动画二维码，读者可以参考。这个机构的动能捕获效率略逊于ETA的设计，约为42%。这主要是因为棘爪的运动是四杆机构的运动（图3.91a），效率较低。另外，因为所占的空间大，具有自动上弦功能的精工表通常没有手动上弦的功能。

3.14.2 热能的捕获与空气钟

除了捕获人体动能外，制表师们还想到通过捕获热能来驱动钟表。1864年，新西兰制表师亚瑟·比华利（Arthur Beverly，1822—1927）做了一个空气钟[120]（图3.93），这个钟的驱动装置是一个体积为28升的空气袋子，当昼夜温度变化超过3.3℃时，空气袋子会膨胀，产生一个约为31微瓦时的能量，从而驱动空气钟运行。这个钟目前在新西兰的奥塔哥大学（University of Otago）物理系，150多年来从没有上过弦，是世界上走得最久的自动钟。

图 3.93 新西兰奥塔哥大学的比华利钟，从1864年至今没有停过，是世界上走得最久的自动钟（引自维基百科）

1928年瑞士制表师让里昂·莱特（Jean-Leon Reutter）制作了一只用温差来驱动的小型空气钟。积家公司（Jaeger-LeCoultre）买下了这个专利，并通过10年的研发做出了一款叫作“Atmos”的空气钟（图3.94a）[121]。如图3.94b所示，钟

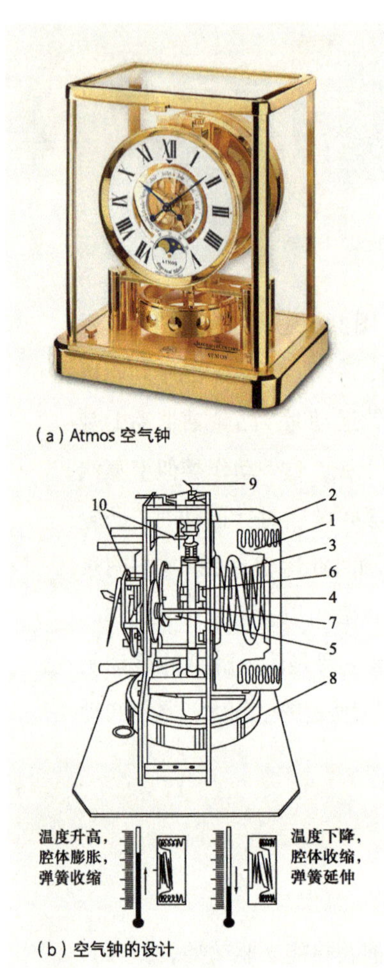

（a）Atmos 空气钟

（b）空气钟的设计

图 3.94 积家公司的空气钟（引自积家公司官网）
1—膨胀腔；2—铜盖；3—弹簧（用作平衡）；4—链条；5—发条；6—拉杆；7—小弹簧；8—平衡轮；9—导线；10—擒纵机构

里有一个密封的膨胀腔（1），里面充注了空气和聚氯乙烷（ethyl chloride），当温度升高时（如图中左下部分所示），空气与聚氯乙烷膨胀，压紧弹簧（3），进而驱动拉杆（6）上紧发条（5）。当温度下降时（如图中右下部分所示），空气收缩，弹簧（3）松开，同样可以驱动拉杆（6）上紧发条（5）。据积家公司的数据，如果环境温度在15 ~ 30℃之间，只要每天的温度差超过1℃，这个钟就可以获得足够能量运行。不过，因为小温差所产生的能量很小，钟的设计与制造必须非常精准。为了降低能耗，它的摆频仅为每分钟2次，而且各处的摩擦都接近于零，因此可以不停顿地运行许多年。不少名人如温斯顿·丘吉尔（Winston Churchill，1874—1965）、约翰·肯尼迪（John Fitzgerald Kennedy，1917—1963）都曾经收藏过空气钟。积家公司至今还在制作与销售这款空气钟。

3.15 机械表与机器人

古时候人们就有制作机器人（robot）[122]的愿望。传说中国古代的墨子（约公元前476—公元前390）能够制造会飞的机器鸟。在古希腊神话中，宙斯让火神（也是工匠之神）做了一个叫作塔罗斯（Talos）的机器人，塔罗斯每天在岸边巡逻，保护欧罗巴。

公元8世纪时，巴格达人贾比尔·伊本·哈扬（Jabir ibn Hayyan，721—815）做过机器鸟与机器人。公元9世纪时伊朗人班纳米斯（Banū Mūsā）兄弟3人写了一本图文并茂的书，叫作《神奇装置之书》(*Book of Ingenious Devices*)，这本书是当时世界上最先进的工程技术著作，书中描述了多种机器人。稍后还有库尔德人伊斯梅尔·加扎利(Ismail al-Jazari，1136—1206)，他的著作《精巧机械装置知识之书》(*Book of Knowledge of Ingenious Mechanical Devices*)描述了好几种水力驱动的钟，其中的大象钟最为著名(图3.95)。该钟可以计算一年中视日时(即在不同的日子里每小时的长短不同，参见第一章)。

图 3.95 伊斯梅尔·加扎利的大象钟(引自维基百科)

机器人的动作大多是按时间来安排的，随着钟表技术的进步，不少钟表匠开始制作各式各样用发条驱动，游丝计时的机器人，这些机器叫作“自动机(automaton)”[123]。其中，最著名的雅克德罗公司是定居瑞士的法国人皮埃尔·雅克德罗(Pierre Jaquet-Droz，1721—1792)和他的儿子们经营的，他们做了许多各种各样的机器人，包括写字机器人(图3.96)，唱歌机器鸟，等等。今天在世界各地的博物馆中还能看到这些机器人，有些上了弦还能动。此外，雅克德罗公司也历久不衰，是瑞士著名的钟表公司之一，其腕表还有专门的“automaton”功能，如莲花开花、蝴蝶振翅、孔雀开屏，等等。

图 3.96 雅克德罗的写字机器人(引自维基百科)

北京故宫博物院钟表馆中也有一个机器人(如图3.97)。这个机器人约一尺高，半跪着，手执毛笔，上弦后能写“八方向化、九土来王”八字。

当时最著名的机器人是下棋机器人“土耳其人(Turk)”。这个机器人是匈牙利人沃尔夫冈·坎培伦(Wolfgang von Kempelen，1734—1804)为神圣罗马帝国女王玛丽娅·特蕾莎(Maria

(a) (b)

图 3.97 北京故宫博物院的写字人钟(引自百度百科)

图 3.98 下棋机器人“土耳其人（Turk）”（引自维基百科）

Theresa，1717—1780，玛丽·安托瓦内特[65]的妈妈）制作的。如图3.98所示，机器人装饰成一个面目凶狠的土耳其人，右手按着桌子，左手持棍拨动棋子。这个机器人击败过许多名人，拿破仑[70]与富兰克林[68]都曾败在他的手下。不过这个下棋机器人其实是作假，它本身并没有思维的功能，而是请高手藏在远处想好应对招数，用暗号通知藏在柜子里的小孩牵动绳索，驱动机器人。后来，这个下棋机器人毁于火灾，但后世有好几个复制品。

机器人真正下棋是近年来的事情了。最近，机器人阿尔法狗（AlphaGo）[124]连续击败世界围棋高手，引起了不小的轰动。实际上，围棋虽说组合繁多，但规则清晰，随着计算机计算速度的不断提高以及人工智能算法的不断改进，机器人下棋肯定会越来越好，人类是下不赢计算机的。

3.16 双摆钟与精密计时

机械钟表到底能有多准？1889年德国工程师西格蒙德·里夫勒（Sigmund Riefler，1847—1912）设计了一个摆钟（图3.99）[125]。这一设计源自古典的锚式擒纵机构（参见3.3节），但作了两处改进：一是把摆悬挂在一个簧片上，簧片随摆运动，当摆接近最高点时，簧片会碰撞一个限位片，产生一个脉冲式的回摆，这使得摆的运动周期更加稳定；二是它有前后两个擒纵轮，擒纵动作发生于摆在最低点的时候，此时摆的速度最大，抗干扰能力最强。据记载，这个摆钟的误差为每天30多毫秒（每年约12秒），这个精度足以测出月亮引力的变化，在20世纪初许多天文台都用它作为标准的计时工具。

到了1921年，英国工程师威廉·肖特（William Hamilton Shortt）与制表师弗兰

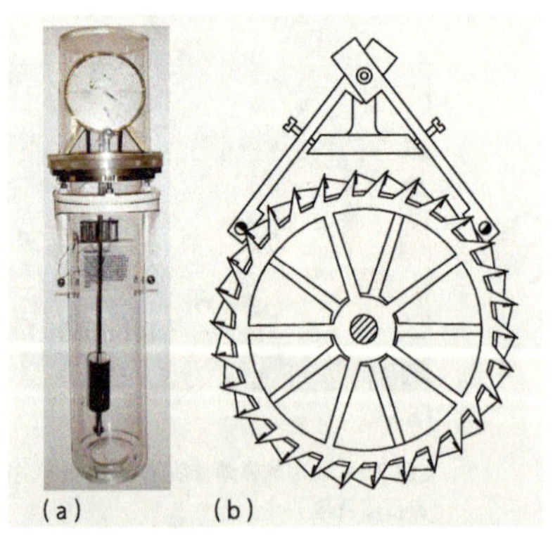

图 3.99 里夫勒精密摆钟及其擒纵机构（引自维基百科）

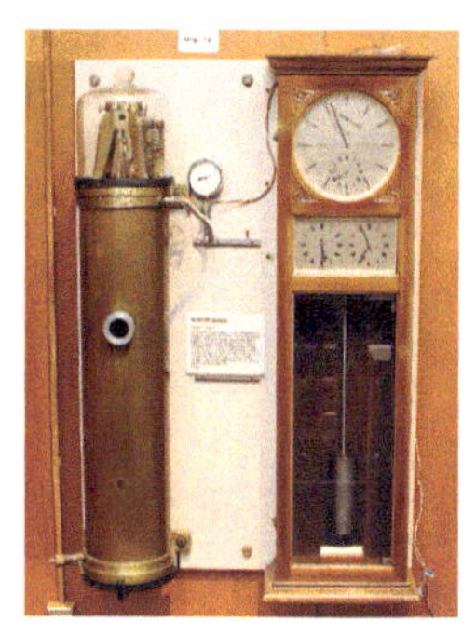

图 3.100 肖特摆钟，左边的圆筒抽了真空，装着主摆，右面是计时的副摆与擒纵装置（引自维基百科）

克·霍普琼斯（Frank Hope-Jones）发明了更加精准的肖特摆钟"Shortt–Synchronome Clock"[126]（图3.100）。这个钟有两个摆，主摆安置在一个真空桶中，自行摆动，不受干扰。副摆与计时的擒纵机构装置相连。主摆与副摆通过一套电路相连，所以有同步（Synchronome）之称。运行时，主摆由一个重坠驱动，由于摆在真空中运动，不受空气动力的影响。这个钟的误差为每年一秒钟，比地球的转动更准确。1926年，它首次测出地球自转速度的微小变化。

到了20世纪中叶，石英钟出现，机械钟表就渐渐地退出了精准计时的历史舞台。

3.17 丹尼尔斯同轴擒纵机构

在文艺复兴时期，机械钟表计时代表着高科技（当时还没有高科技这个词），许多著名的钟表师都是科学院院士，例如格林汉姆[33]和宝玑[57]。随着科学技术的发展，机械钟表慢慢演化成奢侈品，钟表师们退居为带着放大镜伏案埋头工作的工匠。然而他们还是在孜孜不倦地追求着机械钟表那滴答作响的精细境界。

在过去的数十年中，最著名的钟表师也许是乔治·丹尼尔斯（George Daniels，1926—2011）[127]。丹尼尔斯是英国人，他出身贫寒，父亲嗜酒，母亲未婚生了他，后来父母结婚又离婚，他童年的状况可想而知。他参加过第二次世界大战，1945年退役时得到了50英镑（相当于今天的2 000英镑）。他用这些钱买来了制作钟表的书籍与工具，从此开始了他的制表生涯。他没有受过多少教育，也没有跟过什么名师，只是努力学习，努力工作，一步一步地走。他心灵手巧，既能制作精美的表针和表面，也能修复并制作复杂的机芯。经过20多年的努力，到了1970年，他制作的表开始受到关注。他的一位朋友把他介绍到高端腕表的圈子里，他更加如虎添翼，不但制作技术越来

图 3.101 丹尼尔斯（引自维基百科）

图 3.102 丹尼尔斯同轴擒纵机构的模型

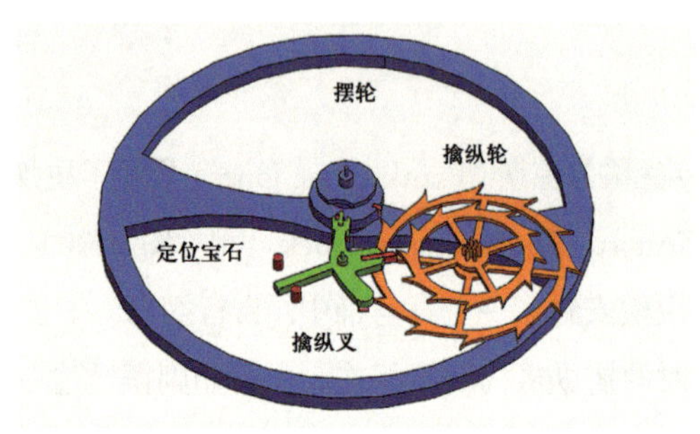

图 3.103 欧米茄公司使用丹尼尔斯同轴擒纵机构的产品（引自欧米茄公司官网）

越高明，而且开始了创新的设计。1980年，他挑战经典的瑞士叉瓦式擒纵机构，设计了一款全新的丹尼尔斯同轴擒纵机构（Daniels' co-axial escapement）。他还写了好几本书，其中*Watchmaking*[128]一书描述入微，图文并茂，堪称经典。2011年，他把这本书再次修订，之后悄然离世，为自己成功的一生画上完美句号（图3.101）。

丹尼尔斯同轴擒纵机构有点儿像英式擒纵机构。如图3.102所示，它共分3层：第一层摆轮与擒纵叉相互作用，两个限位宝石也在这一层；第二层擒纵轮的外轮与摆轮相互作用；第三层擒纵轮的内轮与擒纵叉相互作用。摆轮、擒纵叉与擒纵轮构成一个稳定的三角形。本书附录中有丹尼尔斯同轴擒纵机构的仿真动画二维码，读者可以参考。

丹尼尔斯同轴擒纵机构有几个特点：第一，擒纵叉的摆动角小，因此运动的非线性小；第二，擒纵轮直接向摆轮传递动能，减少了对摆轮运动的影响；第三，在擒纵轮与擒纵叉之间不再有滑动摩擦，减少了摩擦与能耗。不过，双环的擒纵轮制造困难，价格昂贵。1990年左右，欧米茄公司[100]买下了这个专利，并与丹尼尔斯一起联手开发生产工艺，经过近10年的努力，在2000年成功推出了这款产品（图3.103）。目前，欧米茄的高端腕表大多用的是这种擒纵机构，这也是目前最后一种传统的机械式擒纵机构了。

3.18 万年钟

我们在历史小说和电视剧中常看到皇帝被称为“万岁”。其实从中国有明确的文字记载以来，活过80岁的皇帝只有4位：一位是梁武帝萧衍（464—549），他晚年迷恋佛教，疏于朝政，朝廷发生内乱，最后被囚禁饿死；一位是女皇帝武则天（624—705），她登基时67岁，寿至82岁；一位是宋高宗赵构（1107—1187），他逃到江南建立了南宋，刚刚活过了80岁；还有一位是清高宗爱新觉罗·弘历，即乾隆皇帝（1711—1799），他最长寿，寿至89岁。

在乾隆的父亲清世宗爱新觉罗·胤禛（1678—1735）当政的雍正年间，有一位僧人朝见，称雍正“万岁”。雍正说人生百年尚不可得，何以称万岁？僧人回答说尧舜已经过千年了，雍正点头称是，人虽逝，名尚存。

机械钟表有约700年的历史。人类文明史不超过一万年。我们不知道一万年后会发生什么事情。

1996年，美国的斯图尔特·布兰德（Stewart Brand，1938—）与丹尼·希利斯（Danny Hillis，1956—）成立了一个叫作“The Long Now”的基金会[129]。他们两人都是极具前瞻性的科学家。布兰德曾经编辑了全球目录（Whole Earth Catalog），它是谷歌诞生之前最重要的检索工具。希利斯是并行计算机及人工智能的先驱。这个基金会做了好几个项目，其中一个叫作罗塞塔项目（Rosetta Project）。当年的罗塞塔石碑[130]破解了古埃及文字的奥秘，是语言学研究的里程碑。罗塞塔项目旨在把世界上1 500种语言的信息永久存储。

基金会的另外一个项目是万年钟（10 000 Year Clock）[131]，它旨在向世人展示10 000年这样一个时间概念，警示人们要为未来负责。这个项目由亚马逊（Amazon）的创建者杰夫·贝索斯（Jeff Bezos，1964—）捐资4 200万美元［是英国新的经度大奖计划（Longitude Price 2014）[61]的3倍多］建造，他还亲自为项目撰写了介绍。贝索斯出生于一个平民家庭，父母亲离异后，他跟随继父在迈阿密长大，中学时一直在麦当劳兼职打工。后来进入普林斯顿大学读书。他创建的亚马逊公司从网上销售图书开始，逐渐成为世界上最大的网购公司，他也因此成为全球首富之一。

万年钟与一般的机械钟表本质上没有区别，也是由5个部分组成：上弦及调时、能量储存、传动、擒纵机构及显示（参见图3.8）。为了能够行走一万年，这个钟的设计颇费心思。首先要考虑的是如何能够保证它的结构万年不坏，所采取的措施包括慢走、尽可能地避免摩擦、避免间歇运动、保持清洁、保持干燥、预防灾难性的气候影响、预防地震、预防随机干扰、预防失窃。其次要考虑的是维护及可视性，采取的方法包括使用常用的材料、使用容易制造的零部件、周期性地维护、不断地测试、加入重新启动的功能、编辑好维护手册。最后还要考虑可复制性和可修改性，包括使用大小相若的零部件、使各个功能模块相对独立及衔接界面简单。

万年钟的设计也是对过去近1 000年来机械钟表设计的一个审视。设计者比较了12种不同的驱动方式（表3.8），最后选择了人工上弦。接着设计者比较了22种不同的计时方法（表3.9），最后选择了旋转摆（torsional

表3.8 各种驱动方式比较

驱动方式	可能存在的问题
原子能	可维护性及可视性差
化学能	可复制性差
太阳能	可维护性差
势能	可复制性差
水流	水压、水质影响大
风能	气候影响大
地热	可复制性差
潮汐	可复制性差
温差	环境影响大
压力差	环境影响大
地壳运动	环境影响大
人工	需要人的干预

表 3.9 各种计时方法比较

计时方法	计时方法分类	存在问题
每日温差	问天	可靠性差
季节温差		精度差
潮汐		难以测量
地球旋转力矩		难以测量
恒星		受环境影响大（如云雨）
太阳		受环境影响大（如云雨）
地壳运动		难以精确测量
人工观测		人为因素大
流水	称水	精度不高且潮湿
流沙		精度不高
摆（旋转摆）	数声	精度不高
弹簧		精度不高
石头的滚动		难以复制
物体动态运动轨迹		精度差
惯性力变化周期		精度差且难以测量
原子振荡	炼石	难以维护
石英振荡		难以维护
原子半衰期		难以精确测量
材料的磨损		精度差
材料的渗透		精度差
音频振荡		精度差且难以测量
压力变化周期		精度差

pendulum)。旋转摆稳定，但不准确。因此，设计者引入了观测太阳作为辅助。每日正午，太阳直射的信号会启动一个调节装置，以调节正午的时间。另外，设计者比较了各种显示方法，包括电子显示、机械显示、液压显示，最后选用了机械显示，显示的内容如表3.10所示。

图3.104是万年钟的图片。从图中可以看到，它由重坠驱动，重坠可以通过一个螺线形的导轨由人工提升，重坠的下落速度则由一个飞轮调节器来控制。计时用的擒纵机构是一个锚式擒纵机构，但环形的弹簧摆在一个平面上，以减少重力的影响。钟面显示以日为基本单位，日轮每日一转，月、年、星

表3.10 万年钟显示内容

显示内容	周期 / 天	
日	1	
月相	29.530 588 2	
年	365.242	
日食	6 793.504 897 308	
五大行星	水星（Mercury）	87.969
	金星（Venus）	224.701
	火星（Mars）	686.980
	木星（Jupiter）	4 331.772
	土星（Saturn）	10 759.22
十二星座	9 417 404.853 343 5	
基督教历（阳历）		
伊斯兰历（阴历）		
犹太历		
中国农历		
玛雅历	360	
年（百年、千年）		

象、世纪、地平线（即日出与日落的时间）随之运动。另外，它还有一个根据太阳位置来调整计时的机构。

目前，一个小型的万年钟已经做好，并摆放在伦敦科学博物馆里（后来又移走了）。另一个大型的还在建造之中，大钟选址在美国得克萨斯州与新墨西哥州边境一座与世隔绝的山脉（Sierra Diablo Mountain Range）。上山无车路可行，想要造访大钟的人必须徒步一天。为了减少环境的影响，大钟深藏在离地面150米的深洞里（图3.105）。未来的来访者拾级而下，进洞后可以推动一个转盘为大钟上弦，大钟上满弦后可运行两个月左右。

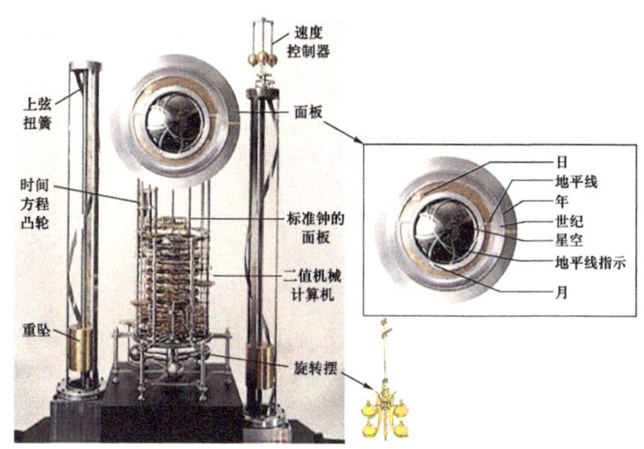

图 3.104 万年钟（引自维基百科）

一万年前人类的文明史还没有开始。一万年后会发生什么事情呢？这个万年钟还会滴答作响吗？

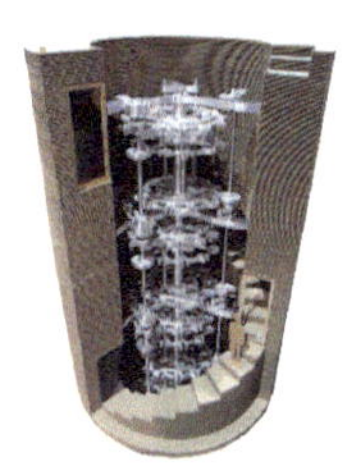

图 3.105 万年钟的所在地（引自维基百科）

[1] 中世纪，参见维基百科“Middle Ages”。

[2] 十字军东征，参见维基百科“crusades”。

[3] 蒙古帝国西征，参见百度百科。

[4] 君士坦丁堡之战，参见维基百科“Fall of Constantinople”。

[5] 索尔兹伯里教堂铁钟，参见维基百科“Salisbury cathedral clock”。

[6] 纽伦堡蛋，参见维基百科“Nuremberg eggs”。

[7] 达・芬奇，参见维基百科“Leonardo da Vinci”。

[8] 马罗夫，参见维基百科“Taqi ad-Din Muhammad ibn Ma' ruf”。

[9] 伊丽莎白一世，参见维基百科“Elizabeth I of England”。

[10] 古滕贝格，参见维基百科“Johannes Gutenberg”。

[11] 米开朗基罗，参见维基百科“Michelangelo”。

[12] 拉斐尔，参见维基百科“Raphael”。

[13] 马基雅维利，参见维基百科“Niccolo Machiavelli”。

[14] 伽利略，参见维基百科“Galileo Galilei”。

[15] 伽利略的摆钟，参见维基百科“Timekeeping / Galileo”。

[16] 惠更斯，参见维基百科“Christiaan Huygens”。

[17] 莎士比亚，参见维基百科“William Shakespeare”。

[18] 培根，参见维基百科“Francis Bacon”。

[19] 汉斯・荷尔拜因，参见维基百科“Hans Holbein the Younger”。

[20] 摆钟，参见维基百科“pendulum clock”。

[21] 胡克，参见维基百科“Robert Hooke”。

[22] 牛顿，参见维基百科“Isaac Newton”。

[23] 拜尔，参见维基百科“Robert Boyle”。

[24] 伦敦大火纪念碑，参见维基百科“Monument to the Great Fire of London”。

[25] 格林尼治皇家天文台，参见维基百科“Royal Observatory Greenwich”。

[26] 托马斯・汤皮恩，参见维基百科“Thomas Tompion”。

[27] 锚式擒纵机构，参见维基百科“anchor escapement”。

[28] 伦敦科学博物馆，参见“Sciencemuseum”网站。

[29] 神圣罗马帝国，参见维基百科“Holy Roman Empire”。

[30] 彼得大帝，参见维基百科“Peter the Great”。

[31] 林肯，参见维基百科“Abraham Lincoln”。

[32] 明治皇帝，参见维基百科“Emperor Meiji”。

[33] 乔治・格林汉姆，参见维基百科“George Graham”。

[34] 计时码表，参见维基百科“chronograph”。

[35] 约翰・阿诺德，参见维基百科“John Arnold”。

[36] 哥伦布，参见维基百科“Christopher Columbus”。

[37] 哈雷，参见维基百科“Edmond Halley”。

[38] 万有引力，参见维基百科“Newton' s law of universal gravitation”。

[39] 六分仪，参见维基百科“sextant”。

[40] 经度计算，可百度搜索相关网页。

[41] Sobel D. Longitude: The True Story of a Lone Genius Who Solved the Greatest Scientific Problem of His Time.London: Happer Pernnial, 2007.

[42] 路易十四，参见维基百科“Louis XIV of France”。

[43] 约翰・弗拉姆斯蒂德，参见维基百科“John Flamsteed”。

[44] 经度大奖，参见维基百科“Longitude Rewards”。

[45] 诺贝尔，参见维基百科“Alfred Nobel”。

[46] 约翰・哈里森，参见维基百科“John Harrison”。

[47] 朱利安・罗伊和皮埃尔・罗伊，参见维基百科“Jullien Le Roy”和“Pierre Le Roy”。

[48] 阿什莫尔博物馆，参见“Ashmolean”网站。

[49] 大英博物馆，参见“Britishmuseum”网站。

[50] 双金属簧片，参见维基百科“bimetallic strip”。

[51] 滚动轴承，参见维基百科“rolling element bearings”。

[52] 欧拉，参见维基百科“Leonhard Euler”。

[53] 马斯基林，参见维基百科“Nevil Maskelyne”。

[54] 肯德尔，参见维基百科“Larcum Kendall”。

[55] 库克，参见维基百科“James Cook”。

[56] 托马斯・麦基，参见维基百科“Thomas Mudge ”。

[57] 宝玑，参见维基百科“Abraham Louis Breguet”。

[58] 基督圣体钟，参见维基百科“Corpus Clock”。

[59] 霍金，参见维基百科“Stephen Hawking”。

[60] 霍金.时间简史.许明贤，吴忠超，译.长沙：湖南科技出版社，2014.

[61] 英国经度大奖2014，参见维基百科“Longitude Prize 2014”。

[62] 笛卡儿，参见维基百科“René Descartes”。

[63] 帕斯卡，参见维基百科“Blaise Pascal”。

[64] 伏尔泰，参见维基百科“Voltaire”。

[65] 玛丽・安托瓦内特，参见维基百科“Marie Antoinette”。

[66] 法国大革命，参见维基百科“French Revolution”。

[67] 马拉，参见维基百科“Jean-Paul Marat”。

[68] 富兰克林，参见维基百科“Benjamin Franklin”。

[69] 罗伯斯庇尔，参见维基百科“Maximilien Robespierre”。

[70] 拿破仑，参见维基百科“Napoleon”。

[71] 避震器，参见维基百科“shock absorber”。

[72] 亨利八世，参见维基百科“Henry VIII ”。

[73] 瓦特，参见维基百科“James Watt”。

[74] 瓦特蒸汽机，参见维基百科“Watt steam engine”。

[75] 重力擒纵机构，参见维基百科“gravity escapement”。

[76] 大本钟，参见维基百科“Big Ben”。

[77] 雨果，参见维基百科“Victor Hugo”。

[78] 大仲马，参见维基百科“Alexandre Dumas”。

[79] 莫奈，参见维基百科“Claude Monet”。

[80] 罗丹，参见维基百科“Auguste Rodin”。

[81] 卡诺，参见维基百科“Nicolas Léonard Sadi Carnot”。

[82] 拉普拉斯，参见维基百科“Pierre Simon Laplace”。

[83] 傅里叶，参见维基百科“Joseph Fourier”。

[84] 埃菲尔，参见维基百科“Gustave Eiffel”。

[85] 拿破仑三世，参见维基百科“Napoleon III”。

[86] 梅森，参见维基百科“Marin Mersenne”。

[87] 高斯，参见维基百科“Carl Friedrich Gauss”。

[88] 傅科，参见维基百科“Foucault”。

[89] 傅科摆，参见维基百科“Foucault Pendulum”。

[90] 阿拉戈，参见维基百科“Francois Arago”。

[91] 泊松，参见维基百科“Siméon Denis Poisson”。

[92] 科里奥利，参见维基百科“Gaspard-Gustave de Coriolis”。

[93] 科里奥利力，参见维基百科“Coriolis force”。

[94] 俾斯麦，参见维基百科“Otto von Bismarck”。

[95] 巴黎公社，参见维基百科“Paris Commue”。

[96] 瑞士，参见维基百科“Switzerland”。

[97] 擒纵机构，参见维基百科“escapement”。

[98] Du Ruxu, Xie Longhan. Mechanics of Mechanical Watches and Clocks. New York: Springer, 2014.

[99] 劳力士（Rolex），参见“Rolex”网站。

[100] 欧米茄（Omega），参见“Omegawatches”网站。

[101] 华盛顿，参见维基百科 “George Washington”。
[102] 杰斐逊，参见维基百科 “Thomas Jefferson”。
[103] 惠特尼，参见维基百科 “Eli Whitney”。
[104] 范德比尔特，参见维基百科 “Cornelius Vanderbilt”。
[105] 卡耐基，参见维基百科 “Andrew Carnegie”。
[106] 摩根，参见维基百科 “J. P. Morgan”。
[107] 洛克菲勒，参见维基百科 “John D. Rockefeller”。
[108] 防水，参见维基百科 “waterproofing”。
[109] 亚当・斯密，参见维基百科 “Adam Smith”。
[110] 福特，参见维基百科 “Henry Ford”。
[111] 美国铁路表，参见维基百科 “railroad chronometer”。
[112] 腕表，参见维基百科 “wristwatch”。
[113] 不锈钢，参见维基百科 “stainless steel”。
[114] 查尔斯・纪尧姆，参见维基百科 “Charles Edouard Guillaume”。
[115] 陀飞轮，参见维基百科 “toubillon”。
[116] 爱因斯坦，参见维基百科 “Albert Einstein”。
[117] 罗斯福，参见维基百科 “Franklin Delano Roosevelt”。
[118] 永动机，参见维基百科 “perpetual motion machine”。
[119] 混沌运动，参见维基百科 “chaos theory”。
[120] 比华利的空气钟，参见维基百科 “Beverly clock”。
[121] 积家的空气钟，参见维基百科 “Atmos clock”。
[122] 机器人，参见维基百科 “robot”。
[123] 自动机，参见维基百科 “automaton”。
[124] 阿尔法狗，参见维基百科 “AlphaGo”。
[125] 里夫勒摆钟，参见维基百科 “Riefler escapement”。
[126] 肖特摆钟，参见维基百科 “Shortt-Synchronome clock”。
[127] 乔治・丹尼尔斯，参见维基百科 “George Daniels”。
[128] Daniels, G. Watchmaking. 2nd ed. London：Sotheby's，2011.
[129] Long Now Foundation，参见维基百科。
[130] 罗塞塔石碑，参见维基百科 “Rosetta Stone”。
[131] 万年钟，参见维基百科 “Clock of the Long Now”。

第四章 炼石

Melting The Stones

► 100 多年前，大多数人还一辈子都没有离开过自己出生地 200 千米以内的这么一个圈子，他们种田捕鱼，养蚕织布，结婚生子，过着相当闭塞的生活，只为衣食住行而奔忙。他们不识字，也不知道世界其他地方发生了什么事情。他们经常会受伤生病，遇到天灾人祸只能束手待毙。

► 今天我们所处在的时代是个天翻地覆的时代。科学技术飞速发展，人们的衣食住行问题一一得到解决。化学纤维与纺织机械使得人们的衣柜装满了衣服，生物技术与农业机械使得人们可以天天吃鱼吃肉，摩天大厦拔地而起，汽车、火车与飞机把整个世界联系在一起，照明技术把黑夜变成了白昼，普及教育使得杰出的人才不断诞生，通信技术、计算机网络把天涯变成咫尺。自从第二次世界大战以来，至今世界上还没有发生过大规模的战争，也没有大规模的饥荒与传染病，世界人口从约 23 亿飞速增加到约 75 亿。在此期间，计时技术也不断进步，引领着社会的发展。

► 现代计时技术的基石源于几块“石头”：铜、石英、硅和铯。下面我们来看看人们是怎样发现、炼制和使用这些石头的。

4.1 铜、电机与音叉表

远在27 000年前，古人类就在使用火的过程中开始“炼石”了。最先“炼”出来的是陶器[1]。陶器是由黏土烧制而成，烧制的温度在900℃左右，在天然的大火中就得以实现。制陶技术使人们可以做出各种各样煮食和盛物的器皿及饰物（图4.1）。不过陶器易碎，不能用作工具。

图 4.1 下维斯特尼采的维纳斯（Venus of Dolní Věstonice）是已知最早的陶器之一，制作于公元前29 000~25 000年间（引自维基百科）

公元前9000年左右，古人们发现了铜[2]。铜在自然界以多种形式存在。铜的熔点为1 083.4℃，比较容易提炼（图4.2a），估计是古人们在烧制陶器时发现的。铜比陶坚硬得多，可以用作武器、农具、容器及装饰品（图4.2b）。此外铜器韧性好，掺入一些其他元素（如锌和锡）后还不易生锈（古人们并不知道这些元素是什么，只是通过实验发现了它们）。直到今天我们还经常使用铜器。

铜还是生命必需的微量元素之一。它用于传递养分及调节身体的多个功能。我们每天需要约0.9毫克的铜。通常在食物中摄取就够了。有些动物（如螃蟹）的血液是通过含铜化合物运送氧气，所以呈现蓝颜色。

铜的电导率仅次于银，而且在自然界中分

（a）古代炼铜的窑炉

（b）公元前2000年左右的青铜刀

图 4.2 古代炼铜技术与铜器（摘自维基百科）

布广泛，易于提炼，价格不高，因此铜是电机工程中用得最多的材料之一。

工程是人类特有的行为。中国的长城与埃及的金字塔都是伟大的工程。在19世纪工业革命以前，工程指的是建筑工程与机械工程。一般来说建筑工程是建造不动的东西，例如道路、城堡、大厦、水坝，等等，而机械工程是建造能动的东西，例如汽车、飞机、船、机床，等等。在工业革命时期，机器轰鸣，机械工程占了主导地位。到了20世纪初，工程开始细分，先是分出电机工程，后来又分出化学工程、原子能工程、航空工程、工业工程等。到了20世纪70年代，电子技术开始引领世界，电机工程又延伸出电子工程、自动化工程、计算机工程、信息工程、系统工程，等等。

电机工程之父是法拉第（Michael Faraday，1791—1867）[3]（图4.3）。法拉第出生在伦敦一个普通的平民家庭，只上过几年小学。他父母早故，14岁开始在一家印刷店当了近7年的学徒。在这期间他勤奋自学，当时伦敦有公开的科学讲座，他每次必去。有一次，当时的英国皇家学会会长汉弗里·戴维（Humphry Davy，1778—1829）[4]来讲课，法拉第坐在最前排，仔细地做了笔记。回家后他把笔记重新誊写，还加上了注释及引证，装订成一本300多页的书。他把书寄给戴维，同时附上一封信，表示希望当他的助手。戴维是一位名彪青史的科学家，他发现了钠、钾、氯等好几种元素。他还是瓦特（参见第三章）的好朋友，他们一起研究压缩空气的性质，作出了重要贡献。他十分欣赏法拉第的执着与认真，爽快地答应了他的要求。法拉第在戴维的实验室努力学习，勤奋工作，很快就作出了不少重大发现和发明，这使得贵族出身的戴维颇为嫉妒。1814年他去欧洲讲学的时候，要求法拉第作为仆人，而不是助手跟随。法拉第只是更加努力工作，他的伟大发现与发明一个接着一个，光芒四射。最后，戴维也嘉许了法拉第的工作。

图 4.3 法拉第，左下角是法拉第发明的电磁感应装置（引自维基百科）

法拉第在化学及物理两大学科中都极有建树，他的发现包括电磁感应、电解、燃烧的性质，等等。他定义的许多科技词汇沿用至今，例如，电极、阳极、离子等。他还是一位伟大的教育家，他设立了英国皇家学会的圣诞公开演讲，这一传统延续至今。他题为《蜡烛》的演讲最为经典[5],风靡整个伦敦，在欧洲也很有影响。法拉第获得如此巨大的成就，生活却十分低调。他两次拒绝担任英国皇家学会的会长。晚年退休时，阿尔伯特亲王（Albert，Prince Consort，1819—1861，维多利亚女王的丈夫）得知他还没有找到合适的居住地，特意请他住进了一座皇家宫殿，据说阿尔伯特亲王还亲自到宫殿门口迎接他们。法拉第的夫人十分贤惠，两人膝下没有子女，外人问起，她只是说法拉第辛勤工作了一辈子，她愿意当他的枕头，让他每天安然入睡。

在法拉第之前已经有人开始研究电与磁。1835年，法拉第首先发现电和磁之间的关系。他把一个磁棒放进通电的铜圈中（图4.3左下角），从而观察到电流的变化。他把这个关系用下面的公式表述：

$$E = N\frac{\mathrm{d}\Phi}{\mathrm{d}t} \tag{4.1}$$

式中，E为电驱动力（electromotive force）；N为线圈（铜圈）的匝数；Φ为磁场；$\mathrm{d}\Phi/\mathrm{d}t$表示磁场随时间的变化。这就是著名的法拉第方程，它描述了电与磁的相互关系（即电驱动力与线圈的匝数及磁场的变化成正比），是电动机与发电机的基本公式。线圈与电感有关，电感的概念也由此产生。法拉第还研究了电容，电容的度量单位就是用法拉第命名的。法拉第发现了电磁感应后，当时的英国首相威廉·格莱斯顿（William Gladstone，1809—1898）曾问他那个不起眼的线圈有什么用，法拉第回答："先生，不久的将来您将会有新的税收了。"科学技术是社会发展的基石，是创造财富的动力。

法拉第发明电磁感应带来了第二次工业革命。经过几十年的研发，到了1900年左右，电机工程技术开始广泛应用，接着而来的两次世界大战更加促进了电机工程技术的发展与应用。电灯、电机、电报、电话、电影、电车，无处不需要电。要是停了电，我们都会觉得生活无法正常进行。

法拉第的电磁感应还带来了无线电。无线传输电磁波的理论最早是由苏格兰科学家詹姆斯·麦克斯韦（James Clerk Maxwell，1831—1879）[6]提出的。麦克斯韦从小聪慧，在剑桥大学毕业后成为教授时年仅25岁。1861年，他发表了著名的麦克斯韦方程（图4.4），这一组方程描述了电场与磁场的相互作用。1871年，他回到剑桥大学任教，当时选修他的电磁场课程的只有4个人。约150年后的今天，他的方程无处不在，电台、电视、手机、无线传感网络、遥控器、微波炉，计算机断层扫描（CT），等等。麦克斯韦方程统治着我们身边看见和看不见的世界。

（a）

（b）

图 4.4 麦克斯韦和他的关于电磁波的手稿（引自维基百科）

第一个成功应用电机技术的计时装置是宝路华（Bulova）公司发明的音叉表[7]。宝路华公司的创始人是约瑟夫·宝路华（Joseph Bulova，1851—1936）。他生于德国，早年曾经在瑞士学习制表，并建立了宝路华公司。他后来移民美国，将公司搬到了纽约。到了20世纪50年代，公司的一位瑞士电机工程师Max Hetzel（1921—）发明了音叉表，叫作“Accutron”（图4.5a）。音叉由一对线圈驱动（这与法拉第的电感是一样的）。图4.5b为音叉表的电路图。电路的工作原理如下：电池供电给三极管及两个电感线圈D1及D2，D1还有一个辅助电感线圈F1和一个1纳法的电容（1纳法 = 10^{-6}法）。当音叉摆动到接触D1时，辅助线圈产生一个反馈电压，关闭三极管，从而阻断通向线圈的电流，

（a）音叉表 Accutron

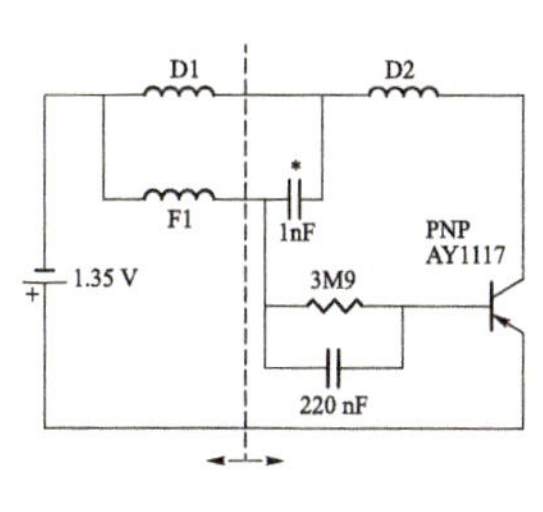

（b）音叉表的电路图

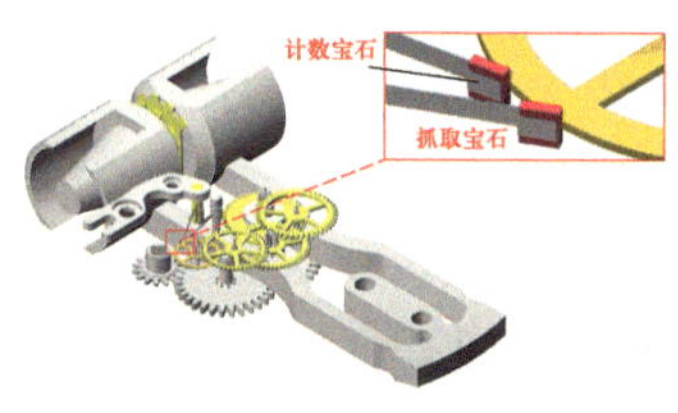

（c）音叉表的驱动系统

图 4.5 宝路华的音叉表“Accutron”（引自宝路华公司官网）

停止驱动音叉；音叉由于惯性力而回摆，此时辅助线圈产生一个反向的反馈电压，驱动D2，进而驱动音叉运动；当音叉接触的D2时，辅助线圈产生一个反向的反馈电压，开始反方向的半个周期。这个系统具有自调节的功能，受到扰动时能够自动调节电压，从而调节音叉的振荡幅值。图4.5c为音叉表的内部结构，从图中可以看到，音叉每振荡一次，就会推动一对宝石——计数宝石（index jewel）与抓取宝石（pawl jewel），一擒一纵，进而推动计时轮前行一齿。还值得一提的是那个直径5毫米左右的计时轮有300个齿，当时怎么做出来的至今还是个谜。

音叉表的主振频率为360赫兹（即每秒钟振荡360次），这比机械表的振荡频率（每秒钟4次）高了许多。另外，音叉表也更为简单，运动的机械部件少，由摩擦造成的能量损耗及误差也小，因此音叉表比机械表更加准确。音叉表每天的误差只有1秒钟左右。到了1970年前后，电子音叉表成为最受欢迎的表，许多制表公司都开发了类似的产品。

宝路华公司把音叉作为自己的标志（参见图4.5a），一时间风靡全球。当时正值美苏冷战期间，美国推行太空计划[8]，宝路华公司与欧米茄公司争相为美国宇航员制作登月时所佩戴的腕表。宝路华有成熟的技术，还占据了美国公司的地域优势，却被欧米茄公司所击败（据说是因为防尘工作没有做好）。潮涨潮落，宝路华公司渐渐缩小，先是被一家瑞士公司收购，后来又被转让给了日本的西铁城（Citizen）公司，如今只是众多计时品牌中的一员了。

欧米茄公司则趁着太空计划的宣传攀上一个新的高峰。他们给每位宇航员送了一块欧米茄“Speedmaster”腕表，宣称那是带上太空的唯一没有经过特别修改的设备，认为该表上天入地无所不能。第一位登上月球的宇航员尼尔·阿姆斯特朗（Neil Alden Armstrong，1930—2012）阴差阳错地没有带上他的那块欧米茄表。第二位宇航员巴兹·奥尔德林（Buzz Aldrin，1930—）自称是手表迷，特意戴着他的欧米茄表在宇宙飞船内照了一张相片（图4.6）。欧米茄因此宣传“看看穿着25万美元套装的人是如何戴着235美元的表”。后来奥尔德林的那块表离奇失踪，如果读者在哪里找到这块编号为ST05012的欧米茄Speedmaster腕表，那可是找到价值连城的宝物了。

图 4.6 宇航员奥尔德林戴着欧米茄表在宇宙飞船中（引自维基百科）

电磁振荡器比机械振荡器（擒纵机构）简单可靠。在后来的数十年中，各种各样的设计不断出现，精度也越来越高，其中又以拉斯谟斯·索纳斯（Rasmus Sørnes，1893—1967）的设计最为精准。挪威人索纳斯出生于一个农民家庭。他早年想去学做钟表，但师傅说他的手太粗了。他从技校毕业后在许多不同的地方工作过，设计了水泵、拖拉机、无线电电台等。但他最大的热情还是做钟表，他设计了特别的电磁振荡器，做了好几个天文钟，这些钟的误差每1 000年只有7秒。图4.7是他的4号天文钟，曾在芝加哥科学博物馆展出，是科学与艺术的一个完美结合品。

图 4.7 索纳斯的4号天文钟是科学与艺术的结合（引自维基百科）

4.2 石英与石英表

改变现代计时技术的是另外一块石头：石英（Quartz）[9]，现在人们戴着的腕表90%以上都是石英表。

石英表源自石英的压电效应。1880年左右，法国人皮埃尔·居里（Pierre Curie，1859—1906）[10]与他的哥哥雅克·居里（Jacques Curie，1856—1941）发现石英在电压的作用下会产生稳定的周期振荡，在交流电压的作用下周期振荡更加明显。他们将这一现象称为压电效应，这在今天的工程中有许多应用。

除了压电效应，皮埃尔·居里还有许多发现和发明，但是他最重要的“发现”是发现了他的太太：玛丽·居里（Marie Sklodowska Curie，1867—1934）[11]。图4.8是居里夫妇的合影。玛丽生于波兰的一个知识分子家庭。

波兰是个多灾多难的国家[12]，1795年波兰被强邻俄国、普鲁士王国（Prussia，今天德国的一部分）及奥匈帝国（现在分成奥地利、匈牙利等几个小国）所瓜分。当时波兰许多知识分子都想复国，无奈势单力孤。玛丽的父亲也是个复国主义者，因此得罪了俄国上司被解雇，家境不佳。玛丽与妹妹商定，她先工作挣钱，支持妹妹去法国读书，然后妹妹再支持她去法国读书。她后来到了巴黎，白天学习，晚上做家教，读了两个学位，并结识了皮埃尔·居里。毕业后，玛丽坚持要回波兰，但是她失望地发现波兰非常落后，由于她是女性，不能担任教职。在皮埃尔的劝说下，她回到巴黎。两人结婚后联手搞科研，他们经费短缺，只能租用一个医院的旧解剖实验室。开始的时候，他们俩是各做各的研究，但不久，皮埃尔就完全被玛丽的思路所吸引：有没有材料可以自行释放能量？他们把注意力放在了放射性元素的研究上，发现了放射性元素的链式反应，这是物理学的一个里程碑。接着，他们发现了钋（polonium），这个元素是玛丽以她自己的祖国波兰（Poland）命名的。后来他们还发现放射性元素可以用于治疗癌症。他们立志要把这些知识贡献给全人类，没有为其申请专利，因此没有从放射性元素这个巨大的市场中获得任何收益。1903年，皮埃尔·居里与发现了铀（Uranium）的同位素的法国科学家亨利·贝克勒尔（Henri Becquerel，1852—1908）[13]一起荣获诺贝尔奖（物理学），而当时玛丽榜上无名。皮埃尔·居里知道后马上申诉，声称如果不加上玛丽，他自己就不要这个奖了，玛丽的名字这才出现在获奖名单中，成为第一位获得诺贝尔奖的女性。

图 4.8 皮埃尔·居里与玛丽·居里，摄于1903年（引自维基百科）

1906年，皮埃尔·居里不幸因车祸身故，玛丽立志要建立以其丈夫名字命名的研究所。1911年她再次获得诺贝尔奖（化学），成为第一位两次获得诺贝尔奖的科学家。

1914年，第一次世界大战爆发，玛丽作为法国红十字会的主任，和她

17岁的大女儿伊雷娜·居里（Irène Joliot-Curie，1897—1956）一起组织了战地X光医院，救人无数，使她更加声名远播。战后，她去美国筹得巨款，在巴黎和华沙建立研究所，这两个研究所后来都以居里命名。目前，世界上以居里命名的有两所大学、两个博物馆、一家医院。在巴黎的居里大学（因为巴黎的大学是按照成立时间先后来定名的，故又称为巴黎第六大学）有30 000在校学生，是法国最好的大学之一。居里夫妇的大女儿伊雷娜和女婿弗雷德里克·约里奥-居里（Jean Frédéric Joliot-Curie，1900—1958）后来也获得诺贝尔奖（人工合成放射性元素）。他们的小女儿艾芙·居里（Ève Curie，1904—2007）是著名的作家（她的作品之一就是《居里夫人》）。艾芙·居里和她的丈夫一起为联合国儿童基金会（UNICEF）工作了15年，两人一起走访了100多个国家，助人无数，为这个组织赢得了诺贝尔和平奖。真是一门俊秀。

1934年玛丽因为放射性元素导致的癌症病逝。放射性元素可以治疗癌症，也会导致癌症，这是她所料不及的。至今，她的手稿也因为沾染了太多的放射性元素而必须封存。

根据能量守恒定律，没有输入就不会有输出。法拉第的线圈与皮埃尔·居里的压电材料都只是将电能与机械能互相转换。放射性元素不同，它的能量来自超新星（supernova）爆炸的核聚变，然后慢慢衰减。玛丽发现了放射性元素的半衰期，例如碳14（^{14}C，碳的同位素）的半衰期是5 730年[14]。所有的元素都有半衰期，有些时间很短（瞬间），有些极长（数亿年）。碳14的半衰期不短不长，碳又是地球上最多的元素之一，正好可以用来鉴定古生物的年龄。例如，恐龙活着的时候会摄入碳元素，死后碳元素会慢慢衰减，根据碳14的标定，人们发现恐龙最早出现在2.43亿年前。碳14半衰期的发现为研究地球历史奠定了基础。

放射性元素的发现还开创了原子能技术。原子弹[15]、原子能[16]发电都离不开它。

居里兄弟发现的压电效应在很长一段时间里没有什么应用，这是因为压(力)电转化的效率很低，而且天然石英的性能难以控制，每块石英的压

图 4.9 贝尔实验室的工作人员制成人工合成石英（引自维基百科）

电转化效率都不一样，使用不便。石英的化学组成成分是二氧化硅（SiO_2），纯的石英是无色的，在自然界中，纯石英很少。随着科学技术的发展，石英的需求增加，人们开始“炼石”——人工合成石英。

在1950年左右，贝尔实验室[17]率先用水热合成（hydrothermal synthesis）技术[18]合成石英（图4.9）。这个方法实际上就是在一个密封的容器内注入含硅的材料（沙子）和水，然后加温加压，石英就会慢慢地生长出来了（约200天）。这一技术简单易行，人们在家中也能做出来。

这里要说说贝尔实验室。贝尔实验室是著名的发明家亚历山大·贝尔（Alexander Graham Bell, 1847—1922）[19]建立的。贝尔出生于苏格兰，他秉承家教，从小就对声学很有兴趣。他在伦敦大学毕业后随父母移民加拿大，不久又到了波士顿一个聋哑学校教书。他一边教书一边做研究，后来更是辞去教职而专心研究。1874年，他的声学研究取得了决定性的进展（图4.10），他用一个盆状的接收器收集声音，然后用一块膜把声音信号变成电信号，电信号放大后可以传播数十米，然后再转换成声音信号播放出来，这就是电话。贝尔的电话很快就被世人所接受。1876年，贝尔和他生意伙伴们想扩大业务范围，决定出售他们的电话专利，售价10万美元。当时美国电报公司（Western Union）的老板认为那只是个玩具，不值那么多钱。两年后，他们想用2 500万美元来买贝尔的技术，但已经不可能了。贝尔和他生意伙伴们建立的贝尔公司很快就成为世界上最大的电信公司，

图 4.10 贝尔发明电话：他站在盆状的接收器前说话，声音驱动一块膜而产生振荡，膜的振荡又变成电振荡信号，电振荡信号经过放大后可以在数十米之外播放出来（引自维基百科）

全世界都在使用他们的产品与服务。

贝尔实验室建立于1893年，1950年前后进入全盛时期，有1 000多名博士，是当时全世界最大的科研机构之一。至今贝尔实验室已获8项诺贝尔奖，还有3人获得计算机专业的最高奖——图灵奖[20]。实验室还组建了新泽西理工学院（New Jersey Institute of Technology）。时过境迁，2015年芬兰的诺基亚公司（Nokia）[21]买下了贝尔实验室。

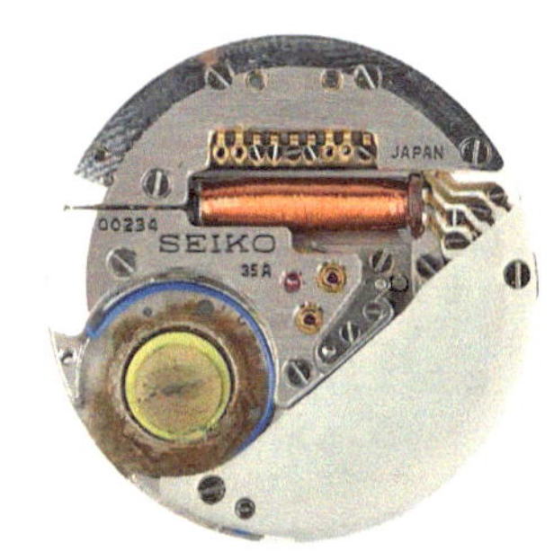

图 4.11　日本精工公司的石英表芯（引自维基百科）

石英计时技术源自美国的沃尔特·卡迪（Walter Guyton Cady，1874—1974）博士，1921年他首先制造了一个石英谐振器。1923年贝尔实验室的霍顿（J. W. Horton）与英国国家物理实验室的戴维·戴伊（David William Dye）分别制造出石英钟。不过石英钟一直作为精密测量的仪器，用于科学研究，在19世纪70年代以前没有进入大众市场。随着人工合成石英技术的不断成熟，石英材料价格大幅下降，而且性能大幅提高，石英表应运而生。最先推出石英表的是瑞士。1967年瑞士的电子计时研究中心首先推出石英表Beta 1。日本人迎头赶上，日本的精工公司（Seiko）自1958年开始研发石英表，1969年推出商业产品“Astron”（图4.11）这在4.3节还会介绍。

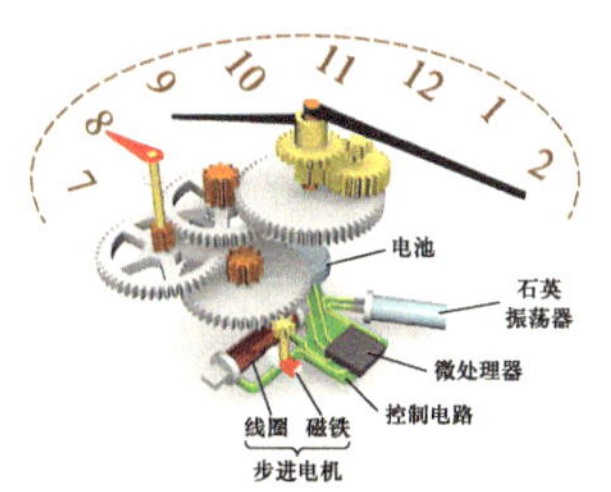

（a）

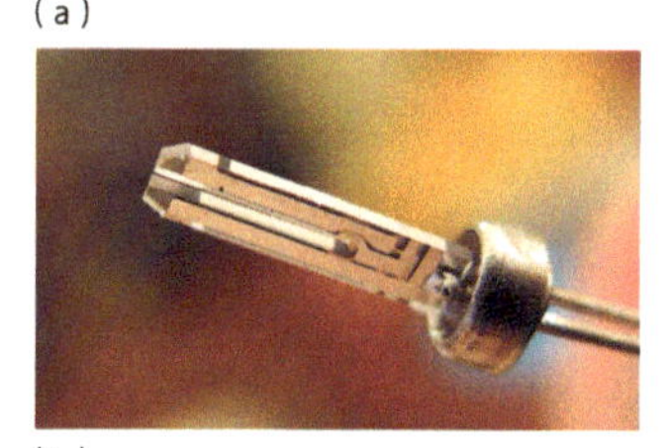

（b）

图 4.12　石英表的工作原理图

如图4.12a所示，石英表通常包括6个部件：电池、控制电路、微处理器、石英振荡器、步进电机、显示轮。其工作原理如下：电池驱动控制电路，控制电路驱动石英振荡器，石英振荡器发出计时脉冲，计时脉冲再通过控制电路驱动步进电机，步进电机带动齿轮传动链指示时间。其中，石

英振荡器最为重要。如图4.12b所示，石英振荡器通常做成音叉的形状，其振荡频率f可根据简支梁振荡的计算公式来确定

$$f=\frac{1.875^2}{2\pi}\frac{a}{L^2}\sqrt{\frac{E}{12\rho}} \tag{4.2}$$

式中，1.875是一个与振荡方程有关的常数：L为梁的长度；a为梁的厚度；E为材料的杨氏模量；ρ为材料的密度。对于石英，$E=100$ GPa，$\rho=2\ 634\ \mathrm{kg/m^3}$。此外，石英音叉的尺寸通常为$L=3$ mm，$a=0.3$ mm。故此，石英表的振荡频率为32 768 Hz。这比机械表的4 Hz与音叉表的360 Hz都高多了。

石英表比音叉表更加准确，通常每天的误差不超过0.5秒，而且它的能耗甚低，一个200微瓦的电池可用一年以上。此外，石英振荡器及控制电路都是用制造集成电路的方法获得，虽然前期投资较大，但制造成本很低，一个石英机芯的成本只需要几元人民币。到了1980年左右，石英表就成了计时的主流。在今天石英表几乎无处不在：电视机、手机、计算机、电风扇、微波炉，等等，是现代生活不可或缺的东西。

4.3 硅星球

石英的化学成分是氧化硅（SiO_2）。硅[22]是地球的地壳中含量排名第二位的元素（排名第一位是氧），占所有物质的21%。沙子的主要成分就是硅，而海底大部分是沙子。在自然界中，纯的硅很少。纯的硅是电绝缘体，但是加入微量的其他元素，硅就变成了半导体这种改变了世界的材料。几年前有一本畅销书：《硅星球：微电子学与纳米技术革命》[23]，书中讲述了硅技术的奇迹。

从20世纪40年代开始，电机工程技术飞速发展。电话、收音机、电视机等产品都离不开放大器，但放大器所使用的真空电子管体积大，能耗高，限制了电子工业的发展。半导体晶体管应运而生。半导体晶体管是在贝尔

实验室[17]发明的，它的发明者是威廉·肖克利（William Shockley，1910—1989）等[24]。

肖克利祖籍英国，儿时随父母移民美国，在加州长大。他先在加州理工学院获得学士学位，接着在麻省理工学院拿到博士学位，然后到贝尔实验室工作，负责固体电路的开发。1946他的两位同事发明了晶体二极管，文章发表在《科学》期刊上。他在此基础上继续努力，发明了具有控制功能的晶体三极管。晶体管的能耗只有真空管的百万分之一，被称为20世纪最伟大的发明。1955年他网罗了一批精英人才回到家乡加州硅谷创业，成立了肖克利实验室股份有限公司。1956年他获得诺贝尔奖，这一年他46岁，意气风发（图4.13）。但肖克利不善经营，决策连连失误（例如不愿意开发集成电路），而且把手下的精英们都得罪了。最后这伙人集体反叛辞职，他们找到投资商，成立了仙童半导体（Fairchild Semiconductor）公司。这一伙人的领头羊是罗伯特·诺伊斯（Robert Noyce，1927—1990）[25]，在英文中，Robert的昵称是Bob（鲍勃），所以大家都叫他鲍勃。仙童半导体公司在鲍勃的主持下做出了世界上第一块集成电路（即把多个晶体管集成在一起）。最后肖克利的公司倒闭，但硅谷却由此起飞，逐步发展成为世界上最著名的高科技聚集地。

图4.13 1956年肖克利（桌中主位坐者）获得诺贝尔奖后与同事共同庆祝，后排中间举杯者为诺伊斯[25]，左边坐着举杯者为摩尔[26]（引自维基百科）

1968年，鲍勃与戈登·摩尔（Gordon Moore，1929—）[26]，即著名的摩尔定律（Moore's Law）[27]发明人，成立了英特尔（Intel）公司。他们首先做出了随机存取存储器（RAM），开创了大规模半导体集成电路的新技术。当时他们的主要客户是日本的几个大公司。日本公司看到英特尔的技术十分眼红，提出要来看看，鲍勃随口答应了。结果日本公司来了100多人，他们在公司待了一整天，又写又画，把整个生产过程作了详细的记录。

两年后，日本的产品横扫市场，英特尔濒临破产，不得不裁员数千人。鲍勃带领公司力挽狂澜，他主持发明了中央处理器（central processing unit, CPU）[28]，再次改写了历史。直到今天英特尔还是全球最大的CPU生产商。

半导体技术催生了电子计算机，并带来了第三次工业革命。第一章中介绍的古希腊的安蒂基西拉（Antikythera）机构堪称第一个机械计算机。第三章中讲到的帕斯卡（Blaise Pascal, 1623—1662）首先发明了手摇计算机。到了20世纪初，各种各样的机械计算机与手动计算尺层出不穷。第二次世界大战前后还出现了使用电子管的电子计算机。但半导体改变了一切。

要制作半导体首先要“炼石”——制作纯净单晶硅。制作单晶硅的技术叫作“Czochralski process”，简称CZ过程[29]。这一技术是波兰科学家丘克拉斯基（Jan Czochralski，1885—1953）发明的。如图4.14所示，其制作过程如下：把硅材料烧熔，放入一个纯单晶硅的种子（seed）小棒，慢慢旋转（每分钟一转）并缓缓拉起，熔化的硅材料就会慢慢冷却，甩去杂质形成单晶硅柱（ingot）。

单晶硅做好后，在适当的地方加入适当的微量元素（doping），一个晶体管就做好了。在晶体管发明后的数十年中，晶体管越做越小。今天使用光刻（photolithography）及刻蚀（etching）等技术，一个晶体管只有几百纳米大小，因此越来越多的晶体管可以集成在一个芯片上。根据摩尔定律[27]，芯片上晶体管的数量每18 ~ 24个月就会翻一倍，其技术指标（如运算速度或存储量）也会翻一倍（图4.15）。摩尔在1965年提出了这个定律，50多年来屡验不爽。以英特尔芯片（Intel® Core™ i9）为例，其上有2.56亿个晶体管。有了这样的芯片，各行各业无不发生巨大的变化。可以预测，今后高性能芯片还将带动更多的产业，例如人工智能、生物医学等的发展。

硅也彻底改变了计时技术的发展。如下文所述，一方面它为传统机械钟表提供了新的材料和工艺（4.4节），另一方面它也推进了电子表技术的发展（4.5节），并最终为人们带来了智能手表（4.6节）。

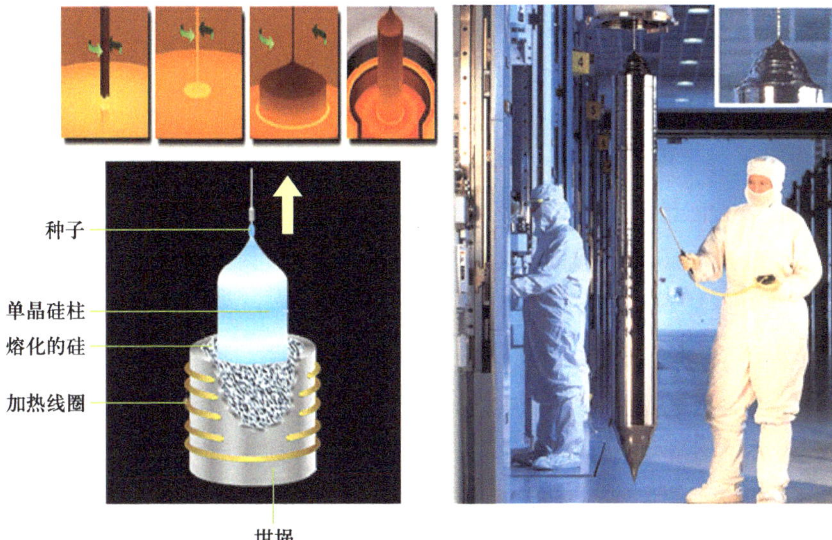

▬图 4.14 用 CZ 过程制作单晶硅（引自维基百科）

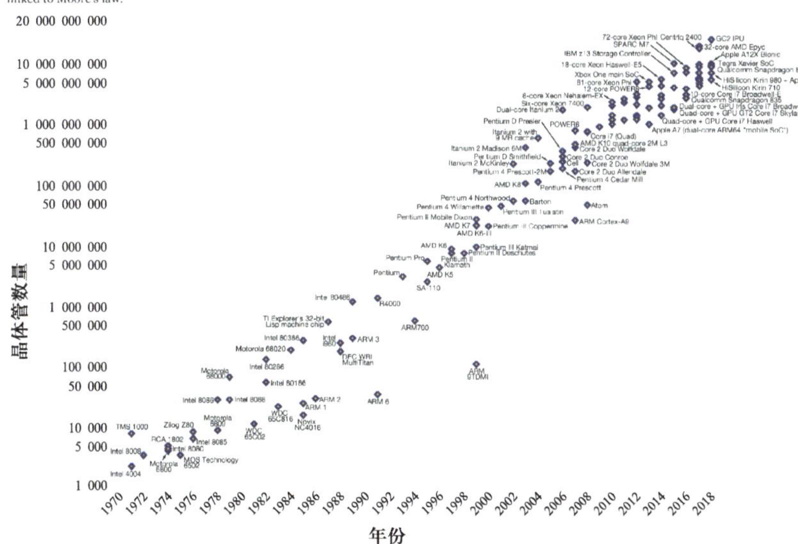

▬图 4.15 摩尔定律，图中的纵轴是以指数标记的，说明芯片上的晶体管数目是以指数级增长的（引自维基百科）

4.4 机械钟表的“硅”化

20世纪70年代日本的精工（Seiko）公司率先推出了石英表，它的售价仅为25美元（相当于今天的250美元），不仅比华丽的瑞士机械表便宜得多，精准得多，而且不需要经常维护。在接下去的几年中，日本的石英表横扫世界钟表市场，许多瑞士的制表公司都濒临倒闭。此时，瑞士出了一位商业天才尼古拉斯·海耶克（Nicolas Hayek, 1928—2010）[30]。海耶克其实是黎巴嫩人。黎巴嫩（Lebanon）[31]地处地中海的东海岸，历来为兵家必争之地。它的金矿更让人垂涎。20世纪黎巴嫩饱经战火摧残，今天黎巴嫩人有2/3散居于世界各地（主要在美洲）。他们团结努力，业绩非凡。

海耶克的父亲是个牙医，早年移民美国。海耶克出生在贝鲁特，1950年他与一位瑞士钟表公司老板的女儿相恋结婚，婚后移居瑞士。他先在岳父的公司工作，后来自立门户，开了一家咨询公司。在瑞士制表工业面临危机之时，他力排众议，将上百家规模大小不等的瑞士制表公司合并重组，成立了斯沃琪（Swatch）集团公司[32]。他敏锐地看到手表不再是计时工具而是时尚装饰，因此推出一系列造型新颖、颜色鲜亮的塑料外壳石英表，吸引年轻人购买。随之而来的大量订单及丰厚利润挽救了瑞士制表业，使整个世界为之侧目。他还努力宣传名表概念，一方面用新的歌星、球星作广告，一方面重推旧时王公贵族的装潢作宣传。现在集团公司旗下的品牌包括宝玑（Breguet）、宝珀（Blancpain）、欧米茄（Omega）、浪琴（Longines）、雷达（Rado）等世界名牌。海耶克大力推行生产自动化，提高产品质量，降低制造成本。他还利用钟表工业精密制造的基础，进军汽车行业，与梅赛德斯-奔驰（Mercedes-Benz）汽车公司联手开发了“Smart”汽车（图4.16）。这个“Smart”，顾名思义，是精明、灵巧、漂亮，其实还是“Swatch”与“Mercedes-Benz”两个词的第一个字母加上艺术“art”而组成。这一品牌代

图 4.16 海耶克坐在 Smart 汽车中

表着汽车的时尚，销售不错，最近被中国的吉利汽车公司收归旗下。2010年，海耶克因心脏病突发辞世，终年82岁，他留下的Swatch王国是今天世界上最大的制表公司。

到了20世纪90年代，瑞士的机械钟表工业走出谷底。随着发展中国家，特别是中国与阿拉伯国家的经济高速发展，瑞士的高档腕表再次热卖，各公司也竞相投入资金开发新的设计与新的制造技术。虽然机械钟表已经蜕化成为奢侈品，市场追求的是豪华的装饰、精美的设计以及夸张的宣传，计时只是辅助功能，但是新的研发毕竟催生了一些新的设计和新的工艺，这些新的技术都与硅相关。

4.4.1 MEMS技术与制表工艺

MEMS的全称是“micro electro mechanical system”，意为微机电系统。20世纪80年代，传统的加工技术（如金属成型、金属切削）的发展几乎已经达到极限，而基于集成电路制造的新型制造方法悄然而至。1986年，美国国防部首先定义了MEMS这个名词及技术范畴并投入重金号召各大学及科研机构进行研发。经过30多年的努力，MEMS已经有了一整套成熟的技术[33]。MEMS使用的材料十分广泛，包括陶瓷材料、金属材料、高分子材料（塑料）等，但最重要的材料还是硅。MEMS的技术分为两大类：“加法”与“减法”。“加法”分为镀膜、熔积（3D打印）等，其特点是把材料一层一层加上去。“减法”分为沉积、光刻、刻蚀、切削等，其特点是把材料一层一层减下来。MEMS技术能使用多种不同的材料，而许多材料在微尺度下都会展示出特殊功能。例如，硅是做玻璃的主要原材料，性质脆硬，可塑性差。但是在微尺度下，性质迥然不同。直径相当于一根头发丝（0.07毫米左右）粗细的硅丝，柔性很好，而且由于材质均匀（单晶硅），其力学性能十分稳定，可以用于制作各种各样的复杂零件，如游丝、擒纵轮、夹板等。

硅零件的制作方法如下：

（1）把一层特殊的光敏胶涂在材料衬底（如单晶硅片）上（镀膜）。

（2）把经过精确分析的设计图样按比例投影到材料衬底上，并进行曝光（光刻）。由于曝光可把胶膜除去，这使设计的图样定影在材料衬底上。

（3）用电化学或高能电子束来进行刻蚀；此时光刻胶覆盖的部分就会被保护起来，因此可以再现设计图形。

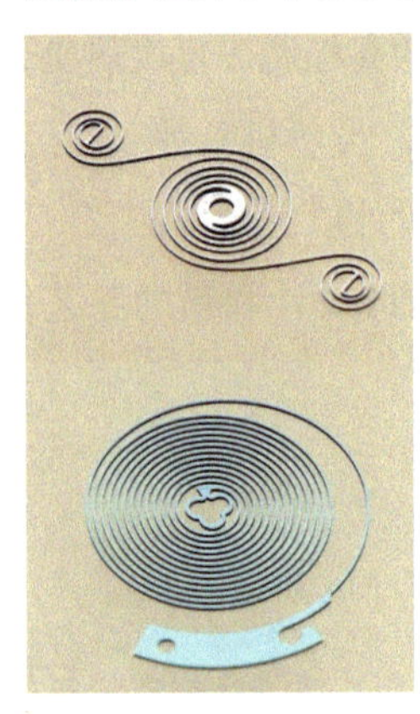

图 4.17 用 MEMS 技术做出的单晶硅游丝

（4）对加工好的零件进行后处理（如热处理，表面处理等），以调整零件的力学性能（如硬度、韧性、弹性系数等），使其达到设计要求。

由于设计图形可以放大及缩小数倍甚至数百倍，所以MEMS的加工精度可达0.001毫米，是传统机械加工方法的10倍。结合不同的材料与加工工艺，MEMS技术可以加工各种复杂的设计。图4.17是用这一技术做出的单晶硅游丝。硅游丝精度高、不受温度与电磁场的影响。近年来，许多瑞士公司（如劳力士）都开始采用这一技术。此外，MEMS技术还有很多其他应用，如传感器、光电器件、生物工程芯片，等等。

在过去的10年间，MEMS技术催生了许多机械钟表的创新设计与加工，使近百年不变的传统机械钟表为之一新，可以说今天的机械表也“硅化”了。下面介绍几种用MEMS技术制作的新型擒纵机构。

4.4.2 尤利西斯双轮擒纵机构

尤利西斯双轮擒纵机构（Ulysses double wheel escapement）是路德维希·奥克斯林（Ludwig Oechslin，1952—）博士发明的。他在瑞士名表雅典表（Ulysses Nardin）公司[34]工作时主持研发了这项专利技术，因此称为尤利西斯双轮擒纵机构。尤利西斯曾担任过瑞士高等计时技术基金会（Foundation High Horology）[35]的主席，这个基金会拥有世界上最好的钟表博物馆。

尤利西斯双轮擒纵机构源自宝玑擒纵机构（参见3.7节）。19世纪时有人把宝玑擒纵机构改进为双轮擒纵机构（图4.18），由于这一设计有两个擒纵轮，制造和装配比较困难，不如瑞士叉瓦式擒纵机构（3.10节）简单实用，在19世纪末已不被重视。雅典表公司使用MEMS技术突破了双轮擒纵机构制造上的困难，使其得以新生。图4.19为尤利西斯双轮擒纵机构的模型，它由一个摆轮（上有游丝和摆轮叉）、两个擒纵轮、一个擒纵叉以及两个限位宝石所组成。两个擒纵轮的轮齿形状十分特殊，擒纵叉上有两个小槽正好与擒纵轮轮齿相匹配。擒纵轮1是主动轮，由发条通过齿轮系传动。擒纵轮2是从动轮，只做跟随运动。两轮在擒纵叉的控制下运动，而擒纵叉又从中获取动能，进而为摆轮补给动能。本书附录有尤利西斯双轮擒纵机构的仿真动画二维码，读者可以参考。

▲图 4.18 双轮擒纵机构的模型

尤利西斯双轮擒纵机构的设计有3个优点：一是设计高度对称（这与两百年前的宝玑擒纵机构是一样的）；二是所有的碰撞传动（摆轮碰撞擒纵叉、擒纵叉碰撞擒纵轮）都在一个平面，稳定性好；三是擒纵轮与擒纵叉经过精密的计算，配合精确（这是传统擒纵机构很难做到的）。缺点是制作及装配困难，误差的影响大。图4.20是雅典表Freak系列腕表的图片[34]。

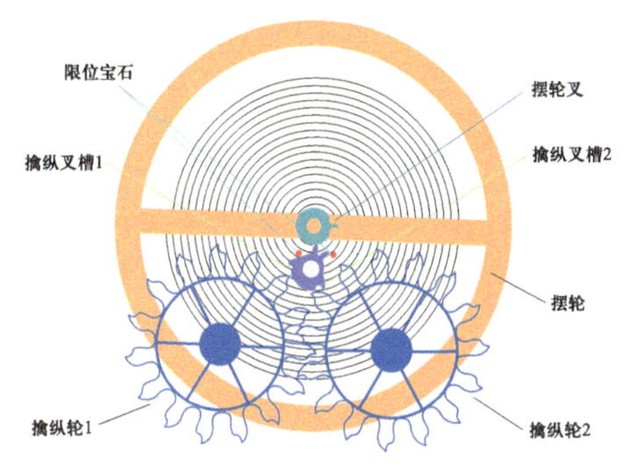

▲图 4.19 尤利西斯双轮擒纵机构的模型

4.4.3 芝柏恒力擒纵机构

在第三章中曾经提到，机械钟表的设计有一个原则：谐振器（如摆或摆轮）的运动是计时的关键，必须首先考虑谐振器的运动。这一原则自从

图 4.20 雅典表 Freak 系列腕表，其中深蓝色的单晶硅双擒纵轮清晰可见（引自雅典表公司官网）

伽利略（参见第三章）发现摆的周期运动至今近400年来，一直是制表师们的金科玉律。不过在机械钟表中，由于摩擦、空气阻力、地球引力等多种因素的影响，摆的周期运动会逐渐变慢，因此必须为其补充能量。补充的方式是将发条或重坠储存的能量通过擒纵轮及擒纵叉作用于摆轮。在这一过程中必然产生一系列的碰撞：擒纵轮碰撞擒纵叉、擒纵叉碰撞摆轮、摆轮碰撞擒纵叉等。由于这些碰撞，特别是擒纵叉碰撞摆轮，会使得摆轮的运动受到影响，如何控制碰撞的力与时间非常重要。随着发条储存的能量逐渐减少，碰撞力也就随之减小。因此，机械钟表的运动也会像涨潮、退潮一样，上弦是涨潮，随着时间的推移，驱动力逐渐减少，摆动也逐渐减慢，就像退潮。为了解决这一问题，制表师们想尽了办法。

20世纪90年代初的某一天，在劳力士工作的制表师尼古拉斯·迪杭（Nicolas Dehon）在火车站候车，不经意地玩弄着手中的车票。他用拇指与食指夹着用硬纸做成的车票，食指轻轻后拉，车票随之弯曲成C形。随后他把食指轻轻前推，感到压力逐渐增加，突然车票弹向相反方向，弯曲成倒C形。他再把食指后拉，车票又弹回C形（读者也可以试试看）。在重复这个小动作时，他忽然想到车票的变形过程是对称的，相应的变形力必然也对称。此外由于这是一个积累—瞬变的过程，相应的力是恒定的，能不能用这个方法代替擒纵叉来驱动摆轮呢？后来迪杭到了瑞士名表芝柏（Girard–Perregaux）公司[36]工作，正式启动了这款新型擒纵机构的开发。几年后，迪杭因故离开芝柏，另一位制表师史蒂芬·欧意斯（Stephane Oes）接任了这个项目。经过10多年的努力，最后在2008年制成了芝柏恒力擒纵机构。当时公司的老板路易吉·马克路索（Luigi Macaluso）把自己名字的字首“LM”刻在了机芯上。

如图4.21所示，恒力擒纵机构的设计十分特殊，它的摆轮游丝与常

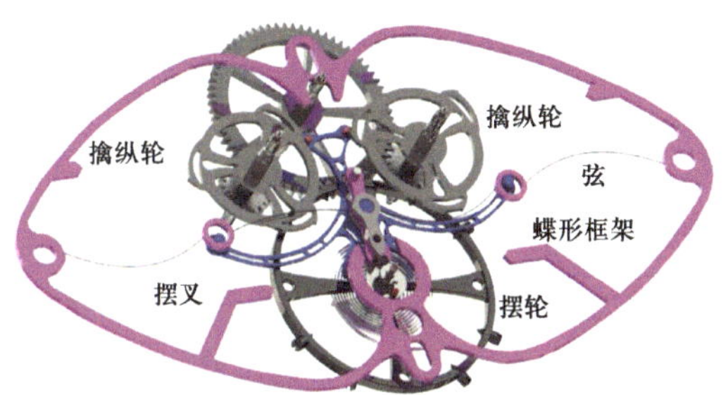

图 4.21 芝柏恒力擒纵机构的模型

图 4.22 使用芝柏恒力擒纵机构的表（引自芝柏公司官网）

见的擒纵机构没有什么不同，但有两个三齿的擒纵轮，擒纵叉则由一个摆叉所代替。最特别的是它的蝶形框架，框架上连接着一条单晶硅制成的弦，弦又连接着摆叉。弦的跃变使得摆叉与摆轮的碰撞在瞬间完成，所以摆轮的运动得以保持恒力。根据芝柏公司的官网介绍[36]，这一擒纵机构的效率很高，上满弦可以行走8天。图4.22是一块使用这种擒纵机构的芝柏表。本书附录中有芝柏恒力擒纵机构的仿真动画二维码，读者可以参考。

4.4.4 帕玛强尼擒纵机构与真力时擒纵机构

帕玛强尼（Parmigiani）公司[37]的创始人米歇尔·帕玛强尼（Michel Parmigiani）出生于钟表世家，一直从事古典钟表的修复工作。20世纪70年代，瑞士钟表业被日本的石英表打得落花流水，朝不保夕。帕玛强尼却趁着市场低迷，成立了帕玛强尼公司，以高端机械表为主营业务，近20年间已经成为瑞士钟表的一个知名品牌。

如图4.23a所示，帕玛强尼擒纵机构有点像当年的蚂蚱式擒纵机构（参见3.5节）及音叉表（参见4.1节）。帕玛强尼擒纵机构的擒纵叉有两个细长的不对称的腿，摆轮不用环形的游丝，而用一对单晶硅短线，这种结构在现代工程中叫作柔性结构（flexure）[38]。它把弹簧与结构集成在一起，使得结构可以作特定的变形。帕玛强尼擒纵机构的主振频率为16赫兹，是传统机械表的4倍，因此计时精度也有所提高。图4.23b是一款使用这种擒纵

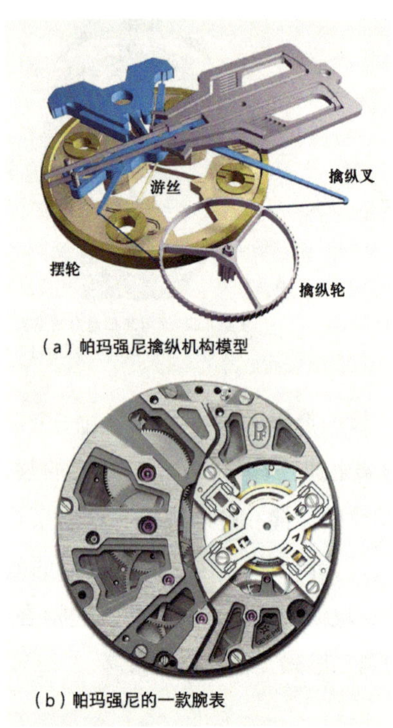

（a）帕玛强尼擒纵机构模型

（b）帕玛强尼的一款腕表

图 4.23 帕玛强尼的新型擒纵机构及腕表（引自帕玛强尼公司官网）

机构的腕表。不过帕玛强尼是个小公司，每年也就是生产1 000只左右的腕表。这款新表只是概念设计产品，没有量产。

另外一个瑞士名表真力时（Zenith）公司[39]也有一款类似的擒纵机构（图4.24a），它用了3个对称的柔性结构作为游丝，并把游丝、摆轮和擒纵叉都集成在一起。这一设计比帕玛强尼的设计更为简单。它的主振频率是15赫兹。目前该表已经小批量产（图4.24b）。本书附录中有真力时擒纵机构的仿真动画二维码，读者可以参考。

4.4.5 谐振擒纵机构

谐振擒纵机构是另外一家瑞士公司迪伯士图（De Bethune）[40]开发出来的新概念产品。这个设计的最大特点是使用磁力来控制擒纵机构的运动。如图4.25a所示，这一擒纵机构舍弃了传统的擒纵叉与擒纵轮，直接用一个带着4块磁铁的柔性结构作为谐振器，主动轮是个磁转轮。当发条通过主传动链驱动磁转轮运动时，4块磁铁受到磁场的影响，带动柔性机构产生振荡，从而对磁转轮一擒一纵，使其稳定步进。谐振器的频率为150赫兹，计时精度较传统的机械擒纵机构要高，且不易受环境的影响。图4.25b是一块使用了迪伯士图谐振机构的腕表。目

（a）真力时的新型擒纵机构

（b）真力时的新型擒纵机构机芯

图 4.24 真力时的新型擒纵机构及机芯（引自真力时公司官网）

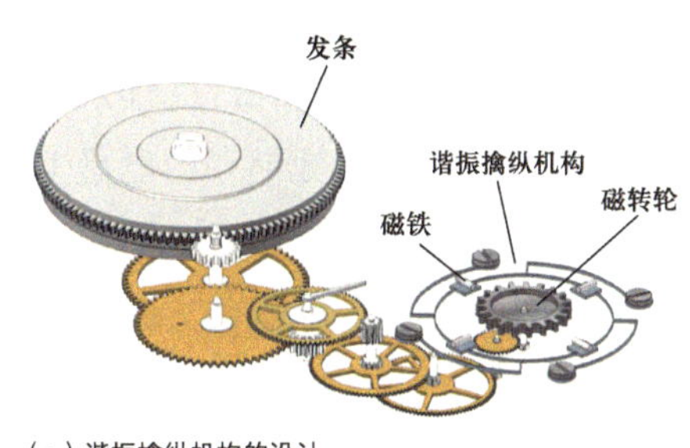

（a）谐振擒纵机构的设计

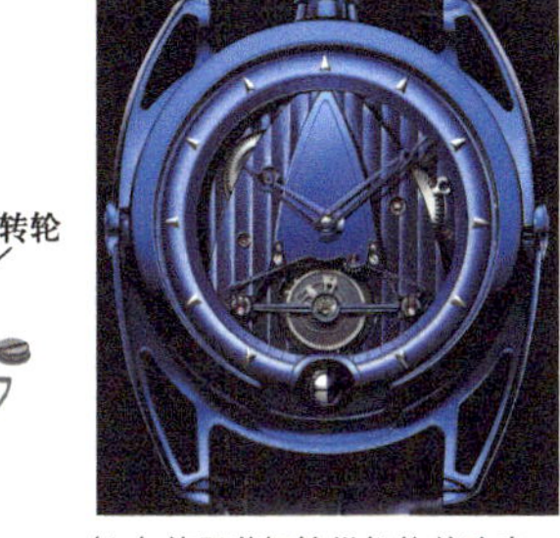
（b）使用谐振擒纵机构的腕表

▲图 4.25 迪伯士图谐振擒纵机构及腕表（引自迪伯士图公司官网）

前它还只是概念设计产品，没有量产。

不过根据我们有限元分析（finite element analysis）[41]的结果，谐振会产生多个频率（图 4.26），这些频率的耦合影响比较复杂。因此这块表的安装调试会比较困难。本书附录中有迪伯士图谐振擒纵机构的仿真动画二维码，读者可以参考。

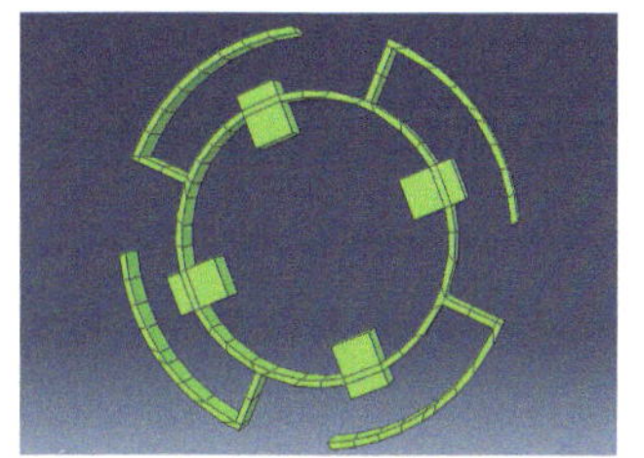
▲图 4.26 谐振擒纵机构的有限元分析模型，这一机构有好几个谐振频率，在不同的频率下振荡的模式不同，互相之间也有影响

上述几种新型擒纵机构其实都是雕虫小技，对计时技术并没有什么实质性的贡献，但都被广告商们包装成了不起的创造，也吸引了一些人花费巨款去购买。钟表描述的是人类痴迷的时间，容易包装，宣传力量极大，我们是不是也相信那些形形色色的包装与宣传？

4.5 电子表的进步，太阳能与光动能表

在过去的数十年中，随着硅技术的日新月异，石英电子表飞速发展，并渗透到我们生活中的每一个角落，当今世界有成百上千亿只电子钟表在运行，比机械钟表多了无数倍。

电子表的使用也带来了一个新的挑战——电池。电子表的能耗很低，

图 4.27 纽扣电池（引自维基百科）

每天仅为0.001瓦时。但积少成多，一年下来也要消耗0.3瓦时左右的电能，相当于一个纽扣电池储存的电量（图4.27）[42]。成百上千亿只电子表要用去多少电池？读者可以想象，废弃的电池堆积如山，会造成很大的环境污染。

第三章中讲到机械表的自动上链机构可以捕获人体动能，驱动机械表。能不能捕获人体的动能来驱动电子表呢？机械表的能耗比电子表高10倍，因此从理论上来看，捕获人体动能来驱动电子表并无困难，不过在实际应用中却遇到不少问题。日本的三大制表公司精工（Seiko）、西铁城（Citizen）和卡西欧（Casio）都以制造石英电子表为主营业务，他们从20世纪70年代就开始研发捕获人体能量驱动电子腕表的技术。1999年西铁城[43]率先推出了用人体动能驱动的“Hybrid Eco-Drive”腕表，用自动上弦机构驱动一个小电机发电，并存入钛锂电池以驱动石英机芯。不过该表的销售并不理想，这可能是因为中低端的腕表是消耗品，一般用两三年就会更换，人体动能驱动没有什么吸引力。

在同一时期，西铁城公司还开发了一款捕获人体热能的“Eco-Drive Thermo”腕表，用人体与环境的温度差发电，并存入钛锂电池以驱动石英机芯，但销售也不理想。

2009年西铁城公司推出用光能驱动的“Eco-Drive”腕表[44]。

讲到光能，读者一定会想到太阳能，地球的能量绝大部分来自太阳之光。我们使用的化石燃料（包括煤、石油、天然气）也是在过去的亿万年间生物利用太阳光通过光合作用[45]形成的。但要将太阳能存储起来并加以利用并非易事。2 000多年前，阿基米德（参见第一章）设计的聚光镜可以把光能聚焦，但不能把光能存储起来。1839年法国科学家埃德蒙·贝克勒尔（Edmond Becquerel，1820—1891）[46]通过实验发现了光电效应[47]。贝克勒尔家族一门俊秀。老安东尼·贝克勒尔（Antoine César Becquerel，1788—1878）是著名科学家，曾设计过一个精准的电表。埃德蒙·贝克勒尔从小在他父亲的实验室工作，20岁时就发现了光电效应，后来又发明了显影技术，为照相技术打下了基础。他的儿子亨利·贝克勒尔（Henri Becquerel，1852—1908）[13]则与居里夫妇共同分享了发明放射性元素的诺贝尔奖。

1905年，伟大的爱因斯坦（Albert Einstein，1879—1955）[48]进一步阐明了光电效应的理论基础，论证了光电效应是因为光线中的光子激发光电材料中的电子，使其改变势能，从而产生电能。他因此获得了诺贝尔奖。

1905年是爱因斯坦（图4.28）的奇迹之年。这一年他发表了3篇文章：一篇是关于光电效应，另外两篇是关于相对论[49]。他大学毕业后来到瑞士首都伯尔尼（Bern）的专利局工作，工资不高，刚好能养家糊口。他的工作也不太忙，不用加班加点，也不用开会。他的妻子（也是他的同班同学）会从苏黎世来看他。他还有一帮朋友，经常聚在一起探讨各种各样的问题，当然也包括物理学问题，他们把这个聚会叫作奥林匹亚学院（Olympia Academy）。他租了一个两房的公寓，大的房间有个窗子，从窗子探身出去可以看见一个中世纪的钟楼，这个钟楼一定给了他不少的启示。

▲图 4.28 年轻时的爱因斯坦（引自维基百科）

在那个时代，牛顿的宇宙观已成共识。在牛顿的宇宙观里，时间与空间是相互独立、绝对不变的。任何物体的运动都可以通过时间与空间来描述。有人问牛顿，万有引力是怎样在两个物体之间传递的？牛顿没有回答。麦克斯韦[6]提出了电磁场理论，他认为电磁波是以光速传播的。波可以在空气中传播、在水中传播、在固体中传播，但是在真空中呢（我们知道声音在真空中是不能传播的）？当时已经知道光的速度是每秒30万千米（光在真空的传播速度为$c = 299\ 792.458$千米/秒），如果比光速还快，我们会看见什么？爱因斯坦设计了一个假想实验，首先，他作了两个假定：① 对于所有的观察者，只要他们是在做匀速运动（静止相当于在做速度为零的匀速运动），那么所用的物理学定律是一样的；② 光速是个不变的常数（因此，不管观察者是静止还是以接近光速的速度匀速运动，光速都是一样的）。第一个假定并无特别之处。第二个假定却令人诧异。在牛顿的宇宙观中，运动物体的速度有个叠加的关系。例如你坐在一辆运动的汽车上（其速度为 V_1），扔出一个球（扔出的速度为 V_2），那么，球的速度为 $V_1 + V_2$。这是我们在中学时都学过的。但是，爱因斯坦说，当速度接近光速时，这个公式是错误的。如果你坐在一辆以光速行驶的汽车上，用光速扔出一个球，那么这个球的速度还是光速 c，而不是两倍光速 $2c$。这是因为速度越快，所需要的能量越大，当速度接近光速时，所需要的能量为无穷大。我们没有无穷大的能量，所以不能超过光速。而光是由光子传输的，光子没有质量，所以能够以光速传播。

接着，爱因斯坦给出了如图4.29所示的假想实验：当火车静止时，车内和车外的观察者看到的光线是一样的；当火车以接近光速高速运行时，坐在火车里的观察者看不到光线有什么变化，但是在火车外的观察者会看见光线走了一条斜线。根据这个实验，由于斜线的长度较长，而光的速度不变，所以爱因斯坦推断一定是时间变长了，也就是说时钟变慢了。他把这个理论叫作不变论，后来，亨德里克·洛伦兹（Hendrik Lorentz，1853—1928）[50]把它称为相对论。爱因斯坦的论文没有引用其他文献，只是感谢了他的一位朋友。这是因为爱因斯坦不属于任何学术机构，没有派别，也没有负担，所以他的学术思想得以天马行空。同年年底，他又发表了另一篇关于相对论的短文，文章中回答了亨利·庞加莱（Henri Poincaré，1854—1912，参见第六章）关于能量与质量相关的假想。文章给出了能量与质量的关系：当物体以光的形式发出能量（E）时，其质量（m）的减少与能量成正比、与光速（c）的平方成反比。后来，这一论断进一步演化为爱因斯坦的

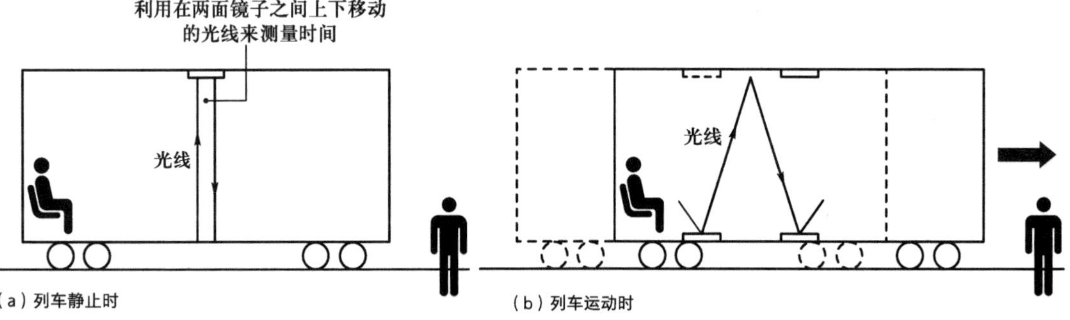

图 4.29 爱因斯坦的假想实验

那个最著名的方程

$$E=mc^2 \tag{4.3}$$

这个方程预告了原子能技术的诞生。

1916年，他进一步提出了广义相对论。这一次，他把时间、空间、质量和能量全部集成在一起，并且考虑了速度变化时的情况（所以广义相对论难度大了很多）。根据广义相对论，物体的质量导致了时间与空间的弯曲。也因此，光可以在真空中传播。但是，光速是不可超越的。爱因斯坦还提出用水星凌日来证明相对论：当水星接近太阳时，太阳的质量将使水星反射的光线发生弯曲，这是牛顿力学所没有的（根据牛顿力学，水星的运行满足开普勒定律，参见第一章）。平常太阳光太亮，人们无法观察到水星凌日现象。1919年5月29日，南半球出现日食，英国天文学家亚瑟·爱丁顿（Arthur Eddington，1882—1944）[51]率队到南非去做实验。当时正值第一次世界大战，英国与爱因斯坦所在的德国是交战国，英国国内有不少人反对。爱丁顿力主科学是人类的共同财富，没有国界。他的实验证明爱因斯坦的相对论是正确的。一日之间，爱因斯坦名满天下。不过爱因斯坦却没有因为相对论得到诺贝尔奖，事实上，这个伟大理论已经超越了诺贝尔奖。

讲到光，不能不讲到量子力学[52]。第一次世界大战后，爱因斯坦与许多当时最著名的科学家们在一起研究量子力学。1927年，他们在第五届索尔维（Solvay）会议上达成共识（图4.30）[53]，他们定义了光子（photon），研究了光的波动与粒子双特性。量子力学开创了一系列新的领域，例如固态物理、超导体、超流体、原子物理、原子化学，等等。从此人类找到了操纵原子与分子的方法，可以“炼石成金”。

光电材料只是人类在“炼石”中开发出来的许多种材料之一。常用的光电材料[54]可分为半导体光电材料、金属光电材料、有机光电材料等。其中半导体光电材料应用最广，又可以细分为单晶硅、多晶硅、非晶硅（即透明的硅材料）。金属通常不具有光电材料的性质，只有几种特别的合金（如铜铟镓硒合金）例外。金属光电材料不易老化，使用寿命长，但光电转换的效率不如半导体材料。有机光电材料具有柔性、重量轻的优点，但价

▲图 4.30 1927 年，第五届索尔维（Solvay）会议在比利时布鲁塞尔举行。这次会议史称最强大脑会议，在与会的 29 人中有 17 人先后获得诺贝尔奖，其中包括普朗克（前排左起第二人，参见第六章）、玛丽·居里（前排左起第三人）、亨德里克·洛伦兹（前排左起第四人）、爱因斯坦（前排左起第五人）、狄拉克（Paul Dirac，1902—1984，第二排左起第五人）、玻尔（Niels Bohr，1885—1962，第二排右起第一人）、薛定谔（第三排左起第六人，参见第六章）、海森伯（Werner Heisenberg，1901—1976，第三排右起第三人）（引自维基百科）

格较贵，容易老化，效率也不如半导体光电材料。因此今天所用的大部分光电材料是半导体光电材料。

最早研究和利用光电材料捕获太阳能的是美国。美国每年的用电量约为4 110太瓦·时（1太瓦·时 = 10^9千瓦·时），总用电量及个人平均用电量都是全球排名第一。太阳光辐射到地球表面的能量约为每平方米1千瓦，假定光电转换的效率为10%，每天的日照时间为10小时，则每天每平方米的太阳能板就可以捕获1千瓦·时的电能。因此从理论上讲，只要在约0.4%的美国国土上铺设太阳能板，所捕获的太阳能就可以满足美国全年的能量需求。20世纪70年代阿拉伯国家为反对西方国家支持以色列，限制石油产品出口，从而引发了西方能源危机。为此美国开始研究太阳能技术，并首先在加州的棕榈泉（Palm Spring）建立了第一个太阳能实验场，今天，在那里还可以看到40多年来开发的各种太阳能技术。

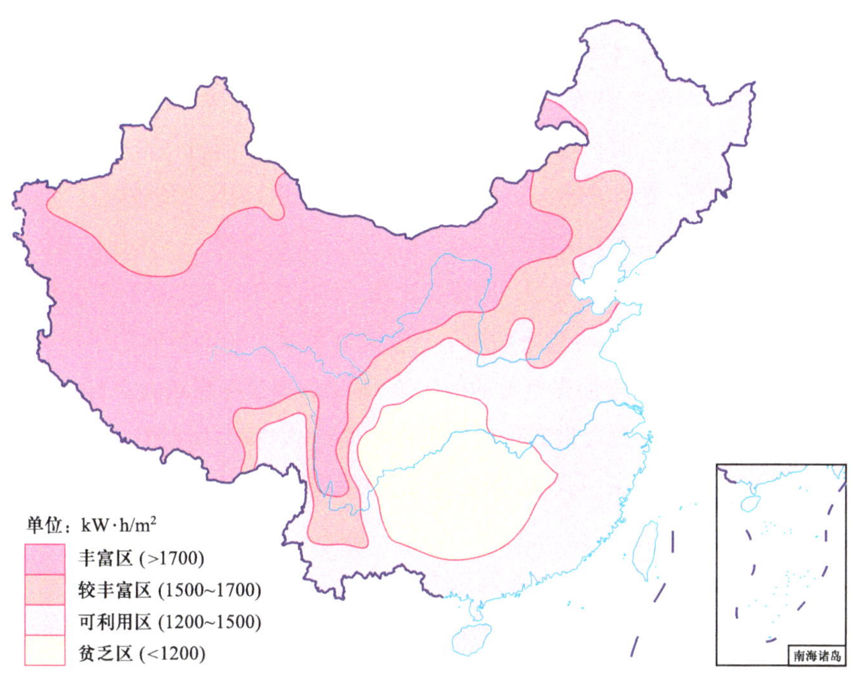

图 4.31 中国太阳能资源分布图（引自中国科普博览）

中国从2000年开始发展太阳能技术，2014年已经超过美国成为世界上使用太阳能最多的国家。图4.31是中国的太阳能资源分布图[55]，由图中可见我国西北地区的日照最多。目前，在新疆、内蒙古等地都有大规模的太阳能发电场。2016年中国用电6 000亿千瓦·时，其中太阳能发电占5%。由于制造太阳能板的成本不断下降，太阳能发电的增长速度很快，未来的发展潜力极大。

比起太阳能发电，光驱动手表技术则困难得多。目前一般商用太阳能板的光电转换效率约10%，随着材料的老化，转换效率会逐渐降低。现代人生活工作大都在室内，光能密度很低，光电转换的效率也会大大降低，只有1%左右。我们可以作个简单的计算，如果一块腕表的半径为2.5厘米，其面积就是 $\pi(2.5)^2 = 19.625$ 平方厘米。如果室内用白炽灯照明，光的能量约为每平方米0.5瓦，即每平方厘米0.000 05瓦，所以一块表能得到0.000 05 × 19.625 = 0.000 981 25瓦左右的能量。假定光电转换效率为1%，每天在灯光下10小时，则一天就是0.000 981 25 × 0.01 × 10 = 0.000 098 125瓦·时。如果室内用节能发光二极管（light emitting diode，LED）照明[56]，光的能量约为每平方米0.05瓦（LED为什么能省电？[1]），则一天所得能量就只有0.000 009 812 5瓦·时。上面讲到，一只石英表每天需要0.001瓦·时左右的能量，两者相比较，可见使用光能驱动表实在不易。

西铁城的Eco-Drive腕表采用了一系列新技术，包括透明的半导体光电材料（因此可以增加光电板的面积）、显示管理（在黑暗时只计时不显示，在光亮时表针可以自动跳到当前的时间）等。据公司报道，这一腕表只要暴露在电灯光下3小时，就能捕获足够一天使用的能量。目前，这一系列的腕表已经占了西铁城腕表总销量的80%，每年可以省下数百万颗电池，不但盈利，而且环保。

日本制表公司还在不断改进他们的产品。图4.32a是卡西欧公司光电板的设计[57]，它由6个串联相接的光伏板组成，在一般情况下，每块光电板能产生约9微安的电流，0.5伏的电压，总功率为9 × 0.5 × 6 = 27微瓦。如果一天光照3小时，所产生的能量只有0.000 027 × 3 = 0.000 081瓦。为了提高效率，他们想尽了办法。例如表针（特别是较粗的分针）会在光电板上留下阴影，而阴影会导致光电转换效率降低。如图4.32a所示，在串联连接的光电板中，假定其中的一块光电板的电流减低了3微安，则整个电路

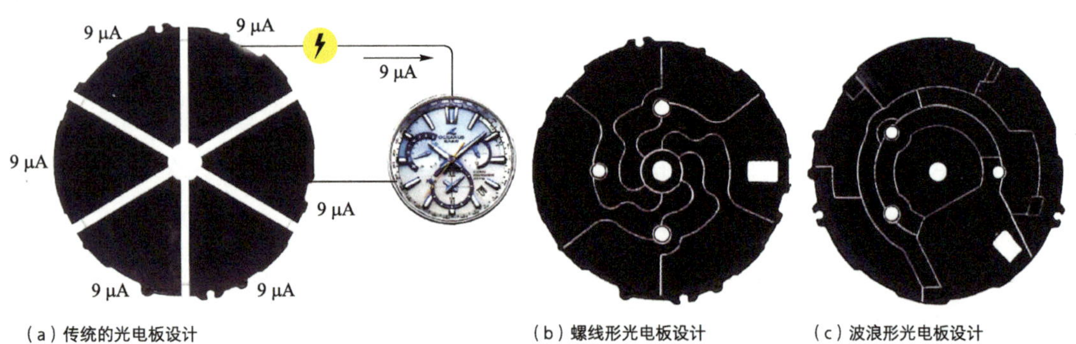

图4.32 卡西欧的新型光电板设计

（a）传统的光电板设计　（b）螺线形光电板设计　（c）波浪形光电板设计

1 其原因有二：一是LED的光电转换效率高；二是LED的光谱集中，没有浪费。

中的电流都会随之降低3微安。为了解决这一问题，他们推出了螺线形的光电板与波浪形的光电板（图4.32b和c）[57]，使表针只遮蔽几块光电板的一小部分，对电流没有多少影响，从而将效率提高20%。

日本制表公司用了近30年的时间才开发出光驱动的电子表。这说明要将一个好的技术变为一个成功的产品，需要经过无数的努力，从产品设计、材料、制造，到质量控制、市场销售、售后服务，等等，任何一个细节的疏忽都可能导致全局的失败。此外，市场通常是保守的，品牌和信誉需要大量的时间和培育才能逐步建立（失败倒是很快）。发展高新技术是必须的。有许多人希望能一举成名，一本万利，追求短期高倍回报，这种急功近利的思想实在是不明智的。

4.6 智能手表

近年来最热卖的表是所谓的智能手表（smart watch）[58]。智能手表（图4.33）的功能囊括计时、计步、测心跳、测体温、读短信、读微信、接电话，等等，其实就是一个小型计算机。不过手表只有方寸大小，要实现这么多的功能既是半导体技术不断发展的结果，也依赖于发达的无线通信技术[59]。

图4.33 苹果公司的智能手表Apple Watch（引自维基百科）

本章前面讲到无线传输电磁波的理论最早是由苏格兰科学家詹姆斯·麦克斯韦[6]提出的。1853年美国人塞缪尔·莫尔斯（Samuel Morse，1791—1872）[60]发明了电报。我们今天还偶然会用到他当年为了发电报而设计的莫尔斯代码。1886年，贝尔[19]发明了电话。后来他还发明一种无线传输电信号的方法，不过不大好用。1895年，意大利人伽利尔摩·马可尼（Guglielmo Marconi，1874—1937）[61]发明了无线电报。马可尼出生于一个贵族家庭。他的母亲是英国人，所以他在英国长大。他成年后移居意大利并在那里学习电学的基本原理，但是他发明的无线电报在意大利不受重视。后来他回到英国并在那里建立了第一个无线通信站，他的发明很快受到了全世界的青睐，他也因此获得了诺贝尔奖。1912年，泰坦尼克号（Titanic）客轮触冰山沉没，他公司在船上的工作人员在第一时间发出求救的无线电报，使得附近的船只能够快速赶来救援，拯救了许多人的生命，他也因此声名大振。后来，他回到意大利，曾任意大利皇家学会的主席。晚年，他参加了意大利的法西斯政党，但幸好在第二次世界大战前夕病逝。

今天，无线通信深入我们生活与工作的每一个角落，从外出时所用的手机，在家和工作时所用的Wifi和蓝牙，到海洋声呐探测、人造卫星通信，等等，都需要无线通信技术的支持。使用无线通信的用户数以亿计，为什么没有把网络挤爆呢？这是因为采用了一种关键技术——分频。分频技术源自一位好莱坞影星海蒂·拉玛（Hedy Lamarr，1914—2000）[62]。拉玛出生于维也纳，早年是欧洲的一位童星。1937年，她来到好莱坞发展，拍了好几部电影，声名远播。她不但天生丽质，曾被誉为世界上最美的女人（图4.34），而且冰雪聪明，虽然没有什么学位，却极负科学天赋。1940年正值第二次世界大战，她听说海军的雷达信号很容易被侦破，就想出了分频的方法[63]，把信号按照一个事先的约定，分拆成多个不同频率的信号逐个发出，接收方收到信号后，再按照约定的方法进行重组。由于重组的方法可以随时变换，信号几乎不可能被破解。她还和她的朋友改装了一台钢琴来演示这种技术。这一专利技术后来成为现代通信技术的基础，今天我们每时每刻都在使用它。

图 4.34 海蒂·拉玛（引自维基百科）

智能手表所用的技术还包括网络技术与人工智能技术，这也是推动第四次工业革命的关键技术。

4.7 原子的时间

用于计时的第四块“石头”最为奇特，它的名字叫作铯（caesium，元素符号Cs）[64]。铯实际上不是石头，它的熔点很低（28.44℃），常温下几乎是液体。这种液体的金属属于所谓的稀有金属。铯是原子钟的基本材料。

4.7.1 原子钟

原子钟的概念源自开尔文勋爵（Lord Kelvin，1824—1907）（图4.35）。开尔文勋爵名叫威廉·汤姆孙（William Thomson）[65]，苏格兰人。他的父亲是位数学教授，家学渊深。他23岁从剑桥大学毕业后回到苏格兰，在格拉斯哥大学（Glasgow University）任教，在那里工作了一辈子。开尔文（Kelvin）是一条流经格拉斯哥大学的小河，他成名后以此冠名。开尔文博学多才，在热力学及电学两个方面贡献尤多。在热力学方面，他把分子运动与热联系在一起，定义了绝对零度（即物体中的分子完全停止运动的状态），今天在科学界常用的热力学温度单位“开”就是由此定名的。他还把热力学与机械运动联系在一起，奠定了能量守恒理论。在电学方面，他是大西洋海底电缆的首席科学家，还发明了好几种电学仪器。他在研究分子运动时注意到原子运动的规律性，从而提出了原子钟的概念。

图 4.35 开尔文勋爵（引自维基百科）

1949年美国国家标准局（National Bureau of Standards）[66]做出了第一个原子钟。第三章中讲到，在美国建国之初，华盛顿（1732—1799）、约翰·亚当斯（1735—1826）、托马斯·杰斐逊（1743—1826）、约翰·昆西·亚当斯（John Quincy Adams，1767—1848）等建国元勋都曾经亲自督导美国的科学技术发展及标准化。美国国家标准局建立于1901年，是美国商务部下属的独立机构，专门负责制定和管理度量衡的标准。1988年，由于

图4.36 第一个铯原子钟（引自维基百科）

其业务扩大到科学测量方法，改名为美国国家标准与技术研究院（National Institute of Standards and Technology，NIST）[67]。至今这个研究院已经有3人获得诺贝尔奖。该研究院发表了许多重要的商业标准（例如如何校验激光）与科学数据，十分有用。

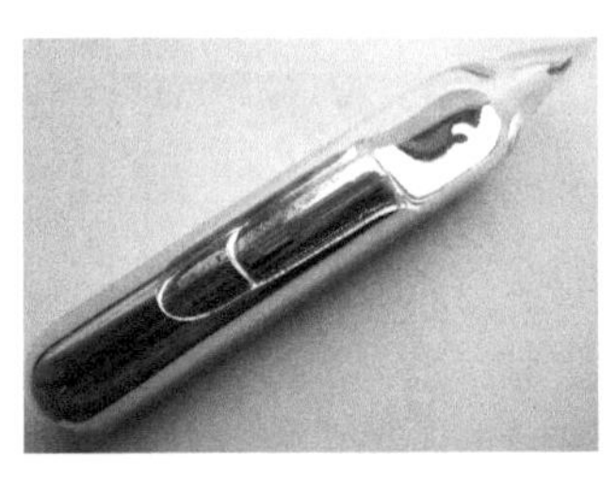

图4.37 铯在28.44℃时就会熔化为液体（引自维基百科）

1955年，英国国家物理实验室（National Physical Laboratory，NPL）[68]的两位工程师路易斯·埃森（Louis Essen）和杰克·帕里（Jack Parry）做出了第一个可以稳定工作的铯原子钟（图4.36）。

为什么要用铯来做原子钟呢？铯属于碱金属，排在元素周期表[69]的第一列，它是在1860年被发现的。我们知道，铯的熔点很低（28.44℃），常温下就会熔化（图4.37）。铯可以在真空中提炼出来，它在很长一段的时间只用作润滑剂及导电的镀层。到了20世纪初，人们研究原子结构，才得以深入了解这种液态金属。铯的电子动量大，电磁场容易测量。后来发现铯有多个同位素，其中铯133最为稳定，它的原子核旁边有54个电子配对旋转，而最外层还有一个孤立的电子，这个电子的旋转会产生一个微小的磁场，同时原子核也在旋转，并产生自己的磁场。当两个磁场以相同或相反方向旋转时，原子内的总能量会发生微小的变化（磁场方向相同时总能量略高于磁场方向相反时），因此铯会以辐射的方式释放或吸收微小的能量（释放时为正能态，吸收时为负能态），这一辐射的频率为9 192 631 770赫兹。铯原子钟就是利用这个特点制作的。

铯是一种放射性元素，具有强致癌性。在日本3·11大地震中受损的福岛核电站用的原料中就有铯。铯为什么会致癌呢？在碱族金属元素中，钾对人体极为重要，人体由约60万亿个细胞组成，钾活跃在每一个细胞之中，发挥着各种各样的作用。植物中普遍含钾，我们平时吃蔬菜、土豆之类的食品就能吸收足够的钾。由于铯和钾一样，最外层都只有一个电子，人体吸收铯后，会把铯误认为钾，输送到全身。铯输送到哪里就辐射到哪里，进而引起癌变。细胞的密码是DNA，在正常情况下，双螺旋结构的DNA紧密地折叠着，就算受了一点儿辐射也不会有太大的损伤。但是当细胞分裂时，DNA双螺旋结构打开，以合成一套新的DNA，打开的DNA链处于无保护状态，一旦遭到辐射就很容易受损癌变。放射性铯会引起各种恶性肿瘤，如胃癌、肺癌、大肠癌、白血病等。

英国研发计时技术从索尔兹伯里（Salisbury）大教堂的铁钟（建于1386年，参见第三章）到原子钟，历时500多年，可以说步步辉煌。许多精品现存于伦敦科学博物馆[70]，很值得一看。今天，英国国家物理实验室还在不断研发计时技术及应用，还有一个专门的网页[71]。2018年1月，他们推出了全球金融交易的时间戳（time stamp）技术：每项交易都加上一个精确到毫秒的时间戳。今天，世界市场（包括股票、汇率、期货等）瞬息变化万千，交易时间需要十分精确，1秒钟的盈利或亏损都可能是巨额数目。

第一章中讲到，1967年国际计量委员会（International Committee for Weights and Measures）把铯133原子在其两个基本能态中迁跃9 192 631 770个周期所需要的时间定义为一秒，这一定义是现在世界通用的时间标准，不再与日月星辰的运动有关。至此，计时走完了从“问天”到“炼石”的旅程。

然而，人们“炼石”越炼越精，新材料不断涌现。例如，我们的手机中用到的元素有50多种（图4.38），这些元素都是从各种石头中“炼”出来的。今天，我们的生活依赖着“炼石”。

4.7.2 全球定位系统

读者也许会认为把1秒分成90亿份（准确地说是9 192 631 770份）只有在最先进、最精密的科学测量中才有用处，但其实在我们的日常生活中

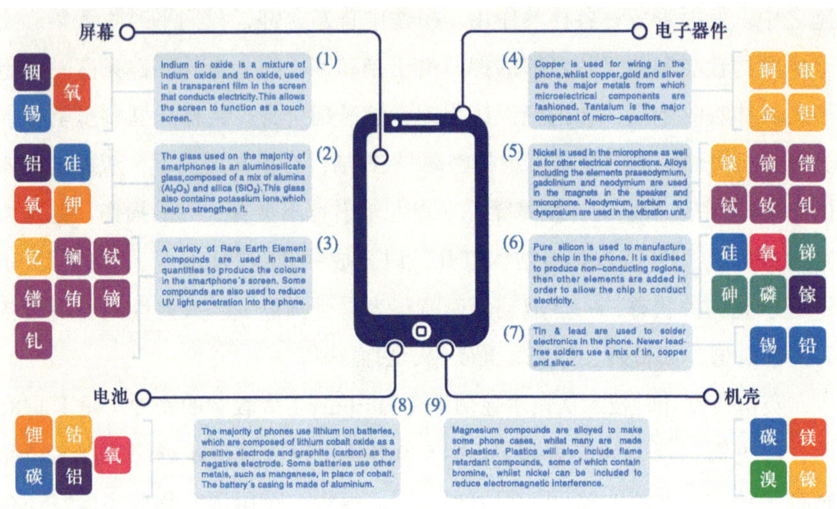

图 4.38 手机所用到的元素(引自维基百科)

每天都会用到。例如数据传输：在一条光缆上传输的数据1秒就有亿万个，区分每一段数据的归属就是由原子钟来做的。

原子钟也是全球定位系统（global positioning system，GPS）[72]的基础。GPS的发明源自两位霍普金斯大学（Johns Hopkins University）物理系的研究生威廉·吉尔（William Guier）和乔治·魏芬巴赫（George Weiffenbach）。1957年苏联发射了第一颗人造卫星Sputnik 1（俄文意为人造卫星1号），这颗卫星以一个固定的频率发出信号，以彰告世界。消息传到美国，这两位研究生想追踪卫星在太空的轨迹。他们根据多普勒效应（图4.39）计算出卫星在太空的位置，并利用加州理工学院喷气推进实验室（Caltech Jet Propulsion Lab）的大型计算机推算出卫星的轨道。第二年春天，喷气推进实验室的主任弗兰克·麦克卢尔（Frank McClure）希望他们解决一个逆向的问题：利用太空的卫星来确定地面某个物体的位置。当时美国海军正在进行北极星计划，想要从潜艇中发射导弹，因此需要知道潜艇的准确位置，美国海军的卫星导航系统由此诞生。1959年，美国国防部投入重金研发全球卫星定位系统。几年后GPS系统逐渐成形，并成为美国星球大战计划的

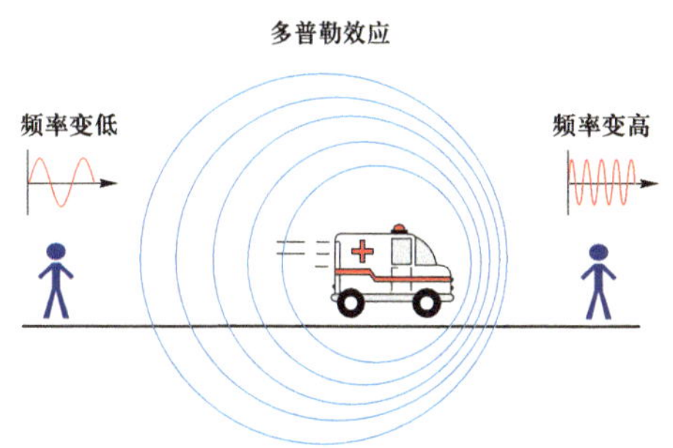

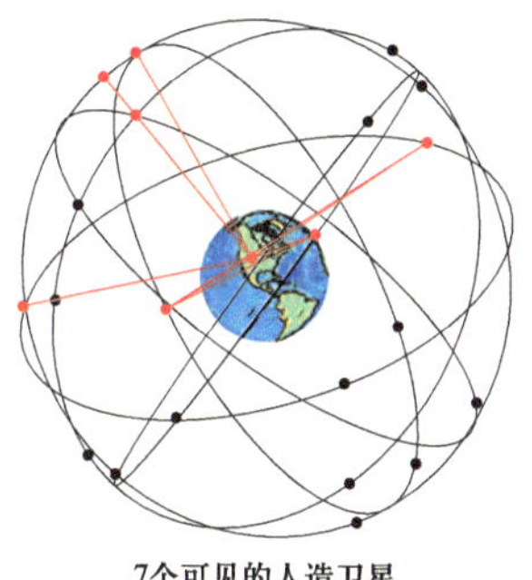

图 4.39 多普勒（Doppler）效应图解：当救护车高速驶近时，救护车的速度与救护车喇叭的声速叠加，观测者所听见的声音频率变高；当救护车高速驶离时，救护车的速度与救护车喇叭的声速相减，观测者所听见的声音频率变低。同样，当人造卫星飞近或飞离观测者时，观测者所接收到的信号频率也会受到影响，由此可以计算出它的位置

图 4.40 全球定位系统图解，系统有 32 颗同步卫星，每颗卫星都发出特定频率的信号，信号包括时间以及卫星的编号。在地球上的任何一点都能接收到 4~7 颗卫星的信号，由此可以计算出这一点的位置坐标（引自维基百科）

一个重要组成部分。

GPS的工作原理并不复杂。GPS系统在地球周围布置了33颗与地球同步运行的卫星（图4.40），因此在地球上的任何位置都能接收到至少4个卫星信号（通常是7个）。每颗卫星都按同一个固定的频率发射一个信号，信号包括卫星的编号（由此可以确定其坐标位置）及信号发出的时间。在地面上的接收器收到至少4个信号后就可以计算出自己所在位置。假定接收的4个卫星位置及时间为(x_1, y_1, z_1, t_1), (x_2, y_2, z_2, t_2), (x_3, y_3, z_3, t_3), (x_4, y_4, z_4, t_4)，那么我们就有

$$\sqrt{(x-x_1)^2+(y-y_1)^2+(z-z_1)^2}=c(t_1-t_B) \tag{4.4}$$

$$\sqrt{(x-x_2)^2+(y-y_2)^2+(z-z_2)^2}=c(t_2-t_B) \tag{4.5}$$

$$\sqrt{(x-x_3)^2+(y-y_3)^2+(z-z_3)^2}=c(t_3-t_B) \tag{4.6}$$

$$\sqrt{(x-x_4)^2+(y-y_4)^2+(z-z_4)^2}=c(t_4-t_B) \tag{4.7}$$

式中，(x, y, z)为接收器的位置；c为光速；t_B为接收器的时间。这样，上

述4个方程就有4个未知数：接收器的位置（x, y, z）及时间t_B因此可以解出。在GPS系统中，准确计时非常重要，原子钟的误差约90亿分之一秒，所导致的误差约0.01米。

GPS系统原名“Navstar GPS”，它由美国军方管理。系统的标准原子钟由12个独立的铯原子钟和12个独立的氢原子钟（为什么要用氢原子钟？[1]）组合而成。标准钟位于美国华盛顿特区的海军天文台，这个天文台不是军事基地，常人可以去参观访问，但是要预约。GPS系统的每颗卫星上又有4个原子钟，以保证时间信号快速发出。此外，美国空军在科罗拉多州的Schriever基地还有专门的监控站，监测原子钟的运行。2000年美国国防部把原来在冷战时加入的人为误差取消，目前其精度约为0.1米。今天，所有的智能手机都有GPS的功能，可以随时访问GPS的时钟。基于GPS，智能手机还有各种各样的“Apps”使用这一信息，当然用得最多的还是地图导航。今天我们要是没了地图导航也许真不知道该怎么开车了。

美国国防部所用的GPS系统精度更高，其精度为0.01米（原子钟的极限）。读者可以想象，GPS锁定目标后，GPS导航的导弹就可以凌空飞降。人类为了武器性能的提升也真是费尽了心思！

目前世界上还有好几种其他的卫星定位系统，如欧盟的“伽利略”[73]，主要覆盖欧洲地区，开放民用的精度为1米，最高精度也可达0.1米。俄罗斯的卫星定位系统有27颗卫星，开放民用的精度为2.8 ~ 7.38米。印度的卫星定位系统有7颗卫星，只是覆盖印度地区，开放民用的精度为10米，最高精度为0.1米。

中国的卫星定位系统叫作“北斗卫星导航系统”[74]，2000年开始组建，2003年开始试用，2020年投入使用。目前在轨39颗卫星，开放民用的精度为10米，最高精度也可达0.1米。该系统有3个特点：一是卫星采用3种不同轨道（一个与地球同步的轨道、一个高轨道、一个低轨道），每颗卫星信号覆盖面大；二是采用3种不同的信号频道，信号稳定性好；三是融合了

1 氢是气体，电子的动量比液态的铯更大，能态差也更大，测量更加准确。

导航与通信功能，具备导航、短信、国际搜救、精密单点定位等多种功能。

4.7.3 光子钟

原子钟的技术在不断进步。4.7.2节讲到，目前GPS的最高分辨率约为0.01米。这个精度主要是受到了原子钟计时精度的限制，要进一步提高精度就必须有更准确的钟。氢原子钟的振荡频率为1 420 406 751.766 7赫兹，其精度比铯原子钟要高些。

光子钟的精度更高。光子钟首先由美国国家标准与技术研究院（NIST）的约翰·霍尔（John L. Hall）及特奥多尔·亨施（Theodor Wolfgang Hänsch）提出，他们认为捕捉光子运动比捕捉电子运动所产生的微波会更加准确。他们开发了频梳（frequency combs）的方法，并因此获得2005年的诺贝尔物理学奖。2009年，美国实验天体物理联合研究所（Joint Institute for Laboratory Astrophysics，JILA）成功研制出光子钟（图4.41）。蓝色的激光在接近绝对零度的低温下激发气体状态下的锶（Strontium）金属元素，逸出的光子振荡频率为429 228 004 229 873.4赫兹。光子钟的精度比现在原子钟的精度高一百倍，有朝一日用到GPS中，定位精度可达1毫米

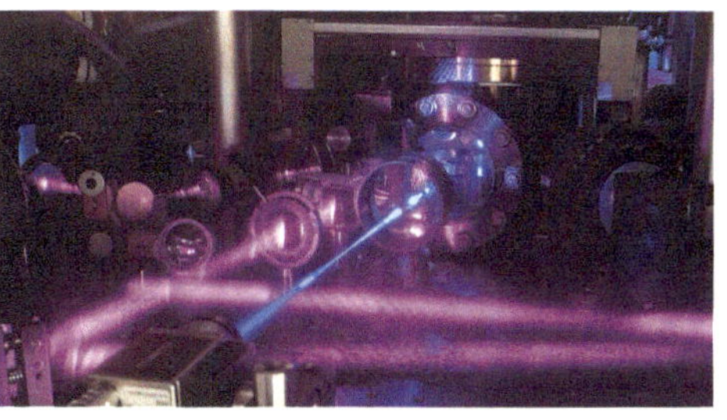

图 4.41 美国实验天体物理联合研究所研制的光子钟。蓝色的激光在接近绝对零度的低温下激发气体状态下的锶（strontium）金属元素，逸出的光子可以用于计时（引自维基百科）

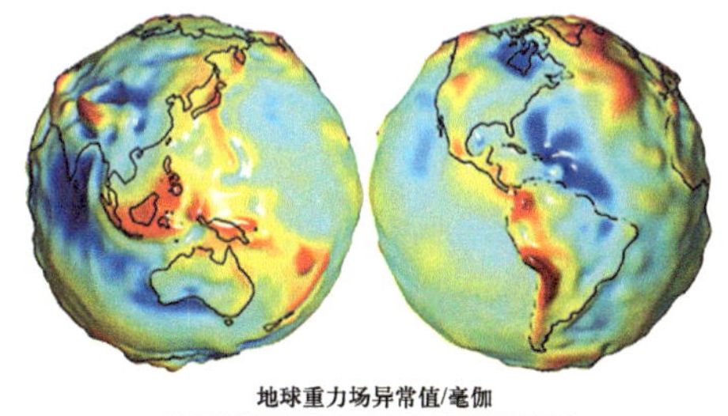

图 4.42 根据爱因斯坦的相对论，随着重力的增加，时间会变慢，因此离地心远的地方时间较快，这里“milligal”为 mGal（毫伽），即千分之一伽（1 Gal = 0.01 m/s^2）（引自维基百科）

（0.001米）。

2018年，美国国家标准与技术研究院（NIST）用光子钟来验证爱因斯坦相对论的准确性。根据相对论，质量会影响时间（time dilation）[75]。以地球为例，图4.42为地球的重力场，由于地球重力的影响，时间在接近地心的地方会比在远离地心的地方慢些，因此放在海平面上的钟会慢于放在珠穆朗玛峰上的钟。按照地球46亿年的年龄来算，放在珠穆朗玛峰上的钟至今已经快了39小时。为了验证这一理论是否准确，在NIST，科学家们把光子钟抬高了12英寸（0.304 8米），结果发现光子钟每天快了0.000 000 000 000 000 385秒；即每79年会快900亿分之一秒，从而证明了相对论的正确性。最近，GPS系统把高度的影响也进行了补偿，以提高定位的精确度。

人类还在不断“炼石”，不断开发出更加准确的计时方法。最新的技术叫作时间晶体（time crystal）[76]，虽然还没有做出来，但相信会比光子钟还要准确。

[1] 陶器，参见维基百科“pottery”。
[2] 铜，参见维基百科“copper”。
[3] 法拉第，参见维基百科“Michael Faraday”。
[4] 戴维，参见维基百科“Humphry Davy”。
[5] 法拉第的蜡烛，参见维基百科“The Chemical History of Candle”。
[6] 麦克斯韦，参见维基百科“James Clerk Maxwell”。
[7] 音叉表，参见维基百科“Bulova Accutron”。
[8] 美国太空计划，参见维基百科“Timeline of Space Exploration”。
[9] 石英，参见维基百科“quartz”。
[10] 皮埃尔·居里，参见维基百科“Pierre Curie”。
[11] 玛丽·居里，参见维基百科“Marie Curie”。
[12] 波兰，参见维基百科“Poland”。
[13] 亨利·贝克勒尔，参见维基百科“Henri Becquerel”。
[14] 碳14，参见维基百科“Carbon-14”。
[15] 原子弹，参见百度百科。
[16] 原子能，参见百度百科。
[17] 贝尔实验室，参见维基百科“Bell Labs”。
[18] 水热合成法，参见维基百科“hydrothermal synthesis”。
[19] 亚历山大·贝尔，参见维基百科“Alexander Graham Bell”。
[20] 图灵奖，参见维基百科“Turning Award”。
[21] 诺基亚公司，参见百度百科。
[22] 硅，参见维基百科“silicon”。
[23] 约翰·克雷斯勒.硅星球：微电子学与纳米技术革命.张溶冰，张晨博，译.上海:上海科技出版社，2012.
[24] 肖克利，参见维基百科“William Shockley”。
[25] 罗伯特·诺伊斯，参见维基百科“Robert Noyce”。
[26] 戈登·摩尔，参见维基百科“Gordon Moore”。
[27] 摩尔定律，参见百度百科“Moore’s law”。
[28] 中央处理器，参见百度百科。
[29] CZ过程，参见维基百科“Czochralski process”。
[30] 海耶克，参见维基百科“Nicolas Hayek”。
[31] 黎巴嫩，参见维基百科“Lebanon”。
[32] 斯沃琪公司，参见维基百科“Swatch”。
[33] MEMS，参见维基百科“Micro electro mechanical system”。
[34] 雅典表公司官网，可百度搜索“Ulysse-Nardin”。
[35] 瑞士高等计时技术基金会，可百度搜索“hautehorlogerie”。
[36] 芝柏公司官网，可百度搜索“Girard-Perregaux”。
[37] 帕玛强尼公司官网，可百度搜索“Parmigiani”。
[38] 柔性结构，参见维基百科“flexure”。
[39] 真力时公司官网，可百度搜索“Zenith”。
[40] 迪伯士图公司官网，可百度搜索“Debethune”。
[41] 有限元分析，参见维基百科“finite element analysis”。
[42] 纽扣电池，参见维基百科“button cell”。
[43] 西铁城公司官网，可百度搜索“Citizenwatch”。
[44] 西铁城“Eco-Drive”腕表，参见维基百科“Eco-Drive”。
[45] 光合作用，参见维基百科“photosynthesis”。
[46] 埃德蒙·贝克勒尔，参见维基百科“Edmond Becquerel”。
[47] 光电效应，参见维基百科“photovoltaics”。
[48] 爱因斯坦，参见维基百科“Albert Einstein”。
[49] 相对论，参见维基百科“theory of relativity”。
[50] 亨德里克·洛伦兹，参见维基百科“Hendrik Lorentz”。
[51] 亚瑟·爱丁顿，参见维基百科“Arthur Eddington”。
[52] 量子力学，参见维基百科“quantum mechanics”。
[53] 索尔维会议，参见维基百科“Solvay conference”。
[54] 光电材料，参见维基百科“thermoelectric material”。
[55] 中国太阳能资源分布，参见“中国科普博览”网站。
[56] 发光二极管，参见维基百科“LED，light emitting diode”。
[57] Saito Y.Ideal shape of solar cells for analog watches// 2016 Congrèss International de Chronométrie (CIC 2016), Suiess, Sep. 28–29, 2016.
[58] 智能手表，参见维基百科“smart watch”。
[59] 无线通信，参见维基百科“wireless communication”。
[60] 塞缪尔·莫尔斯，参见维基百科“Samuel Morse”。
[61] 伽利尔摩·马可尼，参见维基百科“Guglielmo Marconi”。
[62] 海蒂·拉玛，参见维基百科“Hedy Lamarr”。
[63] 分频，参见维基百科“frequency hopping spread spectrum”。
[64] 铯，参见维基百科“caesium”。
[65] 开尔文勋爵，参见维基百科“William Thomson”。
[66] 美国国家标准与技术局，参见百度百科。
[67] 美国国家标准与技术研究院，参见百度百科。
[68] 英国国家物理实验室，参见“NPL”网站。
[69] 元素周期表，参见维基百科“periodic table”。
[70] 伦敦科学博物馆，参见维基百科“London Science Museum”。
[71] 英国国家物理实验室时间专题网页，可百度搜索“NPL Time”。
[72] 全球定位系统，参见维基百科“global positioning system，GPS”。
[73] 欧盟卫星定位系统，参见维基百科“Galileo (satellite navigation)”。
[74] 北斗卫星导航系统，参见百度百科。
[75] 时间扩展，参见维基百科“gravitational time dilation”。
[76] 时间晶体，参见维基百科。

第五章 求生

Surviving To Perpetuate

► 在前面的 4 章中，我们沿着人类文明史的足迹，走过了一个时间之旅。在这个旅途中，我们看到人类是怎样“问天”“称水”“数声”和“炼石”，一步一步地厘定今天我们用的历法，开发出越来越精确的计时技术，塑造了今天的生活。在这一章，我们将沿着地球上生物进化的足迹去经历一个新的时间之旅。在这个旅途中，我们将看到大自然的鬼斧神工，以及生命的奥秘，还有许多发现这些奥秘的伟人和他们的故事。

5.1 生命的起源

生命是怎么开始的，是什么时候开始的？科学家们普遍认为生命的旅程是一个复杂的过程[1]。如图5.1所示，在138亿年前，宇宙从大爆炸（Big Bang）中形成后不久，复杂的化学反应就开始了，这些反应形成了许多生命的建筑材料（如氢化物、甲酸等）。约45亿年前，地球诞生。在随后的几亿年中，地球经历了冥古宙，在此期间，地球的大气层中只有氢、甲烷、氨和水蒸气，无数彗星和流星横空飞来，给地球带来了大量的水，也带来了生命的建筑材料。科学家们认为，还有一个像火星般大小的行星撞击过地球，从而生成了月球。

地球上的生命是怎样开始的呢？从生物化学的角度来看，生命是由许多特别的有机分子构成的，它们能够自我组装、自我复制、自动催化，甚至自我保护。自我组装和自我复制是通过新陈代谢来实现的。科学家们已经发现在好几种情况下，包括在雷电交加作用下的泥潭中，在富含铁和硫的温泉中，在深海的火山口边等，都会生成一些特别的有机分子。例如，2016年，德国科学家托马斯·卡雷尔（Thomas Carell）和他的团队发现氢化物、氨、甲酸在常温下就可以组合成能够新陈代谢的有机分子。这些有机分子构造了原始的生命，最神奇的是这些原始的

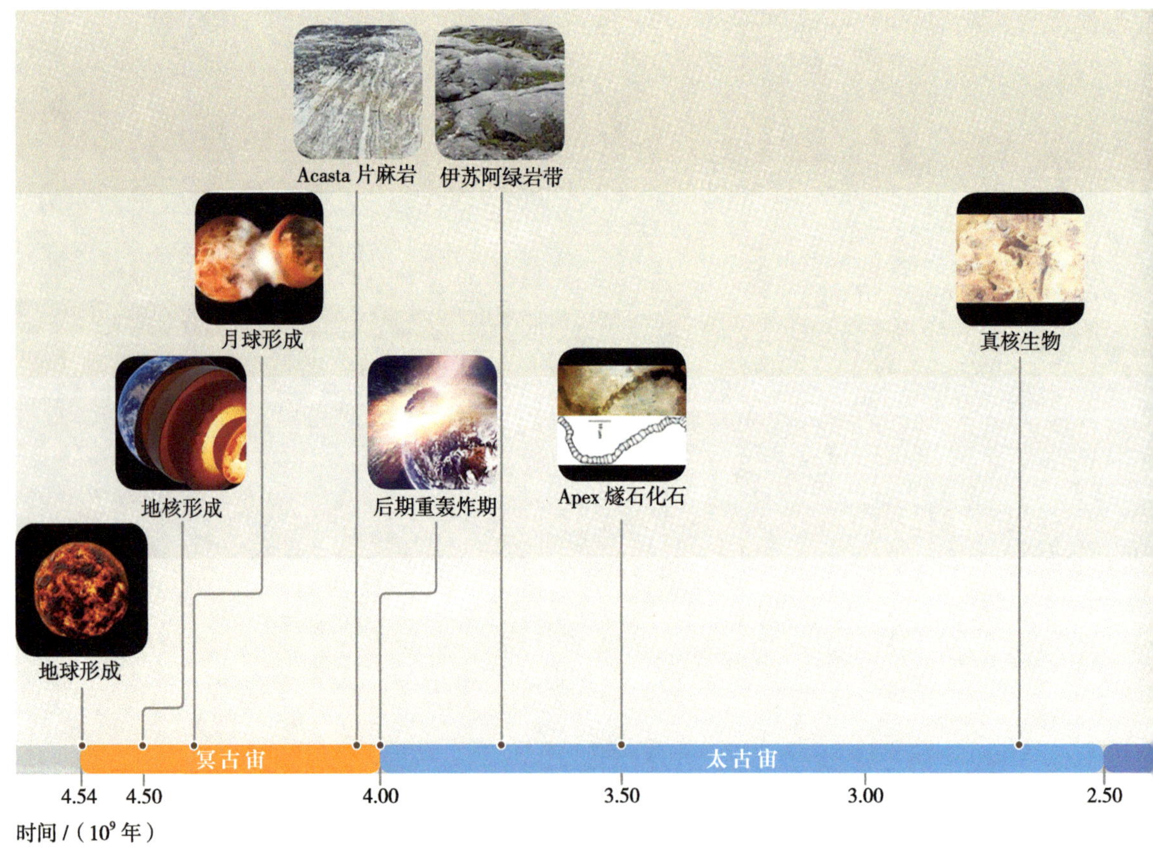

图 5.1 地球的生命之旅

生命会追求不断地复制自己，而且在复制的过程中不断优化自身的结构。

生命开始，生存竞争与生物进化随之开始。从太古宙到今天，生命可能有过多个不同的开始和凋亡，还有不断的变异及合并。由于早期的原始生命都是简单的高分子，不能形成化石，科学家们不能确定地球上的生命是从什么时候开始的，只知道不会晚于38亿年前。今天，科学家们还在寻找生命的共同祖先（last universal common ancestor，LUCA）[2]。

在接下来的20亿年里，具有细胞膜的细胞出现了。细胞膜是防止细胞外物质自由进入细胞的屏障，它保证了细胞内环境的相对稳定，使各种生化反应能够有序进行，因此使得生命更加坚韧。此外，细胞必须与周围环境发生信息、物质与能量的交换，才能完成特定的生理功能。一代又一代的细胞在新陈代谢作用下产生大量的氧气，改变了大气层。大气层屏蔽了太阳光中的部分紫外线，还使得落入地球的流星和彗星在落地之前燃烧殆尽，这也使得地球变成了宜居之处。这一段时间叫作元古宙。

到了15亿年前，多细胞生物出现了。与单细胞生物相比，多细胞生物可以“分工合作”，因此可以获取更多的能量，长得更大、更强壮。这促使各种各样的生命爆发式地增长，开始出现原始的植物。

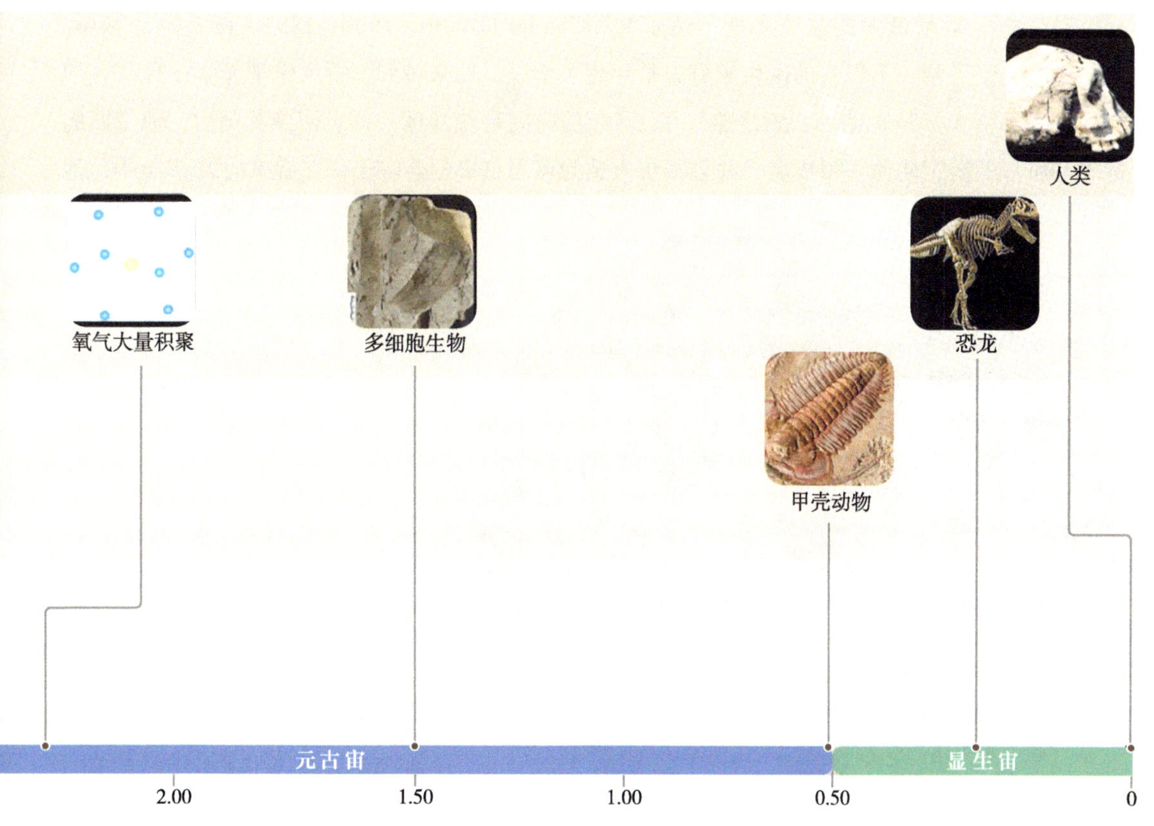

到了6亿年前，像三叶虫这样的动物出现了，开始了显生宙。接着是恐龙统治了地球将近2亿年。猿人出现在约280万年前，而现代人类的出现则是在约20万年前。假定地球诞生到现在是24小时，那么人类就是在23时58分来到这个世界的。

世界上古老的文明都有关于生命起源的传说。各种宗教也有关于生命诞生的神话。用科学的方法研究生命可以追溯到古希腊，第一章中讲到，亚里士多德是第一位系统地研究动物的人，他还为此写过专著。

16世纪法国百科全书派学者布丰伯爵（Comte de Buffon，原名Georges-Louis Leclerc，1707—1788）[3]的著作《自然史》是现代生物学的奠基之作。另一位法国科学家拉马克（Jean-Baptiste Lamarck，1744—1829）[4]的著作《动物学哲学》率先提出物种变异。瑞典科学家卡尔·林奈（Carl von Linné，1707—1778）[5]开创了生物分类法，把生物分成动物和植物两大类。他注意到有些植物会按照天气条件开花；有些植物会按照日照长短开花；有些植物会每天定时开花。据此，他还设计了一个花钟（图5.2），在春夏之际，这个花钟上的花就会按时开花报时。稍后的德国博物学家亚历山大·洪堡（Alexander von Humboldt，1769—1859）[6]曾经游历世界，他的足迹遍布整个美洲。1829年他率团考察了俄国，还一直走到中俄边境。他的巨著《宇宙》对博物学贡献极大。

对生物学贡献最大的非查尔斯·达尔文（Charles Darwin，1809—1882，图5.3）[7]莫属。达尔文出生于英国一个殷实的医生家庭，早年想去学医，后来转到剑桥大学学文。1831年，他加入了“小猎犬”号轮船的探索之旅，用了5年的时间环绕地球一周。回到英国后，他带回的标本和所写的游记使他一举成名，并且很快入选为英国皇家学会院士。在后来的20多年中，他

图 5.2 林奈的花钟。上午6时：三色堇；7时：万寿菊；8时：蒲公英；9时：洋蓟；10时：麦子；11时：百合；正午12时：西番莲。下午1时：石竹；2时：报春花；3时：山楂；4时：旋花；5时：睡莲；6时：月见草（引自维基百科）

读书写书、研究会谈，其进化论思想逐步成型。1858年，他收到了阿尔弗雷德·华莱士（Alfred Russel Wallace，1823—1913）[8]的一篇短文。当时，华莱士正在马来西亚进行他那历时8年的探索之旅，他收集了10多万个标本，并作了仔细的比对。在一次感染发烧的时候，他忽然醒悟到生物的进化是自然选择的结果，因此写下一篇短文并寄给达尔文，请达尔文帮他拿去发表。达尔文读了文章后十分惊讶，这篇文章的思想和他的进化论是一致的，虽说论据还不够充分，描述也不够清楚，但足以造成重大影响。达尔文一方面帮华莱士发表了这篇论文，另一方面加倍努力。1859年，他发表了《物种起源》一书。这本书引起了巨大轰动，初版的2 500册在一周内就被抢购一空。进化论不但挑战了当时占社会主导地位的上帝造物论（参见第一章），而且还深入到社会的每一个角落——种族、性别、阶级、道德、疾病、死亡……。直到今天，进化论还是人类最伟大的理论之一。

达尔文身体不好，据说是因为当年在美洲考察时被一种毒虫叮咬所致。在后来的20多年中，他坚持著书，也不断思考进化的问题。他的妻子是他的表妹（Emma Wedgwood，1808—1896），岳父是英国著名瓷器品牌Wedgwood的创始人（这个品牌至今仍旧热销）。达尔文夫妇琴瑟和鸣，膝下有10个子女，其中两个早逝，另外一个女儿在10岁时病逝。达尔文十分担心近亲结婚会带来遗传问题，所幸他的其他子女都能成才。他有3个儿子成为英国皇家学会的院士，还有一个儿子列奥纳多·达尔文（Leonard Darwin，1850—1943）从军（官至上校）、从政（国会议员），很有成就。他还有一个著名学生——统计学家罗纳德·费希尔（Ronald Fisher，1890—1962）[9]。

到达尔文去世时，已经有许多学者接受了进化论。但也有人认为进化论不能解释简单的遗传问题：为何高大的父母会生下矮小的子女？其实，当时已经有人找到解释这一问题的工具，

图5.3 达尔文晚年的照片（引自维基百科）

那就是格雷戈尔·孟德尔（Gregor Mendel，1822—1884）[10]。孟德尔出生于奥地利一个农民家庭，他年轻时家境贫寒，而且身体不好，但他勤奋好学，很想读书。他的妹妹用自己的嫁妆资助他（后来他资助他妹妹的两个儿子读书，成为医生），但毕竟不够，因此他到教堂工作，以期得到教会的资助。教堂的工作清闲有序，他得以顺利完成学业，还多遇名师。他在维也纳大学念书时的物理学教师是多普勒，第四章中讲到的多普勒效应就是他发现的。

孟德尔用豌豆做了20 000多次实验，他仔细分析了实验结果并由此发现了遗传学的两大定律[11]（图5.4）。他写了几篇文章，但当时并没有引起多少人的注意。他两次会考中学教师一职都没有成功。后来他成了教堂的主持，也就没有再做实验了。孟德尔的实验揭示了遗传的特点，但未能揭示遗传是怎样进行的。

达尔文的表弟弗朗西斯·高尔顿爵士（Sir Francis Galton，1822—1911）[12]是著名的统计学家和科学家。他为进化论提供了统计分析方法，他通过实验验证了正态分布（normal distribution）来自自然。他制造了一个简单的数豆装置（图5.5），将豆子倾倒进装置中，豆子落在底部的分布将是一个钟形的正态分布。这一发现对于数据分析非常重要。他还提出了方差、相关及回归分析方法。高尔顿发现每个人的指纹都不一样，可以用作身份鉴定。他还做了一个9 000人的实验，试图用面部特征来判别人的丑美、智商和犯罪倾向。这一实验却没有成功。他认为血液可能携带遗传基因，并做了大量的动物实验，但也没有结果。

费希尔[9]为进化论奠定了数学基础。他首先把孟德尔[10]的遗传学定律用统计学的方法加以确认。他发明了一系列统计学方法，今天我们常用的假设检验（null hypothesis）、实验设计（design of experiments，DOE）、F检验（F-test）、方差分析（analysis of variance，ANOVA）都是

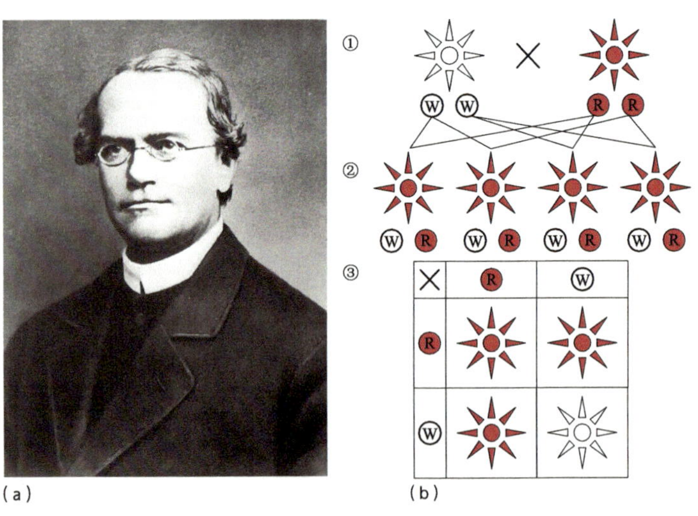

（a）　　（b）

图 5.4 孟德尔和他的豌豆实验。在1856—1863年间，孟德尔用豌豆做了20 000多次实验，他仔细分析了实验结果，从而发现了遗传学的一些基本规律：如图b所示，两个个体［如白（W）与红（R）］交配所产生的子代由主导个体［如红（R）］所确定；另外，子代的个体交配所产生的第三代遵循1/3的比例，即主导个体的数目为3，其他个体的数目为1（引自维基百科）

他发明的。在生物学方面，他首先提出了基因类别的概念，还提出了达尔文忽略的性选择规则。这一规则解释了雄性孔雀何以长出漂亮的尾巴。他有一句名言：“自然选择会产生极不可能的结果（Natural selection is a mechanism for generating an exceedingly high degree of improbability）。”

不过高尔顿与费希尔都认为进化将导致人类的分化，因而推崇种族主义的所谓优生学（eugenics）[13]。优生学对世界产生了巨大影响。在历史上，美国曾经推行种族歧视的绝育法，纳粹德国更是推行种族清洗，为世界带来了灾难。

更关键的问题是生命的基因在哪里？1953年，弗朗西斯·克里克（Francis Crick，1916—2004）和詹姆斯·沃森（James Watson，1928—）发表了一篇划时代的文章，这篇只有一页半篇幅的文章给出了生命的密码——双螺旋结构的脱氧核糖核酸（DNA）[14]。如图5.6a所示，DNA由两条糖-磷酸骨架（sugar-phosphate backbone）作为支撑，在这两条骨架上有许多以氢键维系的配对碱基（nitrogeous bases or nucleobases）。这些碱基有4种：腺嘌呤（adenine，A）、胸腺嘧啶（thymine，T）、鸟嘌呤（guanine，G）和胞嘧啶（cytosine，C）。A配对T，G配对C。DNA储存着生命的所有信息。在复制时，稳定的DNA双螺旋结构打开，形成两条模板链。模板链分别与游离的碱基一一配对，复制形成两条新的与两条模板链完全相同的DNA子链（图5.6b）。这一大自然的杰作非常稳定可靠（复制出错的概率约为百万分之一）。后来，科学家们又发现了RNA（核糖核酸）[15]。RNA通常是单螺旋结构，并且在配对的碱基中，RNA用的是尿嘧啶（uracil，U）而不是腺嘌呤（A）。DNA与RNA构成了生命的密码——基因（gene）[16]。不同的基因造就了不同的物种。人类的基因有2万多个，每个基因有5 000多个碱基对。基因存在于染色体（chromosome）中[17]。人类有23对染色体，其中有22对为男女共有，另外一对为

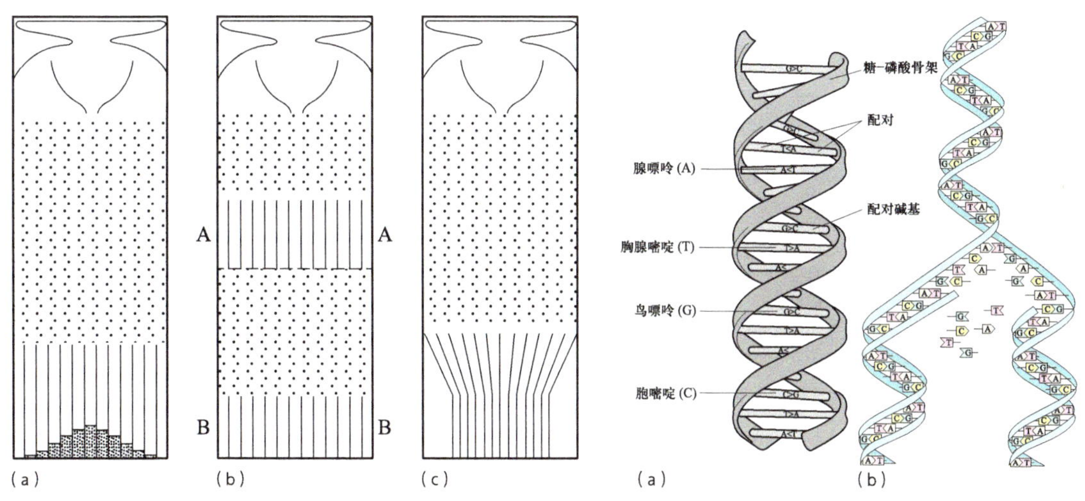

图 5.5 高尔顿画的数豆装置（bean machine），如图中的（a）所示，将豆子倾倒进装置中，豆子落在底部的分布将是一个钟形的正态分布。对于图中（b）和（c），结果也是一样的（引自维基百科）

图 5.6 DNA 的结构及复制示意图（引自维基百科）

性染色体，男性为XY，女性为XX。我们的身体有大约37万亿个细胞，每一个细胞都有一套完整的染色体（图5.7）。

其实DNA的发现不能少了女科学家罗莎琳德·富兰克林（Rosalind Franklin，1920—1958）[18]和莫里斯·威尔金斯（Maurice Wilkins，1916—2004）的功劳。当时世界上好几个团队在努力破解生命的密码，有人提出单螺旋结构，有人提出三螺旋结构。克里克和沃森提出双螺旋结构，但无法验证。富兰克林操作X光显微镜的技术高超，照出了DNA的双螺旋结构。克里克和沃森在富兰克林毫不知情的情况下使用了她尚未公开发表的研究成果，却没有把富兰克林的名字放在文章上面。1962年，克里克、沃森和威尔金斯荣膺诺贝尔奖，可惜的是富兰克林已经病逝（图5.8），榜上无名，令人扼腕。

经过数十亿年的进化，地球上衍生出种类繁多的生命物种[19]，所有的物种都可以由它们的DNA追溯其源。第一章中讲到亚里士多德首先对生物进行了分类。18世纪时，林奈[5]根据解剖学定义了生物的分类。达尔文[7]也设计了一个生命之树的分类系统。但这些都不够准确。美国生物学家卡尔·乌斯（Carl Woese，1928—2012）根据DNA勘定了最新的分类系统。如图5.9所示，生命有个共同的祖先（LUCA），然后分成3个域：细菌、古生菌和真核生物。其中，真核生物的形态最为多样，植物、动物、真菌（fungus）都属于这一域。接着，生物再按照7个级别进行分类：界、门、纲、目、科、属、种。例如人类的分类是：真核生物域→动物界→脊索动物门→哺乳纲→灵长目→人科→人属→智人种。白菜的分类是：真核生物域→植物界→种子植物门→双子叶植物纲→白花菜目→十字花科→芸薹属→白菜种。有趣的是，根据DNA分析，生命之树并非一棵笔直上下的“树”，而是一个枝丫横斜、互相交缠的结构。不同的物种曾经多

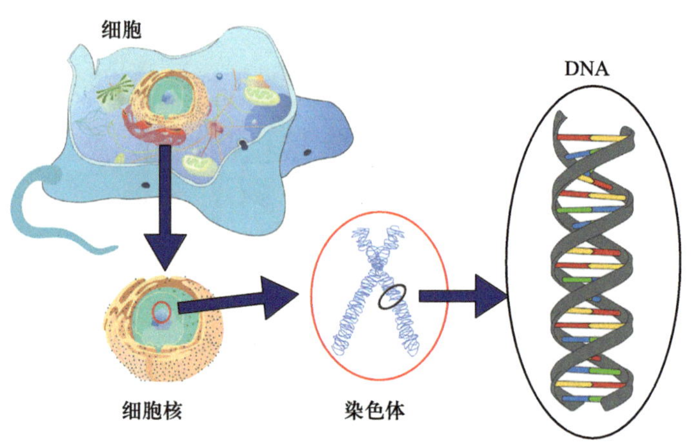

图 5.7 细胞、细胞核、染色体和 DNA（引自维基百科）

图 5.8 罗莎琳德·富兰克林（引自维基百科）

次经由各种各样的方法交换基因，如寄生、吞噬，等等。例如，今天植物的色素体基因是从原始细菌来的，而动物的线粒体基因是从古生菌来的。

DNA的发现改变了一切。它不但使得科学家们能够穷究生命之源，而且还能够因势利导，改良现有生物（如转基因食品），合成新的生物[20]。可以肯定，DNA技术还将继续发展，改变我们的生活。

5.2 生物的时钟

地球上的生物必然受到地球时钟的影响。地球的时钟主要有3个：日时钟、月时钟及年时钟。地球自转一周是一天，期间会经历白昼与黑夜。白天的阳光为生物带来能量，对生物影响极大。所以几乎所有的生物都有日生物钟（daily circadian rhythm）。月亮围绕地球公转一周是一个月。月亮带动潮汐，许多生物，特别是海洋生物，会有月生物钟（circalunar rhythm）。地球围绕太阳公转一周的时间是一年。由于地球的自转轴与公转平面有一个倾角，在离开赤道较远的地方，日照的时间和强度在一年中会有较大的变化，因此一年会有四季，随之生物会有年生物钟（annual rhythm）。此外，生物本身还会有更长或更短的生物钟。

生物钟[21]的概念首先是由法国天文学家让–雅克·德麦兰（Jean-Jacques de Mairan，1678—1771）提出的。1729年，他把一棵含羞草放在碗柜里，以观察它在黑暗环境中的表现，结果发现即使是在不见天日的情况下，含羞草的叶子仍然有节奏地开合，仿佛有自己的昼夜时间表。

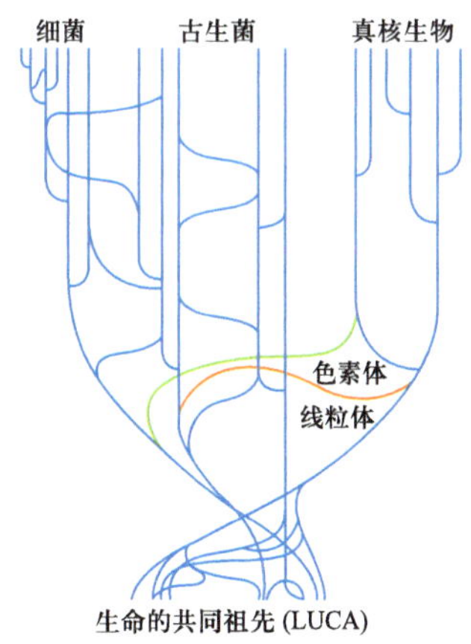

图 5.9 生物分类之“树”（引自维基百科）

他在法国科学院的会议上讲述了这一发现。1850年，《爱丽丝漫游奇境记》的作者查尔斯·道奇森（Charles Dodgson，笔名 Lewis Carroll，1832—1898）首先提到生物钟会对人们的生活产生很大的影响。1930年，美国科学家纳撒尼尔·克莱特曼（Nathaniel Kleitman，1895—1999）首先用科学的方法研究了人的生物钟与睡眠。他和他的同事在一个与世隔绝的深洞里住了32天，他们刻意把一天24小时变成一天28小时，他发现自己难以适应。克莱特曼还发现了快速眼动（rapid eye movement）现象，后来这个指标被用作做梦的指征（最近人们又发现慢速眼动也与做梦有关）。1969年，法国年轻的科学家雅克·夏伯特（Jacques Chabert）做了一个实验，他把自己关在一个深洞里住了半年。这个深洞不见天日，终年恒温6℃。他特意不带任何计时装置，但对自己的体温作了连续的记录。根据体温的变化，他发现自己的生物钟是24小时22分钟。类似的实验还有很多。

1971年，美国加州理工学院年轻的研究生罗纳德·科诺普卡（Ronald Konopka，1947—2015）和他的导师西摩·本泽（Seymour Benzer，1921—2007)首先发现了果蝇的生物钟基因（果蝇的基因较为简单，繁殖力旺盛，养护空间小且简单，是生物实验的首选物种）。1984年，他们团队的杰弗理·霍尔（Jeffrey C. Hall，1945—）又成功地展示了生物钟基因是如何控制生物钟的。另外，迈克尔·杨（Michael Young，1949—）和迈克尔·罗斯巴什（Michael Rosbash，1944—）也取得了一些突破。可惜后来科诺普卡改变了研究方向，他转了几个学校都没能得到终身教授一职，最后郁郁而终。2017年，表彰生物钟研究的诺贝尔生理学或医学奖被授予了科诺普卡的同门师弟霍尔、罗斯巴什以及杨（当时本泽已经去世）。

图5.10是蓝细菌（cyanobacteria，又称蓝藻）的生物钟基因，其中双螺旋的DNA（一条紫色、一条黄色）清晰可见。注意，这只是个示意图，实际上DNA与RNA都太小了，看不到颜色。

近年来，关于生物钟的研究不断深入，科学家们发现绝大多数生物都有生物钟，甚至包括生活在不见天日的山洞和深海里的生物，科学家们还发现了生物钟的许多特性，下面我们详细介绍。

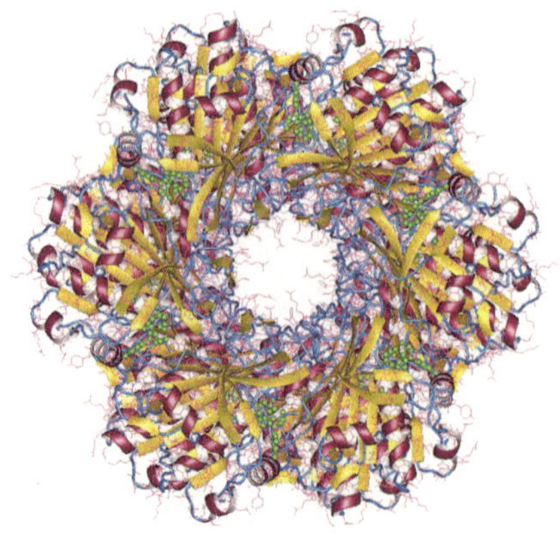

图 5.10 蓝细菌的生物钟基因（引自维基百科）

5.2.1 微生物的生物钟

微生物包括细菌域和古生菌域中那些微小的生物。

最小的生物是病毒[22]。准确地说，病毒是由一个核酸分子（DNA或RNA）与蛋白质构成的非细胞形态，靠寄生生活。它介于生命体和非生命体之间，既不是生物也不是非生物，而是类生物。

病毒种类繁多，至少有100万种。大多数病毒只有20纳米（1纳米 = 0.000 001毫米）到300纳米大小，只有X射线显微镜才能看到。最先拍下病毒照片的是罗莎琳德·富兰克林[18]。

病毒非常古老，很可能是从原始生命直接进化而来。有些病毒没有DNA，只有RNA（核糖核酸）。RNA不像DNA那么稳定，因此病毒很容易变异。病毒本身没有自己的代谢机构，而是在宿主身上获取蛋白质，从而进行繁殖。我们身边有无数病毒。在大海中，一毫升海水可能含有多达数千万的病毒。在陆地上，每平方米约有8亿个病毒。在空气中也有病毒存在。病毒的宿主大多是细菌或真菌。绝大多数病毒对人体无害，但有些病毒会导致疾病，而且具有传染性。科学家们原来认为病毒的结构简单，不会有生物钟。但近年来的实验发现，在相同的条件下、不同的时间里，病毒感染细菌的速率不同。这是因为病毒有生物钟，还是因为细菌有生物钟呢？至今科学家们还没有在病毒身上找到生物钟的DNA或RNA，所以还没有准确的结论。

细菌[23]自成一域，与病毒一样，细菌无处不在。在1克土壤中可能就有4 000万个细菌，一勺水中可以有100万个细菌。世界上的细菌足有5×10^{30}个之多，因此，在这个世界上，细菌的质量比动物和植物的质量加起来还要多得多。在我们人体中，细菌的数量高达39万亿个，比我们细胞的总数37万亿个还要多，但其质量却只有1.5千克左右。细菌有些是单细胞的，也有多细胞的。科学家们原以为细胞分裂几个小时就会发生一次，因此只有单个细胞或几个细胞的细菌不会有生物钟，但后来证明有些细菌确实有生物钟。

图 5.11 海上的发光细菌（引自维基百科）

细菌以其生物钟控制新陈代谢。例如，海洋中的细菌膝沟藻[24]白天利用光合作用获取能量，晚上新陈代谢，细胞分裂繁殖时会发光（图5.11）。特别是，受到机械扰动越大，发光越强，因此当它们随着海浪拍打到海边时会闪闪发光。这种引起赤潮的有毒细菌有相当准确的日生物钟，科学家们发现，它们的生物钟周期是23小时，而且还能“记住”自己的时区。膝沟藻依靠太阳光得到能量，为了能与日照时间准确对应，膝沟藻用太阳光作为反馈信号进行自我调节。科学家们证明，膝沟藻在感受到光12小时后就会发光。近年来科学家找到了膝沟藻的发光基因，这个发光基因可被用作标记植入其他细胞中，从而研究其他细胞的新陈代谢，这在生物医学领域十分有用。

古生菌也有多种，它们大多生长在极端环境中，如地洞、深海、温泉等。最新研究发现，它们也有生物钟。例如，美国黄石国家公园[25]著名的间歇泉“老忠实（Old Faithful）”中的古生菌就有生物钟。黄石公园建立于1872年，是世界上第一个国家公园。“老忠实”每1 ~ 2小时喷发一次，从不爽约（图5.12）。这里还有个故事，当年科学家们研究DNA配对时遇到的难题是：如何控制DNA的配对。在60℃左右DNA的双螺旋链会打开，但细胞也热死了。1965年美国科学家托马斯·布罗克（Thomas Brock，1926—）来到黄石公园，他注意到“老忠实”热气蒸腾，温度高达82℃，但却长满了古生菌。他带走样本仔细研究，最后找到能够抵御高温的DNA。基于这一发现，美国科学家凯利·穆利斯（Kary Mullis，1944—）与加拿大科学家迈克尔·史密斯（Michael Smith，1932—2000）终于找到了催化DNA配对的酶，一举攻破难题，他们也因此获得1993年的诺贝尔化学奖。

图 5.12 美国黄石国家公园的老忠实间歇泉（引自维基百科）

5.2.2 植物和真菌的生物钟

上面讲到，生物钟最先是在研究植物时发现的。植物按照生物钟来生活的现象比比皆是。植物通常有两个生物钟：日生物钟和年生物钟。日生物钟按昼夜来变化，例如许多植物的叶子会昼开夜合，有的花会昼开夜合（如喇叭花），而有的则昼合夜开（如夜来香）。林奈[5]的花钟（图5.2）用的就是植物的日生物钟。年生物钟则反映了植物在一年四季中的变化：发芽、长叶、开花、结果、落叶。

植物属于真核生物域，自成一界。远古的植物不会开花，开花是植物进化的结果。会开花的植物大约有416科、13 146属、295 383种[26]。植物开花的时间是由日生物钟与年生物钟的组合来确定，有些每年开花一次，有些数年开花一次，有些一年开花数次。有些花期可达数月，有些只有几小时。我们都听说过"昙花一现"，这"一现"有多久呢？昙花的花期为3 ~ 4个小时。有一种野西瓜，其花期更短。植物开花的目的在于繁殖，花期长的植物可以利用昆虫、鸟类及其他动物来传播花粉及种子，花期短的植物就只能依靠风雨。在林林总总的开花植物中，要数巨花魔芋[27]最为奇特。这种巨花源自印尼苏门答腊，雄雌同株，许多年才开花一次，花开时可高达3米（图5.13），是世界之最。巨花魔芋通常是雌花先开，一两天后雄花再开，以避免自花授粉，三四天后即凋谢。它开花时会发出腐肉般的恶臭，以吸引甲虫及苍蝇前来为它授粉，所以又称为尸花。

植物的年生物钟主要是受到一年四季的影响。在远离赤道的地方四季分明，许多植物会在秋季落叶，落叶[28]是植物保持能量、抵御寒冷的生存策略。把落叶的植物移植到热带，虽然季节变化不分明，但生物钟还在，这些植物还是会落叶。在赤道附近的热带雨林终年温差不超过几度，植物的年生物钟也不那么明确，植物的开花、结果、落叶可能会在几年才发生一次（例如巨花魔芋）。

图 5.13 巨花魔芋开花（引自维基百科）

我们知道树木用年轮记录它们的生长历史，年轮也是年生物钟的记录，赤道雨林中的有些树木会有清楚的年轮（如柚树），但也有些树的年轮几不可见。

植物的生长主要是从种子[29]开始的。近年来由于气候变暖及人类的开垦，植物界的变化很快，许多物种濒临灭绝。为此，好几个国家启动了植物基因库计划，其中最有名的是挪威的植物种子基因库[30]，这个种子基因库在北极圈边上，目前已存有100万种不同植物的种子与基因信息。

顺带提一下，真菌[31]不是植物，它自成一界。真菌也像植物一样有生物钟。我们看到高大的古树总会慨叹它们的长寿，其实有些真菌也很长寿。世界上体量最大的生物是一种叫作蜜蘑菇的真菌[32]，它产自美国俄勒冈州的马卢尔国家森林公园（Malheur National Forest），谁都不知道它在地底下的部分到底有多大，在地面上是无数个蘑菇（图5.14），占地8.8平方千米，质量约为605吨。据估算，它的寿命已经有2 400年了。

5.2.3 动物的生物钟

动物[33]会有多个生物钟，包括日生物钟、月生物钟、年生物钟，以及比年更长的生物钟。

动物的日生物钟我们都很熟悉，有些动物昼出夜伏，有些动物昼伏夜出，都是遵循自己的日生物钟进行活动。与植物不同，大部分动物有中枢神经系统。上节讲到，细胞有生物钟。尽管每个细胞都有自己的生物钟，但中枢神经系统有一个总控时钟。当总控时钟发出命令时，各个器官、组织及细胞都会对其作出相应的反应。科学家们花了足足20年的时间才确认哺乳类动物的生物钟位于下丘脑前部的一小团称为视交叉上核（suprachiasmatic nucleus，SCN）[34]的细胞内。视交叉上核可以产生节律性的神经和激素信号，影响大脑的其他区域，如松果体（pineal body）[35]，进而影响动物行为的节律性。1969年，科学家们注意到蜥蜴体色在白天与黑夜会有所不同，通

图 5.14 世界上体量最大的生物——蜜蘑菇，寿命已达 2 400 年。（引自维基百科）

过深入研究，他们发现这是松果体分泌的褪黑激素[36]在起作用。当时科学家们认为是松果体控制着动物的生物钟，但后来又发现松果体是由视交叉上核控制的。褪黑激素对调节睡眠起着关键性的作用，今天许多人还会服用褪黑激素来调节睡眠。

讲到动物的日生物钟，读者也许会想到蚊子[37]。每当我们想要坐下读书或躺下休息的时候，蚊子就会不期而至，那嗡嗡的噪声和叮咬后的痛痒非常令人讨厌。蚊子还会携带各种各样的病菌，例如疟原虫、登革热病毒、日本脑炎病毒、寨卡病毒等。古往今来，蚊子对人类造成的危害远比任何其他动物都要大得多。蚊子在世界上的分布广，属种多，其中许多会叮咬人（图5.15）。雄性蚊子成虫能活3 ~ 5天，不叮咬人；雌性蚊子成虫能活一两个月，每次吸血后能产卵100 ~ 300颗。我们都有被蚊子叮咬的不愉快经历。蚊子是怎样找到人，进而吸血的呢？蚊子会叮咬各种动物，不过人的皮肤较薄，且没有毛（但因此可以得到更好的触觉），很容易被叮咬。蚊子首先通过头上的触须“闻”到人的气味，然后飞近人体。加州理工大学的研究发现，蚊子在50米以外就可以闻到人类的气味，包括二氧化碳、汗液以及其他体液的气味。O型血的人体味较重，尤其会被蚊子盯着。蚊子有两套视力系统：一套是复眼，可以看到5 ~ 10米内的物体，而且对运动的物体十分敏感（所以蚊子很难被打到）；另一套是简单的光敏传感器，可以看到光线的变化，包括红外线（热源），这一套眼睛的视觉范围约为20厘米，蚊子用它来锁定目标。蚊子落在人的皮肤上时，脚上的传感器会作最后的确认。目前市面上常见的防蚊液用了一种叫作DEET的化学品，蚊子接触到它时就会逃开。因此用防蚊液时要各个部位都涂好，否则无效。蚊子吸血是个自然界的奇迹。准确地说，蚊子没有“口”，所以不会“咬”人。它只是用它那只针状的口针刺进人的皮肤。蚊子的口针直径只有0.06毫米，比我们的头发还要细，其内管直径只有0.025毫米。相比之下，目前医学临床用的最小的针管直径是0.45毫米，大约是蚊子口针直径的8倍。我们打针时会感觉疼痛，而蚊子依靠摇晃整个身体，把口针轻轻刺进我们的皮肤，我们通常察觉不到。被叮咬后感到痛痒是因为蚊子叮咬时释放的抗凝血剂引发体内

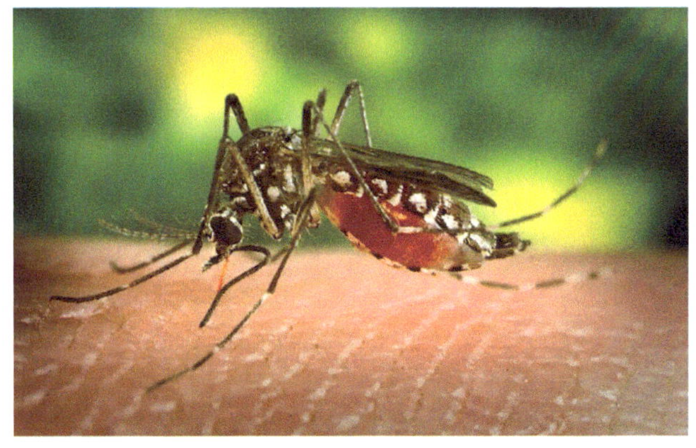

图 5.15 蚊子吸血（引自维基百科）

的免疫系统释放一种称为组织胺的蛋白质，用以对抗外来物质，而这个免疫反应引发了叮咬部位的过敏反应。另外，人的血管散布在皮肤下面，蚊子的口针刺进皮肤后未必能够碰到血管，至今科学家们尚未清楚地解释蚊子是凭什么找到血管的（也许蚊子只是不断试探，并没有什么特别的方法）。

科学家们仔细研究过蚊子的生物钟[38]，图5.16是蚊子生物钟的实验结果。从图中可以看到，蚊子的生物钟周期约为22小时，一天会有两个活动高峰期，第二个高峰期会持续好几个小时。此外，蚊子的生物钟很容易受到光线的影响。在现代社会中，灯火彻夜通明，蚊子活动的时间也会增加。许多人研究过如何杀灭蚊子，但至今除了保持环境卫生、防止蚊子滋生外还没有更好、更安全的方法。

动物的日生物钟还让人想起朝生暮死的蜉蝣（mayfly）[39]，这种十分原始的昆虫有3 000种之多（图5.17）。其实蜉蝣并不是朝生暮死，它们的生命周期分为两个部分：幼虫与成虫。幼虫大多会在水中生长数年。接着，它们会变成成虫，长出翅膀飞到周围寻找交配伙伴，雌虫产卵后死去，雄虫也很快死去。蜉蝣作为成虫的时间很短，通常不超过24小时，因此被人们看成朝生暮死。由于时间短，蜉蝣的成虫只有一个目的：交配、产卵。它们甚至没有嘴巴进食，也不会躲避捕杀，它们的生物钟驱使它们从“生”（羽化成虫）到死。

关于动物的月生物钟的故事有许多是没有科学根据的。我们都听说过狼在月圆之夜长声嚎叫。动物学家们通过仔细研究，发现狼并没有月生物钟，它们对着月亮和星空嚎叫只是为了能把声音传得更远，与月相没有什么关系。狼是夜行动物，狼嚎通常是召唤同伴。在清冷的夜里，狼嚎可以远传十几千米（图5.18）。

动物的月生物钟大多与潮汐[40]相关。月亮导致潮汐，这在古时候就知道了。宋代的沈括（参见第二章）及稍后的朱熹都描述过月亮与潮汐的关系。真正解释了月亮导致潮汐的还是牛顿。

地球上的海水或江水受到太阳、月球的引力（称之为潮汐力）以及地球自转的影响，在每

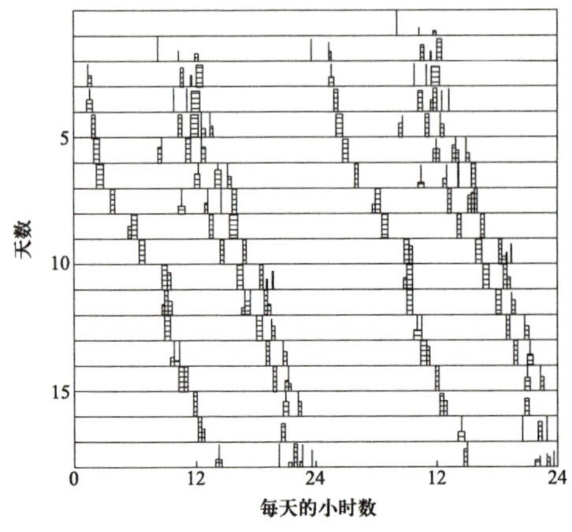

图 5.16 蚊子的生物钟[38]

图 5.17 蜉蝣成虫（引自维基百科）

天早晚会各有一次水位的涨落，这种现象，在早称之为潮，在晚称之为汐，两次水位高潮之间的时间是12小时25分钟。当太阳、月亮和地球都在一条线上，也就是朔望的时候，太阳和月亮的潮汐力叠加，潮汐的潮差会达到最大，称为大潮。潮汐的大小因地区而异。中国有著名的钱塘江潮，潮头最高可达3.5米，因为水浅，还有个折弯的河道，驱使浊浪卷地而来（图5.19），十分壮观。世界上最大的潮汐区位于加拿大东部的“Fundy Bay”，潮高可达16米。

由于潮汐的影响，在海中生活的动物如珊瑚、蠕虫、海胆和鱼等，都会有月生物钟。珊瑚[41]的月生物钟周期约为29.5天，相当于月亮的周期，在月圆之夜，它们常常会启动生殖功能。而鱼的月生物钟只有14.75天左右。

动物的年生物钟也是我们十分熟悉的。动物的迁徙、交配、生育都遵循着这个生物钟。绝大多数的动物都是一年交配一次或数次，也有的几年交配一次。鲑鱼（Salmon，又称三文鱼）[42]是一个非常有趣的例子，鲑鱼是卵生鱼类，通常在淡水河上游产卵。卵孵化为幼鲑，幼鲑会快速长出直纹为其提供保护色。在随后6个月至3年中（视品种）它们会在河里生活，直至长出银色的鱼鳞，才会游回大海。这时，它们的身体亦会转变，以便适应在海水中存活。鲑鱼会在海中生活1～5年，期间，它们会逐渐变得性成熟。此时，它们体内的生物钟就会召唤它们洄游千里，重返它们出生之地。鲑鱼非常善于游泳，在洄游的路上，数以十万计的三文鱼结队为伍，逆流而上。它们不吃不停，也无惧沿途熊和鹰的窥测猎食。几乎绝大多数鲑鱼都能准确地回到自己的出生地，在那里交配产卵，然后死去。近年来，科学家们已经找到三文鱼的时钟基因，并培育出不再洄游的新品种，以供圈养。

动物还有所谓的集体生物钟，群居的动物一起醒来、一起进食、一起行动。这些对于饲养动物的人来说都是十分熟悉的。

动物还有比年更长的生物钟。蝉（cicada）[43]是一个例子。蝉像恐龙一样古老。这个物种大约有3 000种之多，生活在世界各地。蝉的一生有卵、幼虫（又称若虫）和成虫3个阶段。幼

图5.18 狼在清冷的黑夜长嚎（引自维基百科）

图5.19 浙江海宁的钱塘江大潮驱使浊浪卷地而来（引自维基百科）

虫在地底下一般生长2 ~ 5年，然后会从土里爬出地面，爬上树梢，羽化为成虫（图5.20）。成虫寻偶、交配、产卵后就会死去。有意思的是有一类美洲蝉，其幼虫在地下会生活13年或17年，13和17都是质数（即除了1以外不能被任何其他整数整除的数）。因此，捕食蝉的动物无法跟踪它们的生活周期。科学家们至今还在寻找蝉的那个奇异的分子生物钟。

5.2.4 人的生物钟

和其他动物一样，人的日生物钟主要受到太阳光的影响。在没有太阳光影响的情况下，人的日生物钟周期约为24小时11分（图5.21）。在一天不同的时间里，人体的体温会有微小而规律的波动，波谷出现在凌晨4—6时之间，而波峰出现在12—14时之间。在现代社会中，有不少人要上夜班或三班倒。这样的作息时间迫使身体的生物钟随之改变。但是人的生物钟是数十万年进化的结果，不可能很快地改变。因此，生物钟失调导致的疲劳和失眠时常发生，进而增加事故发生的风险。现在许多国家都采取措施，调节较为合理的工作时间，尽量避免三班倒，或安排出足够的休息时间。例如，在美国许多护士是每周工作3天，每天工作12小时。这使得他们在3天疲惫的工作后有4天时间休息。

另外，长途旅行的时差也是一个问题。为了调节时差，可以改变光照以及服用褪黑激素，但不能一蹴而就。

人体的月生物钟控制着女性的月经周期[44]。世界上大部分的动物都没有月经，它们一生或一年交配一次或数次，只是为了繁殖后代。有月经的动物种类不多，例如猿、猴子、蝙蝠，象

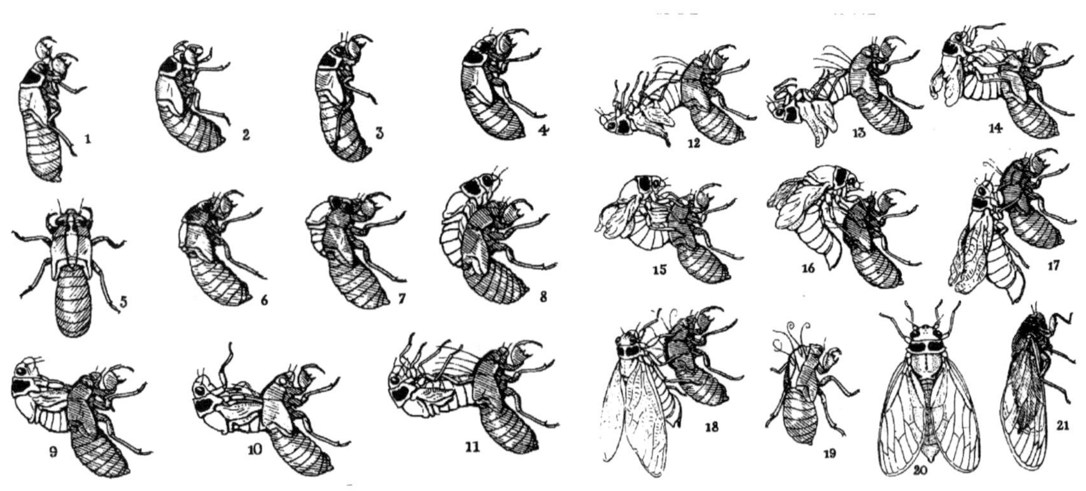

图 5.20 蝉羽化成虫的过程（引自维基百科）

鼩（音“qú”，elephant shrew）等。人类比较特别，成年个体一年365天都能有性活力，这一能力是人类从猿进化时带来的。每个月经周期，女性子宫内膜受到激素的影响，会充血增厚，为受精卵子着床作准备。卵子是女性体内最大的细胞，约为0.1毫米；而精子是男性体内最小的细胞，只有约0.05毫米。性交时男性射出数千万个精子，这些精子通常能存活一两天，还可以做螺旋式的运动，沿着女性的阴道到达子宫，期间需时数小时到一两天。一般只有一个精子最后能成功进入卵子并与之结合成为受精卵。受精卵着床于子宫内膜，并逐步孕育出新的生命。如果没有受孕，充血的子宫膜就会脱落并排出体外。直到100多年前，人们还认为月经是“排毒”，处于月经周期的女人会导致花卉凋零、酵母死亡。这纯属臆造。实际上，充血的子宫膜需要大量养分，很难一直维持，也很难被吸收，排出体外实际上是最好的解决途径。今天人们的性爱大多不是为了生育，因此需要采取正确的避孕措施。

人类的年生物钟没有随四季变化的指征（如脱毛、冬眠）。但人类会像其他动物一样，一年一年地长大、变老、最后死亡。在人类文明的早期，人类的先祖们就想到了生前死后，更希望有长生不老的生命之泉。根据古印度的传说，生命之泉（Amrita）在曼陀罗山（Mount Mandara）之下[45]。毗湿奴（Vishnu）教众神与阿修罗们（Asuras）一起用蛇王（Vasuki）的身体作为绳子，把曼陀罗山勒紧，挤出生命之泉（图5.22）。阿修罗们拉着蛇头，众神拉着蛇尾，猴王哈奴曼（Hanuman）力大无穷坐镇最后，这一拉差点把大山拉倒。毗湿奴赶紧变成了一个大乌龟把山给托住。最后，曼陀罗山喷出各种奇珍，有天女、白象、七头马、珠宝、美酒、鲜花等，但并没有喷出生命之泉，而是喷出了毒液，这种毒液能杀灭一切生命。湿婆（Shiva）见状大惊，赶紧张口吞下毒液，因此他的脸变成了蓝色。

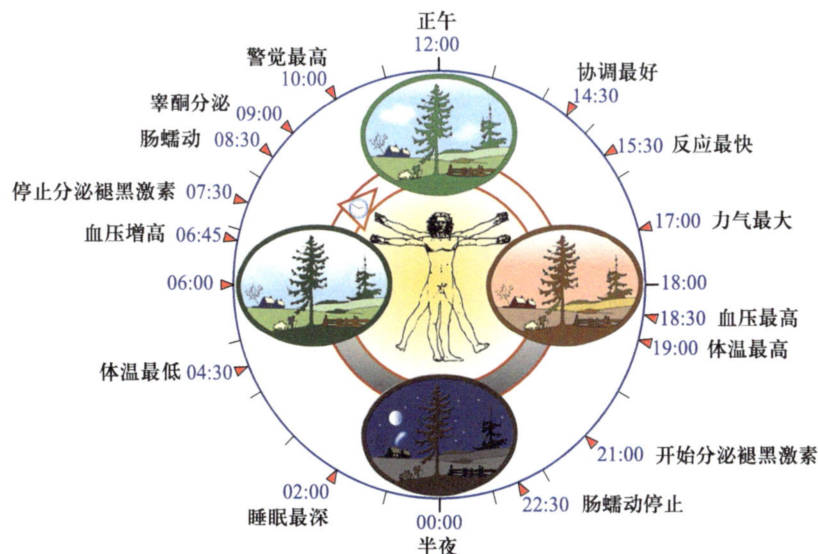

图5.21 人的生物钟。我们的一天通常在6点钟左右开始；6点45分时血压急速增高；7点30分停止分泌辅助睡眠的褪黑激素；8点30分肠蠕动加速；9点开始分泌睾酮（男性荷尔蒙）；10点时警觉最高；14点30分协调最好；15点30分反应最快；17点力气最大；18点30分血压最高；19点体温最高；21点开始分泌褪黑激素；22点30分肠蠕动停止，身体准备进入睡眠状态（引自维基百科）

人类为什么会衰老死亡呢？现代科学关于衰老及死亡的研究已经取得了巨大的进步。衰老及死亡有外因和内因。凡是生物都没有金刚不坏之身，无法抵御灭顶之灾。在远古时代，人类必须面对恶劣天气、饥荒、疾病以及各种飞来横祸，平均寿命只有30岁左右，外因是人类死亡的主要原因。在现代社会中，绝大多数人已经衣食无忧，然而工作压力、社会压力、暴饮暴食等都是不利的外因，会加速人的衰老及死亡。

科学家们发现，人类的衰老有4种形式：免疫衰老、肾脏衰老、肝脏衰老及代谢衰老。有些人从一种开始，有些人则兼而有之。衰老的内因十分复杂[46]。自从达尔文[7]提出生物进化论，许多人就想用这个理论来解释衰老。首先，自然选择重视的是繁衍后代，衰老与否并不重要。因此，衰老的基因会越过自然选择，传递到下一代。有实验证明，同一物种在安定的环境中衰老较慢，但生育能力降低；而在动荡的环境中衰老得快，但生育能力强。这也许是因为世界没有万全之事。至今人们还没有发现一个完整的导致衰老的基因。其次，我们的基因总会变异。这些变异通常能够自我修复，不过修复功能毕竟有限。随着基因不断地复制，变异越来越多，最后难以控制。实验证明，年轻时我们的基因只有3%左右会变异；年老时这一数字会增加到6倍左右，此时自我修复的机制就难以应付了。有统计数据表明，我们在30岁前患癌症的概率约为3%，40岁时约为5%，50岁时约为14%，60岁时约为24%，70岁时约为25%，80岁时约为19%。80岁以后患癌症的概率下降，是因为易得癌症的人都已经得过或者已经过世了。第三，我们身体中的蛋白质、DNA等分子在不断地合成或复制的过程中会产生糖基的粘连，白内障就是这样产生的。它不是癌症，但却足以导致衰老。第四，随着年龄的增加，内分泌功能会逐渐减退，荷尔蒙分泌会不断减少。市面上有许多基于生长荷尔蒙的疗法号称能返老还童，不过外来的毕竟不是自生的，效果有限，而且有副作用。最近有人找到了控制荷尔蒙分泌的通道，但也发现荷尔蒙分泌与癌症有关。第五，我们的生命依赖氧气来新陈代谢，然而氧化会使DNA、蛋白质及线粒体受损，从而导致衰老。第六，50年前美国科学家伦纳德·海弗

图 5.22 柬埔寨吴哥窟的巨型浮壁（局部）：众神与阿修罗们寻找不老泉水。浮雕长达数十米，非常壮观

利克（Leonard Hayflick，1928—）发现人类的许多细胞只能分裂四五十次。这一发现引出了所谓的海弗利克极限（Hayflick limit）[47]。后来科学家们又发现，真核细胞染色体末端的端粒具有保护染色体完整，防止染色体自身或染色体之间融合的重要作用。此外，由于各种因素的影响（如氧化），DNA的复制过程会引起端粒的少量丢失。随着细胞分裂次数的增加，端粒会不断缩短，当端粒缩短到一定程度时，细胞分裂就停止了，细胞就此凋亡。例如，年轻时皮肤细胞在分裂时会产生胶原；年老时端粒变短产生出胶原酶，胶原酶会分解胶原，从而使得皮肤变皱。不过人类的许多细胞（如脑细胞、心脏的肌肉细胞）都不会经常分裂。综上所述，导致衰老的原因林林总总，人和其他生物一样，没有金刚不坏之身，也没有一个生命之泉。

有生就会有死，人们总想长生不老，但死亡却不可避免。正如唐代诗人李白（701—762）所说："夫天地者，万物之逆旅也；光阴者，百代之过客也。"时间一闪而过。我们能活百年已是不错了。

但是人总会求生。

知识点与兴趣点

[1] 生命起源，参见维基百科“abiogenesis”。
[2] 生命的共同祖先，参见维基百科“last universal common ancestor”。
[3] 布丰，参见维基百科“Georges-Louis Leclere Comte de Buffon”。
[4] 拉马克，参见维基百科“Jean-Baptiste Lamarck”。
[5] 林奈，参见维基百科“Carl Linnaeus”。
[6] 洪堡，参见维基百科“Alexander von Humboldt”。
[7] 达尔文，参见维基百科“Charles Darwin”。
[8] 华莱士，参见维基百科“Alfred Russel Wallace”。
[9] 费希尔，参见维基百科“Ronald Fisher”。
[10] 孟德尔，参见维基百科“Gregor Mendel”。
[11] 遗传学，参见维基百科“genetics”。
[12] 高尔顿，参见维基百科“Francis Galton”。
[13] 优生学，参见维基百科“eugenics”。
[14] DNA，参见维基百科。
[15] RNA，参见维基百科。
[16] 基因，参见维基百科“gene”。
[17] 染色体，参见维基百科“chromosome”。
[18] 罗莎琳德・富兰克林，参见维基百科“Rosalind Franklin”。
[19] 生物分类，参见维基百科“taxonomy (biology) ”。
[20] 合成生物学，参见维基百科“synthetic biology”。
[21] 生物钟，参见维基百科“circadian rhythm”。
[22] 病毒，参见维基百科“virus”。
[23] 细菌，参见维基百科“bacteria”。
[24] 膝沟藻，参见维基百科“gonyaulax”。
[25] 黄石国家公园，参见维基百科“Yellowstone National Park”。
[26] 开花植物，参见维基百科“flowering plant”。
[27] 巨花魔芋，参见维基百科“amorphophallus titanum”。
[28] 落叶，参见维基百科“leaf”。
[29] 种子，参见维基百科“seed”。
[30] 挪威的种子基因库，可百度搜索“seedvault”。
[31] 真菌，参见维基百科“fungus”。
[32] 蜜蘑菇，参见维基百科“armillaria ostoyae”。
[33] 动物，参见维基百科“animal”。
[34] 视交叉神经，参见维基百科“suprachiasmatic nucleus”。
[35] 松果体，参见维基百科“pineal boby”。
[36] 褪黑激素，参见维基百科“melatonin”。
[37] 蚊子，参见维基百科“mosquito”。
[38] Winfree A T. The Timing of Biological Clocks. Scientific American Books, 1987.
[39] 蜉蝣，参见维基百科“mayfly”。
[40] 潮汐，参见维基百科“tide”。
[41] 珊瑚，参见维基百科“coral”。
[42] 三文鱼，参见维基百科“salmon”。
[43] 蝉，参见维基百科“cicada”。
[44] 月经周期，参见维基百科“menstrual cycle”。
[45] 曼陀罗山，参见维基百科“Mount Mandara”。
[46] 衰老，参见维基百科“ageing”。
[47] 海弗利克极限，参见维基百科“Hayflick limit”。

第六章 飞越

Flying To Eternity

► 本书前面的五章系统地介绍了人类发现的时间规律（包括日、月、年及生物时钟等）及发明的各种计时方法。纵观历史，这些发现与发明引领着人类认识自然科学规律，开发实用的工程技术，从而创造了我们今天的文明，影响着我们今天的生活。表 6.1 是一个简要的计时技术与同时代科学（包括数学、物理学、化学、生物学等）及工程技术的发展简史。

表 6.1 计时技术与同时代科学及工程技术发展简史

时代	计时技术	数学、物理学	化学、生物学	工程技术
远古及古代（史前—200）	• 日晷 • 水漏	• 数字 • 几何 • 逻辑	• 火 • 动物养殖 • 粮食种植 • 油	• 文字 • 青铜 • 建筑 • 铁 • 水利 • 指南针
中古及中世纪（200—1400）	• 机械计时（棘板擒纵机构）	• 代数 • 科学实验方法	• 火药	• 印刷 • 造纸
文艺复兴（1400—1750）	• 机械计时（摆、弹簧）	• 微积分 • 力学 • 光学	• 微生物 • 水 $=H_2O$ • 温度计 • 压力计	• 望远镜 • 显微镜
工业革命（1750—1850）	• 机械计时（瑞士擒纵机构、复杂机构）	• 电学	• 血液循环 • 细菌	• 蒸汽机 • 火车 • 机床 • 纺织机

续表

时代	计时技术	数学、物理学	化学、生物学	工程技术
近代 （1850—1950）	• 电子计时（音叉钟、石英表）	• 电磁学 • 原子结构 • 统计学 • 相对论 $E=mc^2$ • 量子力学	• 进化论 • 抗生素 • 元素周期表	• 无线电 • 电机 • 汽车 • 飞机
现代 （1950—至今）	• 原子计时（原子钟、光子钟）	• 宇宙起源（大爆炸） • 人工智能	• DNA • 合成生物	• 原子能 • 计算机 • Internet

▶计时技术还塑造了人们的生活。3 000 年前，人们看着日影过日子（问天），相差一两天并不重要。300 年前，人们听着机械钟表的滴答声过日子（数声），本杰明·富兰克林（参见第三章）说“时间就是金钱”。30 年前，计算机走进人们的生活，有一个口号叫作“争分夺秒”。今天的一天还是像过去一样长，但却分得非常细。我们打电话、上网都是按分钟计费；体育竞技更是要争 1/100 秒；在金融市场上，1/1 000 秒的延误可能造成数以百万元计的损失。人们对时间有了更多的理解。

▶这是本书的最后一章，将讲述人是怎样感受时间的，又怎样通过思辨飞越人生百年的禁锢，理解几近无穷的时间。

6.1 时间的尺度

时间是人类能够最准确测出的物理量，比测量其他物理量，如长度、质量、温度、电流、发光强度等，精度要高许多倍。2019年5月20日，国际标准化组织（ISO）通过决议，重新定义了各个物理量的标准单位[1]。根据这一定义，各个物理量大都是通过时间和一些物理常数来定义的。如图6.1所示，基本单位共有7个：

（1）时间（秒，s）。时间的标准单位是秒，秒由元素铯133（cesium 133）在1秒中内能量状态变化的次数来定义，即 $\Delta v_{Cs} = \Delta v\ (^{133}Cs)_{hfs} = 9\ 192\ 631\ 770\ s^{-1}$。这个定义是在1967年确定的，在第一章及第四章都曾经讲过。新的定义没有变化。

（2）长度（米，m）。长度的标准单位是米。1793年时，1米定义为地球北极到赤道距离的百万分之一（所以地球的周长约为40 000千米）。后来改用光速来定义。光在真空中的速度为 $c = 299\ 792\ 458$ m/s。所以，1米为光在真空中经1/299 792 458秒所经过的距离。新的定义没有改变。

（3）电流（安培，A）。安培是电学中的基本单位。它得名于法国科学家安德烈·安培（André-Marie Ampère，1775—1836）[2]。安培原来定义为两条相距1米的无限长的导线，每米产生 2×10^{-7} 牛顿的力所需要的电流。新的定义完全不同，它是根据时间（秒，s）与元电荷 $e = 1.602\ 176\ 634\times10^{-19}$ A·s来定义的。

（4）热力学温度（开尔文，K）。热力学温度单位为开尔文，得名于开尔文勋爵（Lord Kelvin，本名William Thomson，1824—1907，参见第四章）。开尔文原来定义为水的三相（气、液、固）点温度的1/273.16。新的定义依据玻尔兹曼常量（Boltzmann constant）

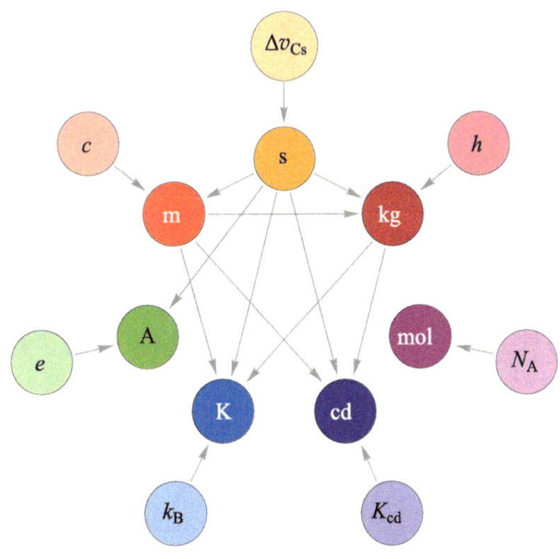

图 6.1 国际标准化组织定义的国际单位制的基本单位（引自维基百科）

$k_B = 1.380\ 649 \times 10^{-23}\ kg \cdot m^2 \cdot K^{-1} \cdot s^{-2}$以及质量（千克，kg）、长度（米，m）、时间（秒、s）来定义。

（5）发光强度（坎德拉，cd）。坎德拉的定义基本不变。坎德拉原来定义为波长为540×10^{12}赫兹的单色光在1/683球面度的面积中的光能量密度。新的定义使用了时间（秒，s）、质量（千克，kg），球面度（sr）及常数$K_{cd} = 683\ cd \cdot sr \cdot s^3 \cdot kg^{-1} \cdot m^{-2}$，其结果是一样的。

（6）物质的量（摩尔，mol）。摩尔这个词来自德文“molekül”，英文为“molecule”，中文意为“分子”。摩尔用于描述一系统的物质的数目，如分子数目、离子数目、电子数目，等等。摩尔原来定义为一个质量为0.012千克的碳12球体中所包含的原子数，在新的定义中直接使用阿伏伽德罗常量$N_A = 6.022\ 140\ 76 \times 10^{23}\ mol^{-1}$表述。物质的量是唯一与时间无关的基本物理量。

（7）质量（千克，kg）。质量的单位最先是在法国大革命的时候定义的，当时的革命政府做了一个铂的标准件，1879年又做了一个铂铱合金的标准件。标准件存放在巴黎市郊的一个地下室里，虽然精心保存，还经过调整，但200多年的岁月还是造成了一些衰变。新的定义是基于光子的能量与质量转化。这个定义是从普朗克常量（Planck constant），$h = (6.626\ 075\ 5 \pm 0.000\ 004\ 0) \times 10^{-34}\ kg \cdot m^2 \cdot s^{-1}$以及长度（米，m）、时间（秒，s）推导出来的，即1 kg定义为对应普朗克常量h时的质量单位。这个新的定义不需要任何实物标准件。

从上述这些定义可见，时间是定义标准的标准。

此外，利用光子钟能测出比铯原子钟更加准确的时间（参见第四章）。

时间可以小到为零（或者接近于零），大到无穷大（或者接近无穷大）。要了解时间，需要重温一下我们计数的方法。我们都记得个、十、百、千和它们的科学计数法，例如千分之一：$0.001 = 10^{-3}$；百分之一：$0.01 = 10^{-2}$；十分之一：$0.1 = 10^{-1}$；一：$1 = 10^0$；十：$10 = 10^1$；百：$100 = 10^2$；千：$1\ 000 = 10^3$。

若遇到更小或更大的数，则要用一些特定的名称。国际通用的有两个标准，一个是短级制，另一个是长级制。短级制即所谓的千倍制：一千个千（thousand）为百万（million），即$10^3 \times 10^3 = 10^6$；一千个百万为十亿（billion），即$10^3 \times 10^6 = 10^9$；一千个十亿为万亿（trillion），即$10^3 \times 10^9 = 10^{12}$；等等。根据短级制，在表达很大或很小的数字时，人们通常用逗号或空格把“一千倍”隔开。例如500000记作500,000（或500 000），0.00002记作0.000,02（或0.000 02），一目了然，不用费心去数有几个0。长级制用的是百万倍制：一百万个一百万是milliard，即$10^6 \times 10^6 = 10^{12}$；等等。今天常用的是短级制。另外，中国、日本等一些亚洲国家还有“万

（10^4）”、“亿（10^8）” 和 “兆（10^{12}）”。表6.2给出了常用国际单位制的中英文词头名称及符号，以便读者对照。我们无需去记那些拗口的名字，很大或很小的数直接用指数表示即可。

表 6.2 常用国际单位制词头对照表

词头名称	词头符号	数值	英文	中文词头
yocto	y	10^{-24}	septillionth	幺[科托]
zepto	z	10^{-21}	sextillionth	仄[普托]
atto	a	10^{-18}	quintillionth	阿[托]
femto	f	10^{-15}	quadrillionth	飞[母托]
pico	p	10^{-12}	trillionth	皮[可]
nano	n	10^{-9}	billionth	纳[诺]
micro	μ	10^{-6}	millionth	微
milli	m	10^{-3}	thousandth	毫
centi	c	10^{-2}	hundredth	厘
deci	d	10^{-1}	tenth	分
deca	da	10^{1}	ten	十
hecto	h	10^{2}	hundred	百
kilo	k	10^{3}	thousand	千
mega	M	10^{6}	million	兆
giga	G	10^{9}	billion	吉[咖]
tera	T	10^{12}	trillion	太[拉]
peta	P	10^{15}	quadrillion	拍[它]
exa	E	10^{18}	quintillion	艾[可萨]

还有一个趣事，搜索引擎巨头谷歌（Google）公司是由数字 “Googol” 得名的（当时，公司的创始人写错了）。1920年，9岁的米尔顿·塞勒塔（Milton Sirotta，1911—1981）发明了 “Googol” 这个词，意为10^{100}。他的舅舅爱德华·卡斯纳（Edward Kasner，1878—1955）写了

一本书，叫作《数学与想象》（*Mathematics and Imagination*），将这一概念加以宣传。10^{100}有多大？读者可以想象一下。

我们人类能够直接感受事物的能力其实相当有限。人体的感觉器官包括眼（视觉）、耳（听觉）、鼻（嗅觉）、舌（味觉）、皮肤（触觉，包括振动、温度等）。其中用得最多的是视觉，约占85%（大脑几乎有40%是用于视觉的）；其次是听觉，约占10%。

讲到视觉，读者一定会想到光。人类研究光已经有数千年的历史了。《圣经·创世纪》中说上帝用7天创造了世界，第一天创造的就是光。这反映了古人对光的崇敬。现代科学发现光（可见光）只是电磁波中的一小段。电磁波是从哪里来的呢？我们知道，宇宙万物是由100多种元素组成的，而元素又是由原子核与电子所组成。原子核则由质子（proton）与中子（neutron）组成。电子围绕原子核以光速运动，电子数与质子数相等。图6.2是元素氦（helium）的原子结构示意图。氦的原子核有两个质子（红色）、两个中子（紫色）。所以，它有两个电子。电子的运动难以捉摸，还可能是跳跃的，所以用电子云来表示。另外，电子运动的轨道像楼梯一样，是一阶一阶的，第一阶最多只能有2个电子，第二阶最多有8个，第三阶最多有18个，等等。平时，电子只能在某一层阶梯上运动，不能在阶梯之间运动。当受到外力（如电磁波）的影响时会跳上一个阶梯。当外力减弱时又跳回到原来的阶梯，此时就会释放出光子，并因此发光。光子没有质量，但会以光速传播。不同的物质、不同的元素有不同的原子结构，也就发出不同的光。

一个固定频率、固定方向的电磁波可以用下面的方程表示：

$$x(t) = A\sin(2\pi ft + \varphi) \tag{6.1}$$

式中，x是波在其振动方向的位移（单位为米）；t是时间（单位为秒）；A是波的幅值（单位为米）；f是频率（单位为赫兹）；φ是相位（单位为弧度）。我们通常对相位不敏感，因此，对波的感受主要就是幅值与频率。幅值是波的强度。幅值越大、强度越大。频率是每秒钟波的振荡

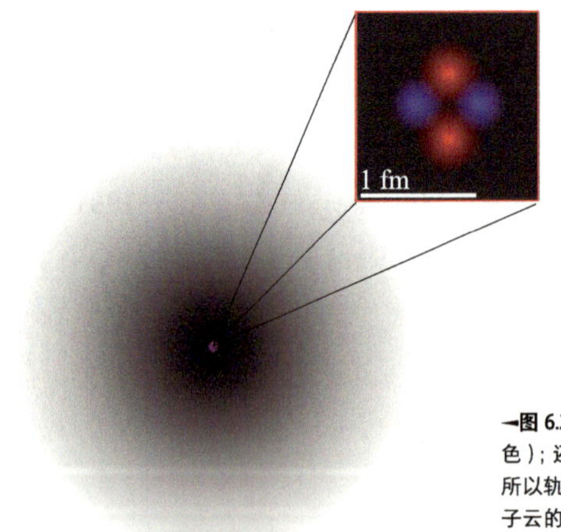

图 6.2 元素氦的原子结构：有2个质子（红色）、2个中子（紫色）；还有两个电子，电子的运动难以捉摸，还可能是跳跃的，所以轨道是电子云。氦元素的原子核约1飞米（10^{-15}米），电子云的直径约为1埃（Å）。埃是个长度单位，1埃 =0.1纳米（10^{-9}米）=100 000飞米（fm）。单位埃因瑞典科学家安第斯·埃斯特朗（Anders Jonas Ångström，1814—1874）得名（引自维基百科）

次数，赫兹是用德国科学家海因里希·赫兹（Heinrich Rudolf Hertz，1857—1894）[3]的名字命名的频率单位。注意，频率是时间的倒数，所以对频率的体验也是对时间的体验。

读者可以做个实验：把一根线的一头系在一个固定的地方，另一头拿在手里上下抖动（图6.3）。抖动的幅度越大，线的上下运动幅值A就越大；抖动的速度越快，线的运动频率f就越大，在一个固定的时间内（1秒钟）上下运动的次数就越多。这个固定的时间叫作周期T，它与频率成反比关系，即$f=1/T$。另外，频率与波长成反比关系，即

$$v=f\lambda \tag{6.2}$$

这里，λ是波长；v是电磁波的传播速度。在真空中$v=c=299\ 792\ 458$千米/秒，这是个常数，相对论就是据此推导出来的（参见第四章）。在其他介质中（如水），电磁波的传播速度会慢一些。

当然，我们身边电磁波大都是三维的。读者可以想象，我们身边有无数不同频率的电磁波，漫天飞舞。实际上，整个宇宙也是一样，无数电磁波充斥天际，每个波都按照自己的旋律（频率与振幅）在舞动。

图6.4是电磁波[4]频率的分布图。从图中可见，电磁波大致可分为8段：

（1）伽马射线（γ ray或gamma ray）。伽马射线频率极高（10^{19}赫兹以上），波长极短（10^{-12}米以下），穿透力极强。在自然界中，伽马射线通常来自宇宙深处，在核聚变、核衰变时也会

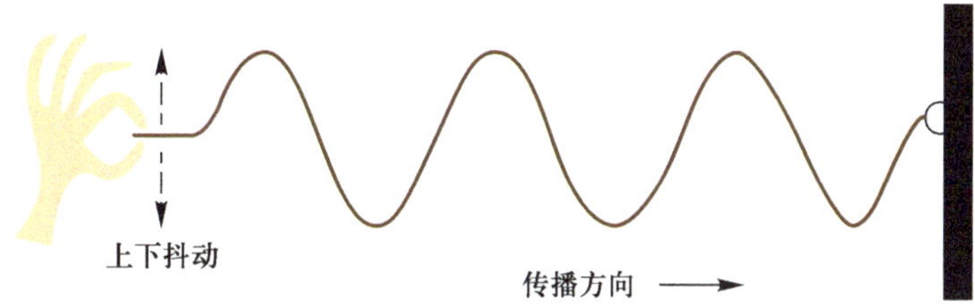

图 6.3 振荡与波：把线的一头固定，另一头拿在手里抖动，可以看到振荡产生的波

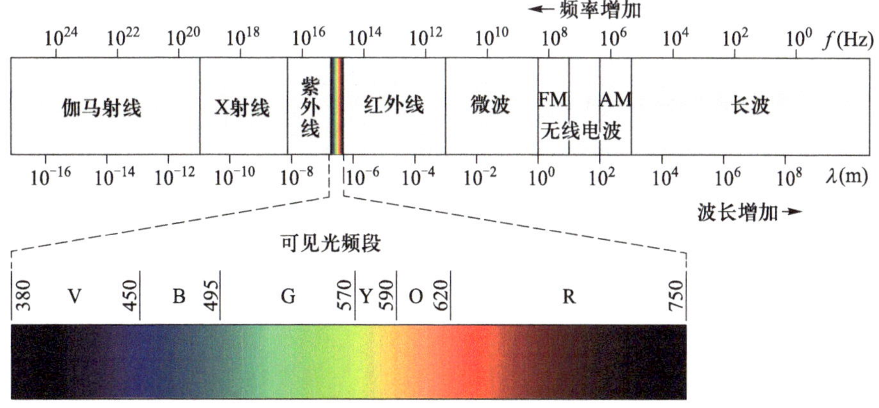

图 6.4 电磁波的分布，其中UV为紫外线（ultraviolet）；可见光又可再分，其中V为紫（violet），B为蓝（blue），G为绿（green），Y为黄（yellow），O为橙（orange），R为红（red）；IR为红外线（infrared ray）；无线电波（radio wave）可再分为调频（frequency modulation，FM）和调幅（amplitude modulation，AM）（引自维基百科）

产生。与伽马射线相近的还有阿尔法射线（α ray或alpha ray）及贝塔射线（β ray或beta ray）。其实阿尔法射线和贝塔射线并非电磁波，而是阿尔法粒子流和贝塔粒子流。它们都是由放射性元素衰变时逸出的粒子组成的。因此，准确地说应该称为阿尔法衰变（α decay）及贝塔衰变（β decay）。阿尔法射线、贝塔射线和伽马射线都是新西兰科学家欧内斯特·卢瑟福（Ernest Rutherford，1871—1937）发现的。他按照这3种射线的穿透力以希腊字母定名，阿尔法射线最弱，贝塔射线其次，伽马射线最强。阿尔法射线与贝塔射线都不能穿透铅板，但是25毫米厚的铅板才能把伽马射线的强度降低一半。3种射线都可以用于杀灭细菌和病毒，但它们也会杀死人体中的细胞，所以使用时要做好安全防范。

（2）X射线（X ray）。X射线是德国科学家威廉·伦琴（Wilhelm Röntgen，1845—1923）[5]发现的。X射线频率很高（10^{18}赫兹左右），波长很短（10^{-12} ~ 10^{-8}米之间）。X射线有很强的穿透力，可以穿透我们的身体，因此常用于医学诊断。今天我们在医院用的CT（computed tomography，计算机断层扫描）是用许多个二维X射线图像构造出来分辨率很高的三维图像，从而检测人体的各种组织（包括肿瘤）。X射线还用于工业中的监控与诊断。

（3）紫外线（ultraviolet，UV）。紫外线是比可见光线频率稍高些的电磁波，其频率约为10^{16}赫兹，波长在10 ~ 400纳米（10^{-9}米）之间。在太阳光中有大量的紫外线，我们虽然看不见紫外线，却会被紫外线晒黑、晒伤。人体还依赖紫外线来合成维生素D。在工业中，紫外线的应用很多，包括光刻（参见第四章）、光固化（3D打印技术之一）、防伪、消毒、杀虫（许多昆虫对波长为350 ~ 370纳米的紫外线很敏感）等。

（4）可见光。所谓可见光就是人类可见电磁波，这个波段很窄，只在430 ~ 750太赫兹（10^{12}赫兹）之间，相应的波长在380 ~ 750纳米之间。其中还可以再分出不同的颜色，包括：

- 紫（violet，V），波长为380 ~ 450纳米；
- 蓝（blue，B），波长为450 ~ 495纳米；
- 绿（green，G），波长为495 ~ 570纳米；
- 黄（yellow，Y），波长为570 ~ 590纳米；
- 橙（orange，O），波长为590 ~ 620纳米；
- 红（red，R），波长为620 ~ 750纳米。

其实，我们看见的颜色并不是物体真正的颜色，而是光照射到物体上，物体反射光，最后由我们的视觉系统感受到光的颜色。不同的光源有不同的颜色，例如太阳光与电灯光就很不一样。物体反射的光取决于物体表面的颜色及表面的特征。另外，每个人对颜色的感受有所不同，例如，有人会是色盲。此外，前面说过比紫色更短的波段叫作紫外波段，而比红色更长的波段叫作红外波段。不同的动物能看到不同的波段，许多日出夜伏的动物能看到紫外光，夜出日藏的动物能看到红外光。

（5）红外线（infrared ray，IR）。红外线的频率在10^{11} ~ 10^{15}赫兹之间，相应的波长在750纳米到1毫米之间，还可细分为近红外（波长在750纳米 ~ 3微米之间）、红外（波长在3微米 ~ 8微米之间）和远红外（波长在8微米 ~ 1毫米之间）。在太阳光中，各种各样的电磁波都有，但以红外线的能量最多。在海平面太阳直射时，一平方米约有1 000瓦的光能，其中527瓦由红外线所得、445瓦由可见光所得、32瓦由紫外线所得。红外线是威廉·赫歇尔（William Herschel，1738—1822）[6]发现的。他研究太阳光中不同颜色的光的能量，由此发现了红外线。赫歇尔还是著名的天文学家［他制造了当时最大的天文望远镜，发现了天王星（Uranus）］和音乐家。他的妹妹卡罗琳·赫歇尔（Caroline Herschel，1750—1848）身患残疾，但在他的影响下也成为著名的天文学家，是历史上第一位受薪的女性科学家。红外线有许多应用，包括加热、夜视、热成像、通信、天气预报、医学诊断与治疗等。

（6）微波（microwave）。微波的频率在300兆赫（3×10^{8}赫兹）到300吉赫（3×10^{11}赫兹）之间。相应的波长在1米到1毫米之间。微波可以穿过墙壁，但不能转弯。微波常用于通信、导航，也用于加热食物。雷达与全球定位系统用的都是微波。微波通信的能量很低，对人体的影响不明显。

（7）无线电波（radio wave）。无线电波的频率在30千赫 ~ 300兆赫之间。相应的波长在1千米 ~ 1米之间。无线电波主要用于通信（电视与电台的广播）及医学诊疗。无线电波可再分为调频（frequency modulation，FM）和调幅（amplitude modulation，AM）两种。这其实是两种不同的无线电信号播放技术，用的波段也不同。另外，在通信中用到的频段不止无线电波的频段，近年来常讲到的5G技术用的是两个频段，一个是在450 ~ 600兆赫，另一个是在24 ~ 53吉赫，这两个频段都是微波的频段，不是无线电波的频段。在医学诊疗中使用的核磁共振（nuclear magnetic resonance，NMR）用的是这个无线电波的频段。核磁共振的基本原理是利用交变的磁场去激发人体细胞中的含水分子，然后分析含水分子的发光特征，并据此作出诊断。核磁共振成像对癌症的诊断十分有用。

（8）长波（long radio wave或long wave）。长波的频率在0.3赫兹～30千赫之间。相应的波长在1千米～100万千米之间。长波信号可用于无线电广播、地质勘探、水下通信等。其中，用得最多的是水下通信。水下通信的方法叫作声呐，英文叫作sonar，是“sound navigation and ranging”的简称。在水中用声音信号通信是达·芬奇最先提出的。声呐信号通常是固定频率的，如50赫兹、120赫兹、5千赫、18千赫等。声呐信号碰到物体（如潜水艇、鱼群）就会反弹回来，根据反弹的信号可以计算出物体的位置。长波中最特别的要数引力波了。引力波的频率约为0.5赫兹，相应的波长为60万千米，约是地球直径的47倍。通常电磁波的波长越短，光子的能量越大。引力波源自宇宙深处，波长极长，能量极小，测量非常困难。

遥望星空，我们看到的星光只是宇宙之光中很小的一个部分。在无际的深空中，各个波段的电磁波都有。为探测这些电磁波，科学家们制作了各种各样的天文望远镜。图6.5展示了部分望远镜的观测波段。有兴趣的读者还可参阅相关著作[7]。另外，美国还有一个激光干涉引力波天文台（LIGO），它由两个激光干涉仪组成，用于聆听来自宇宙深处的引力波。2018年LIGO发现了迄今最大黑洞合并事件产生的引力波，引起全世界的轰动。2016年我国建成和启用了具有自主知识产权的500米口径球面射电望远镜（FAST），该望远镜主要用于脉冲星探测，被誉为“中国天眼”，是世界上最大的天文望远镜，其工作频率为70兆赫到3 000兆赫，波长覆盖范围在4.3米到10厘米之间，最短可至分米级，是个微波望远镜。

这里还要讲讲声音。人类能听到的声音频率通常在20赫兹到20千赫之间。声波与电磁波不同。图6.6是声波与电磁波的比较。声波是压缩波，它像弹簧一样伸缩，必须通过空气、水等媒体来传播。声波撞击在我们的耳鼓上，由此我们听见声音。电磁波是上下波动的，在真空中也能够传播。由于我们耳鼓的设计，即便是20赫兹到20千赫的电磁波我们也是听不见的。

讲到声音，我们自然会想到音乐。表6.3是a自然小调音阶中各个音的频率表。有些频率，

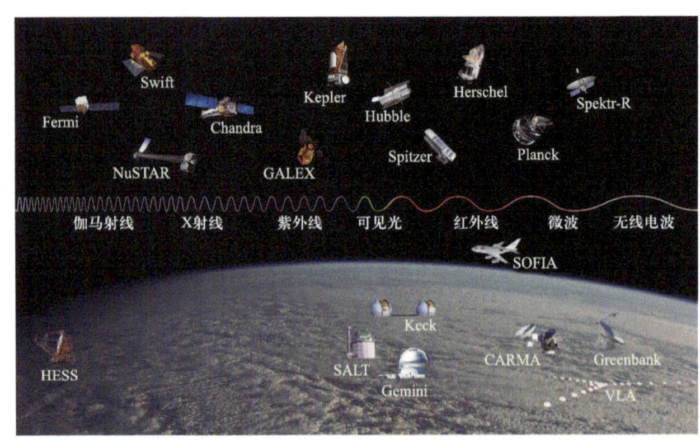

图 6.5 部分天文望远镜的观测波段（引自维基百科）

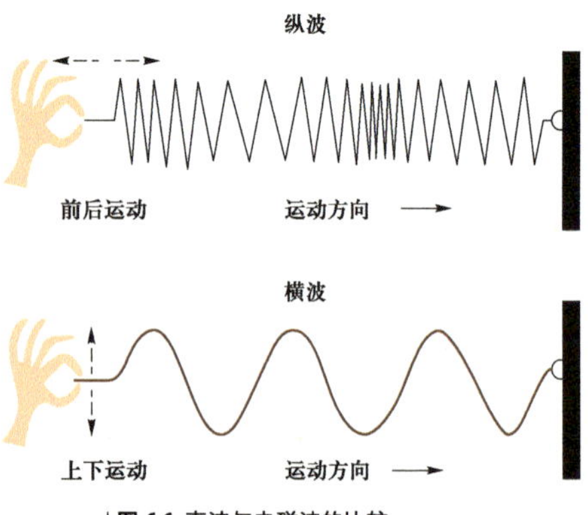

图 6.6 声波与电磁波的比较

表 6.3 a 自然小调音阶中各个音的频率

单位：赫兹

音阶	音名和唱名						
	A “la”	B “si”	C “do”	D “re”	E “mi”	F “fa”	G “sol”
$C_2 \sim G_2$			16	18	21	22	25
$A_2 \sim G_1$	28	31	33	37	41	44	49
$A_1 \sim G$	55	62	65	73	82	87	98
$A \sim g$	110	123	131	147	165	175	196
$a \sim g^1$	220	247	262	294	330	349	392
$a^1 \sim g^2$	440	494	523	587	659	698	784
$a^2 \sim g^3$	880	988	1 047	1 175	1 319	1 397	1 568
$a^3 \sim g^4$	1 760	1 975	2 093	2 349	2 637	2 794	3 136
$a^4 \sim g^5$	3 520	3 951	4 186	4 699	5 274	5 588	6 272

如4 699赫兹、5 274赫兹等，即使音域最广的钢琴也演奏不出来。

音阶与音符这一概念来自古希腊的毕达哥拉斯（Pythagoras，公元前570—公元前495）[8]。毕达哥拉斯比苏格拉底（Socrates，公元前470—公元前399，参见第一章）早数十年。他执着地追求世界万物的内在规律，是古希腊最伟大的学者之一。据说，有一天他路过一个铁匠铺子，听到里面传出叮叮当当的打铁声，忽然心有所悟，于是进去看个究竟（图6.7）。他注意到大铁锤打出来的声音低沉，小铁锤打出来的声音清脆，由此想到声音是振动所产生的。他用各种各

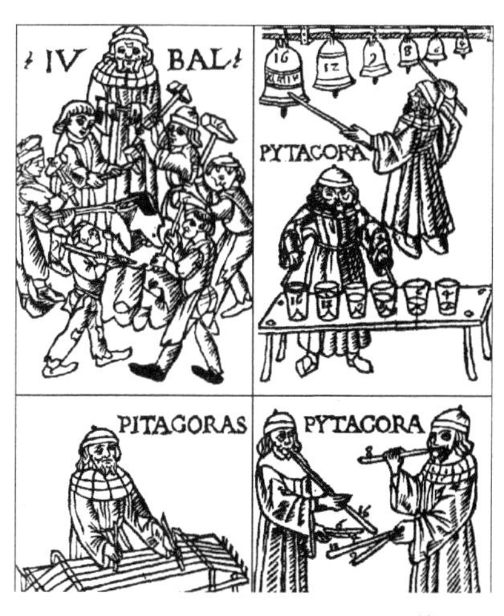

图 6.7 中世纪的木板印刷画，毕达哥拉斯[8]听到打铁声，深入研究，发现了音乐的规律[9]（引自维基百科）

样的器物做实验，包括钟、装了水的杯子、笛子和琴。他特意做了一个单弦琴，琴弦的一头系紧，另一头用一个木桥（bridge）托起。琴弦的长度是1个单位（如1米）时，琴声是基准声（例如C调的“do”）。

接着他把木桥推到正中间，这时琴弦的长度短了一半（0.5米），但琴的声音与原来的声音一样，只是声调高了一倍（即频率增加了一倍），这就是一个音阶。毕达哥拉斯尝试了各种不同的组合：3/2，4/3，5/4，…。他发现当倍数小时（如3/2、4/3、5/4），琴声就和谐悦耳，反之（如5/7）琴声就不和谐。据此，他把一个音阶再细分出6音，例如3/2是“sol”，4/3是“fa”，等等。由表6.2可以清楚地看到这个规律，例如$c^1 \approx 262$赫兹，$c^2 \approx 523$赫兹，两者相差一个八度，频率约相差一倍。又例如，$g^1 \approx 392$赫兹，约是c^1的3/2倍；$f^1 \approx 349$赫兹，约是c^1的4/3倍。毕达哥拉斯的发现使人们感受到了音乐的规律[9]，看到了数学的奇妙。直到今天，我们还会为之赞叹。表6.3展示的是源于西方的自然七声音阶，中国古代很早就有了自己的五声音阶律及音乐理论，这里的五声是指宫、商、角、徵、羽，有兴趣的读者可以参阅相关著作[10]。

另外，我们对电磁波和声波的幅值也有一个感受的阈值。幅值太小就看不见或听不见。幅值太大就会感到刺眼或刺耳。电磁波和声波向四面八方飞散，一般衰减得很快，所以当我们觉得刺眼或刺耳的时候，只要走开十几米就会好多了。但激光[11]是一个特例，它只有一个频率，只朝一个方向传播［即按式（6.1）传播］，所以衰减得很慢。激光是20世纪50年代加拿大、美国和苏联科学家们独立开发出来的技术。今天，产生激光的方法有多种，激光的应用也十分普遍：从简单的激光笔到探索宇宙的激光雷达（lidar）（图6.8），从激光成像到激光手术，从激光焊接到激光切削，等等。

图 6.8 使用激光雷达的天文望远镜（引自维基百科）

6.2 人类能直接感受的时间

人生有限，我们人类所能直接体验到的时间大约有15个尺度，从毫秒（10^{-3}秒）到千年（10^{11}秒≈3 170年）。表6.4给出了这15个时间尺度上人们能感觉到的一些现象。

表 6.4 人类能感知的 15 个时间尺度

时间尺度	人类感知
1 毫秒（10^{-3} 秒） =（0.001 秒） ⇒ 1000 赫兹	• 照相机[12] 的闪光灯一闪 • 生物反应的极限（神经元[13] 的响应时间约为 2 毫秒） • 音乐中 b^2 音阶［“si”（b^2）音］对应的频率
10 毫秒（10^{-2} 秒） =（0.01 秒） ⇒ 100 赫兹	• 光从广州传到长春所需要的时间 • 我们能听出发音音节的变化，例如中文“时时”或“时事”，英文“sometime”或“some time” • 昆虫振翅的频率范围，例如： 蚊子的振翅频率为 500 ~ 250 赫兹 苍蝇的振翅频率为 300 ~ 200 赫兹
100 毫秒（10^{-1} 秒） =（0.1 秒） ⇒ 10 赫兹	• 人类的反应时间范围，例如： 对于声音的反应为 0.16 秒 对于光线的反应时间为 0.19 秒 看到并做出反应（例如看到红色信号灯踩刹车）的时间为 0.3 秒 看到并做出选择（例如看到某个信号后按下某一个电钮）的平均时间为 0.4 秒 • 电视画面的播放频率（一般的电视为每秒 25 ~ 30 帧，高清电视[14] 为每秒 50 ~ 100 帧） • 机械钟表的滴答声（机械钟表的振动频率通常为 4 赫兹。我们听见的滴答声实际上是擒纵机构碰撞时发生振动而产生的声音）
1 秒	• 读出常用地名（如“北京”“上海”“广州”等）所需的时间 • 专业水平球类运动中的每个来回所需时间，例如： 乒乓球每个来回约为 1 秒 羽毛球每个来回约为 1.5 秒 网球每个来回约为 2 秒 • 人的心跳（每秒 0.8 ~ 1.0 次） • 一颗石子从 5 米处落到地面所需要的时间（1 秒） • 电磁波从地球到达月球所需要的时间（1.26 秒）
10 秒（10^{1} 秒）	• 男子 100 米赛跑的世界纪录（9.58 秒） • 男子长池 50 米自由泳的世界纪录（20.91 秒） • 我们穿衣或穿鞋所需要的时间
100 秒（10^{2} 秒） = 1 分 40 秒	• 音乐的节拍[15] • 血细胞在人类身体中循环一周约 1 分钟 • 收拾桌椅或床铺等简单活动所需的时间
1 000 秒（10^{3} 秒） = 16 分 40 秒 ≈ 1 刻钟	• 太阳光到达地球所需的时间（约 490 秒，大概 8.3 分）
10^{4} 秒 = 166 分 40 秒 ≈ 2.8 小时	• 国际空间站（International Space Station）[16] 绕地球一周所需时间约为 93.37 分（到地面的距离约为 350 千米）

续表

时间尺度	人类感知
10^5 秒 ≈ 27.78 小时 ≈ 1.16 天	● 潮汐（两次高潮之间的时间为 12 小时 25 分） ● 生物钟的基本单位（1 天）
10^6 秒 ≈ 11.57 天 ≈ 1.65 周 2.592×10^6 秒≈ 30 天 ≈ 1 月	● 妇女的月经 ● 太阳的自转周期[17] 平均为 25.38 天 两极为 38 天 赤道处为 24.47 天
10^7 秒 ≈ 115.74 天 ≈ 3.86 月 ≈ 1 季	● 一个季节（位于地球两极的四季最为明显，赤道附近几乎感受不到四季变化） ● 猪的妊娠期（113 天左右）。猪的内脏器官的大小与人的差不多，因此科学家们正在研究用猪的器官代替人体器官[18]
10^8 秒 = 1 亿秒 ≈ 3.17 年	● 奥林匹克运动会每四年举办一次[19] ● 大学学制
10^9 秒 ≈ 31.71 年	● 人们一生工作的时间（30 ~ 40 年） ● 一代人的成长时间
10^{10} 秒 ≈ 317.10 年	● 光线从北极星到达地球的时间（约 323 年），北极星距地球约为 3 230 000 000 000 000（3.23×10^{15}）千米，光速约为 10 000 000 000 000（10^{13}）千米 / 年
10^{11} 秒 ≈ 3 170.98 年	● 人类文明史

人类的文明史有3 000多年了。3 000多年前人类发明了文字，把发生的事情和他们的思想记录下来，因此我们可以看到祖先们是怎样从“问天”“秤水”“数声”“炼石”，一步一步地走到今天。3 000年以后会发生什么事情呢？孔子（公元前551—公元前479，参见第二章）认为社会发展可以预知，他说“殷因于夏礼，所损益可知也；周因于殷礼，所损益可知也；其或续周者，虽百世可知也”。这里的一世约为30年，百世就是3 000年左右。2 000多年前的孔子无法想象今天的世界，更不知道今天的飞机、电视、计算机、网络、DNA。我们也无法预知3 000年后的世界。

6.3 人类通过科学探知的时间

人之所以成为世界的主宰是因为其具有思辨能力。人类的思辨能力远远超越其直觉。经过数千年的探讨，今天人类已经能够回答一些关于时间的关键问题了：时间是什么？时间究竟能细分到多短？时间能伸展到多长？

时间是什么？在古希腊的时候，赫拉克利特（Heraclitus，公元前535—公元前475）[20]说过，“你不能两次踏入同一条河流（You cannot step into the same river twice）”。讲的是时间流逝，一去不复返的特性。柏拉图（参见第一章）认为时间是由太阳、月亮和群星所确定的。亚里士多德（参见第一章）在他的专著《物理学》中，特别讲到时间。他认为世界是不停变化的，而变化沿着时间发生。每件事情都有一个开始和结束，因此时间是连续的，有过去、现在和将来。在中世纪的时候，波斯著名的数学家、天文学家和文学家欧玛尔·海亚姆（Omar Khayyam，1048—1131）认为时间是由昨天、今天和明天所组成。明天注定是不可知的。

到了17世纪的时候，笛卡儿（参见第三章）发明了坐标系。他看见一只苍蝇在墙上爬行，从而想到可以用一个直角的坐标系来描述苍蝇走过的路径。这把几何和代数联系在一起。接着，他想到可以把时间和坐标系联系在一起，用以描述物体在时间与空间中的运动。在笛卡儿的坐标系中，时间是连续的。牛顿（参见第三章）进一步认为时间是绝对的、不可改变的，但人能够通过物体的运动来感知（例如图6.9中地球的运动）。这种机械式的时间观简单明了，直到今天还为大家所接受。与牛顿同一时期的莱布尼茨（Gottfried Leibniz，1646—1716）认为世界是由3种东西——时间、空间、单子（monads，意为组成各种物质的微粒）组成的，这3种东西构建了宇宙万物及其运动，其思想与牛顿的相似。在后来的两个世纪中，许多哲学家、数学家都曾经试图对时间作出新的诠释，但都没有跳出牛顿的机械宇宙观的框架。

1905年，爱因斯坦（参见第四章）提出了相对论：时间是相对的，在巨大的质量附近，空

图 6.9 牛顿的时间与空间图解：地球围绕着太阳转，月球围绕着地球转，时间是独立的、恒定的，可以通过观察地球及月球的运动来发现（引自维基百科）

间会扭曲变大，由于光速是不变的，时间会变快（图6.10）。这一理论对科学家们研究宇宙非常重要，对我们的日常生活却没有什么特别影响。例如，国际空间站在离地面约350千米上空绕行，上面的时间每6个月会比在地球上慢约0.007秒，而生活在空间站的宇航员们其实没有什么感觉。

时间是从什么时候开始的呢？我们都听过“无穷小”，无穷小就是非常接近于零。数字的“零”容易定义，时间的“零”却不好定义。首先，零作为某一个相对时间段的始点是没有问题的，但作为绝对时间的始点、作为宇宙的始点却有问题：在此之前宇宙是什么？时间与空间在哪里？

在世界各地的原始宗教中都有创世的故事。在中国古代有盘古开天地，在西方宗教（包括犹太教、基督教和伊斯兰教）中，上帝在虚无中创造了时间和空间。那么，在此之前呢？著名神学家圣奥古斯丁（参见第一章）说，在此之前，上帝正在为提这样问题的人准备地狱。这当然是开玩笑，但也说明追根刨底的探究在逻辑上常常是自相矛盾的。

今天科学家们相信宇宙起源于138亿年前的大爆炸（Big Bang）[21]（这是宇宙开始的零点）。在一瞬间，宇宙从一个极小的东西（10^{-16}米）在极短的时间内（10^{-35}秒）爆发而生（图6.11），然后不断膨胀，直到今天。

另外，时间周期不能是零，因为零乘以任何数都是零，所以时间周期必须是一个区间。时间最小的区间是什么？德国科学家普朗克（Max Planck，1858—1947）[22]（图6.12）首先研究了这个问题。普朗克出生于一个学者家庭。他秉承德国人严谨精细的作风，学问做得深入细致。在20世纪初，德国的物理学研究世界领先。普朗克是量子力学的奠基人之一，他首先把能量与电磁波联系起来。他用量纲分析（dimensional analysis）的方法巧妙地把自然界的3个常量联系起来：普朗克常量$h=(6.626\ 075\ 5\pm0.000\ 004\ 0)\times10^{-34}$千克·米^2·秒$^{-1}$；牛顿的引力常量$G=(6.672\ 59\pm0.000\ 85)\times10^{-11}$米^3/（千克·秒^2）；光速$c=2.997\ 924\ 58\times10^8$米/秒。由此，

图 6.10 爱因斯坦的相对论时间：在巨大的质量（如地球）附近空间会扭曲变大，由于光速是恒定不变的，时间会变快。所以在国际空间站上的时间会比在地球上慢些（引自维基百科）

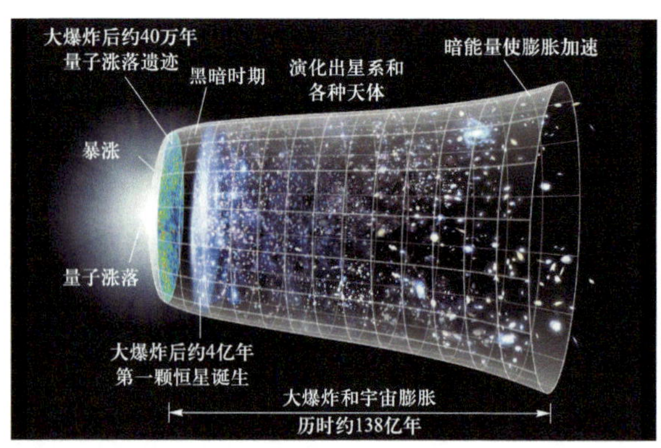

图 6.11 宇宙起源（引自维基百科）

得到长度因子、质量因子及时间因子。这些因子现在称为普朗克长度、普朗克质量以及普朗克时间。其中，普朗克时间为

$$\sqrt{\frac{hG}{c^5}} \approx 5.39 \times 10^{-44} \text{秒} \tag{6.3}$$

今天科学家们普遍认为普朗克时间就是最小的时间周期。不过，这个量实在太小。第四章曾讲到光子钟，目前光子钟的精准度可达8.6×10^{-18}秒左右，但这个精度比起普朗克时间还差得很远。假定普朗克时间是时间的最小周期，小于这个周期的时间不存在，那么时间是不是不连续的呢（牛顿和爱因斯坦都说时间是连续的）？至今这还是一个未解之谜。

普朗克生逢乱世，特别是在第二次世界大战时他的儿子因图谋刺杀希特勒（Adolf Hitler，1889—1945）[23]而被盖世太保杀害，老年丧子，还要逃难他乡，晚景凄凉。他有一句名言："真理的胜利不在于说服不相信的人，而在于不相信的人都渐渐死去，新一代的人都将相信这个真理。"今天我们都相信些什么？

还有在宇宙大爆炸之前呢？那个极小的"东西"又从何处而来？1952年，奥地利科学家薛定谔（Erwin Schrödinger，1887—1961）[24]提出了一个令人惊讶的理论：多元宇宙论（multiverse）[25]。薛定谔是爱因斯坦的朋友，也是量子力学的奠基人之一，他认为宏观世界可以用牛顿力学与爱因斯坦的相对论来解释，但微观世界不同，要用量子力学来解释。薛定谔首先给出了量子运动的波动方程。牛顿力学认为，在确定的时间与空间中，物体的运动可以准确地观测出来。量子力学则认为，在确定的时间与空间中，微小的量子按奇特的方式运动，不能准确地观测出来。这一概念难以解释，于是薛定谔提出了一个思想实验：薛定谔的猫（Schrödinger's cat）。如图6.13所示，在一个密闭的盒子里有一只猫，还有一个监视放射性射线的装置。当监视到放射性射线（由一种元素蜕变引起）时，装置会打碎一个装有毒药的瓶子，猫就会死去；反之猫就会活着。由于放射性射线不知何时发生，因此这只猫可能活着，也可能死了，但不会既死

图 6.12 普朗克[22]（引自维基百科）

又活。人们只有打开盒子时才知道这只猫是死是活。这一实验形象地解释了量子力学中的不确定性：一个量子可能在此，也可能在彼，不能同时在两个不同的地方，但只有在测量时一切才是确定的。薛定谔认为，量子构建了物质，物质构建了宇宙，在一个宇宙中的活猫可能对应于另一个宇宙的死猫。也就是说，宇宙可能有多个，它们在无穷的时间与空间中循环，而大爆炸只是其中的一个瞬态，因此那个极小的“东西”也只是一个状态。在古老的印度教中也有世界生生不息的故事。薛定谔研习过印度教，应该是受到印度教的启发，由此提出多元宇宙。不过，科学家们至今还没有找到多元宇宙的明证。

时间有多长？我们知道宇宙大爆炸至今约138亿年［科学家估计是（137.99 ± 0.21）亿年］。因为时间与宇宙空间一起诞生，所以至今时间也有138亿年了。读者也许会想，宇宙至今有138亿年，光速是极限速度，因此我们能够看见的宇宙空间就是138亿光年［1光年（light year）是光在真空中一年所经过的距离，为$9.460\,7 \times 10^{15}$千米］。但这是不对的。因为从宇宙诞生以来，时间在增加，空间也在变大，因此，在宇宙不同的地方能看见的空间也就不同。把宇宙所有能看见的空间加起来就是所谓的可见宇宙（observable universe）。可见宇宙有930亿光年[26]，但宇宙的许多地方我们在地球上永远也看不到。由图6.14可见，在地球上向各个方向望去，我们的周围是室女座超星系团（Virgo supercluster），这个超星系团包括我们所在的银河星系和邻近的仙女星系，其直径为15万到20万光年，有1 000亿到4 000亿颗星星。在接下去的10亿光年（1 billion light years）、32.6亿光年（3.26 billion light years）以及可见宇宙中，还不知道有多少颗星星。这一部分的内容在著名物理学家斯蒂芬·霍金（Stephen Hawking，1942—2018）[27]的名著《时间简史》[28]中有极好的描述。

我们都希望能够预测未来发生的事情。例如股票、楼价的升降，周末的天气，考试的题目，等等。这些人为的东西与时间都没有什么关系。与时间有确定关系的只有一些科学现象，例如元素的半衰期。在宇宙大爆炸之初，只有氢元素存在，由于高温高压，接着有了氦、氚、铍等

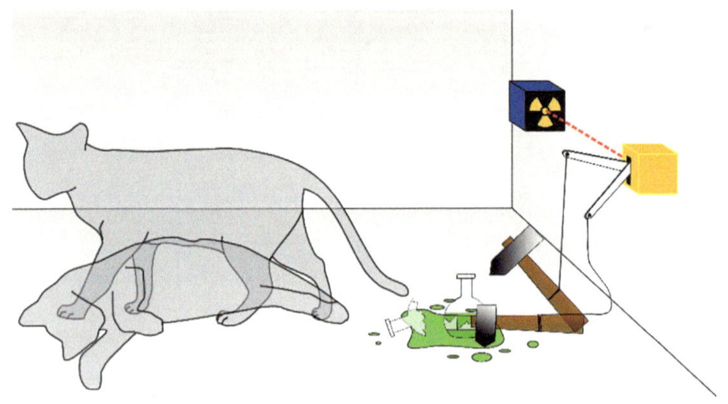

图 6.13 薛定谔的猫（引自维基百科）

元素。后来的超新星（supernova）爆炸又造出了各种各样较重的元素。近年来，科技发展极快，人工合成的元素也不少。各个元素的半衰期长短不一，半衰期短的只有一瞬间，半衰期长的则非常长。例如，碲-128的半衰期长达2.2×10^{24}年，这比宇宙诞生至今还要长。元素有半衰期，元素中的基本粒子也有半衰期。6.1节中讲到，元素由原子核和电子组成。原子核通常是由质子与中子所组成。质子带正电荷，质量约为1.67×10^{-27}千克，直径约为1.65×10^{-15}米。中子与质子的大小相仿，却是电中性的。中子十分不稳定，但质子却非常稳定。至今科学家们尚未能测出质子的半衰期。图6.15是日本神岗的超级探测器[29]，这个探测器是个装有50 000升水的容器，深埋在地下100米处。探测器布满了传感器，已经运行了许多年，但至今还没有检测到任何质子衰减的信号。因此科学家们相信，质子的半衰期至少是6.6×10^{33}年。这是不是说在宇宙大爆炸之前，宇宙的建筑材料都已经有了呢？

当恒星的能量烧尽时，恒星巨大的质量将会使其自身塌缩成黑洞[30]。黑洞也可能因为恒星碰撞而成。黑洞的引力如此之大，连光都无法逃逸，因此我们无法看见黑洞，只能通过引力的变化来探测黑洞，2019年4月，科学家们给出了一张黑洞的照片（图6.16），这个黑洞位于室女座的一个星系M87的中心，距离地球约5 500万光年，质量约为太阳的65亿倍。这个照片中的新月形的光环叫作“事件视界（event horizon）”，过了这个光环，连光都会被吞没了。科学家们曾经认为黑洞的温度是如此之低（绝对温度10^{-9}开左右），不可能有热量逸出。但霍金[27]却认为，由于宇宙在不断膨胀，黑洞周围的环境会不断变冷，甚至低于黑洞的温度，这将使得黑洞的那一点热能慢慢地逸出，离子也因之慢慢地逸出。这就是著名的霍金辐射，这一想法使他一举成名。随着离子的逸出，黑洞会渐渐变小，最后消亡。根据霍金的计算，一个比太阳质量大几倍的黑洞（这样的黑洞在宇宙中广泛存在）的消亡时间约为10^{66}年。

另一个与时间相关的是庞加莱的重构理论（Poincaré recurrence）。法国科学家庞加莱（Henri Poincaré，1854—1912）[31]在许多领域，如微分方程、拓扑、数论、空间物理、相对论等

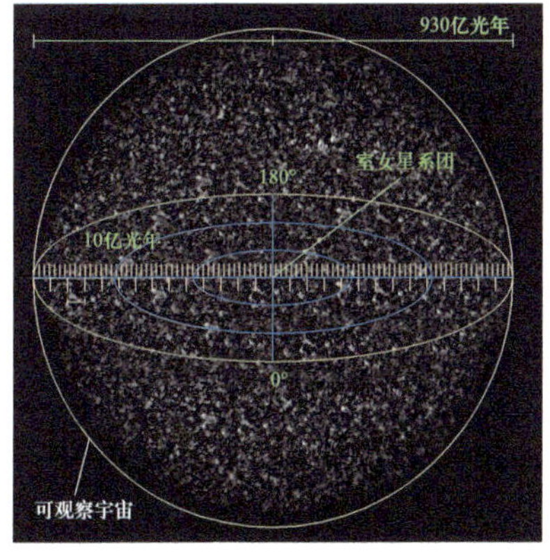

图6.14 可见宇宙（引自维基百科）

图6.15 日本神岗超级探测器Super-Kamiokande（引自维基百科）

都有杰出的贡献。他出生望族，有一位表兄还曾当过法国总统。但我们今天都知道数学家庞加莱，却没有多少人记得总统庞加莱，一时的权势荣耀终不及永久的学问与真理。

1887年，瑞典国王悬红奖励能解出多物体问题的人。这个问题是当年牛顿首先提出的，但牛顿只解决了两物体问题（Two-body problem），例如地球围绕太阳运动。在牛顿之后200年间，数学和物理的研究都取得了极大的进步，但多物体问题（*n*-body problem），例如地球围绕太阳转、月球围绕地球转的问题却悬而未决。庞加莱提出了一个解决多物体运动的方法，评选委员会一致同意把这个大奖授予他。在刊印大奖论文的时候，年轻的编辑发现论文中的一个假定有些问题，去信询问。治学严谨的庞加莱仔细研究之后发现自己的工作不够完整，因此要求评选委员会撤回文章。委员会认为文章已经印好，而且大奖颁发在即，不同意撤下论文。庞加莱自己付了印刷费，撤回了文章，接着潜心研究了几个月，终于很好地解答了问题，也因此开创了一门全新的理论——混沌理论（chaos theory），这一理论对现代生活有很大的影响。

庞加莱的重构理论是个很有意思的想法。有一个例子，如图6.17所示，如果我们把一张庞加莱的照片分解成256 × 256像素的图形，然后把这些像素随机组合，那么经过多次组合之后就会重新构造出庞加莱原来的照片。假定每组合一次所需要的时间为1秒，那么重新构造出庞加莱照片所需要的时间大约是10^{88}秒，就算从宇宙诞生开始时到现在（138亿年，约4.35×10^{17}秒），这个重构还没有做完。

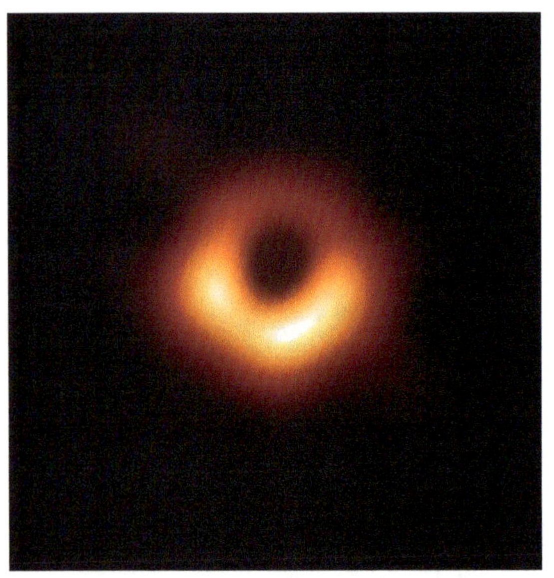

图 6.16 黑洞。黑洞周边的光环叫作事件视界，过了事件视界连光线也无法逃脱（引自维基百科）

图 6.17 庞加莱的照片是由 256 × 256 个彩色像素组成的，假定我们把每一个像素随机重新排列，一定能把照片重构出来。但如果 1 秒钟组合 1 次，所需要的时间约为 10^{88} 秒（引自维基百科）

上面还说到谷歌（Google），其意思是数值10^{100}。后来，谷歌把公司总部所在地命名为“Googleplex”。Googleplex意为10^{Google}，即$10^{10^{100}}$。这可以说是无穷大了。

时间是否是无穷的呢？当我们的生命结束时，我们的时间也就结束了。当地球毁灭时，地球的时间也就结束了。当宇宙最终毁灭时，宇宙的时间也就结束了。不过构成宇宙的基本材料（质子）还在，也许会按照庞加莱的重构理论重新建立一个新的宇宙，甚至是一模一样的宇宙。这一切都会记录在时间之中。

时间定义了宇宙变化。沿着时间，我们可以看到一切！

知识点与兴趣点

[1] 2019 年国际测量标准，参见维基百科相关内容。
[2] 安培，参见维基百科“Andre-Marie Ampere”。
[3] 赫兹，参见维基百科“Heinrich Hertz”。
[4] 电磁波，参见维基百科“electromagnetic radiation”。
[5] 伦琴，参见维基百科“Wihelm Röntgen”。
[6] 赫歇尔，参见维基百科“William Herschel”。
[7] Watzke M,Arcand K. Light: The visible spectrum and beyond. Global & Planetary Change, 2015, 44(1): 129-161.
[8] 毕达哥拉斯，参见维基百科“Pythagoras”。
[9] 音乐理论，参见维基百科“music theory”。
[10] 武际可 . 音乐中的科学 . 北京 : 高等教育出版社，2012.
[11] 激光，参见维基百科“laser”。
[12] 照相机，参见维基百科“camera”。
[13] 神经元，参见维基百科“neuron”。
[14] 高清电视，参见维基百科“high-definition television”。
[15] 音乐节拍，参见维基百科“beat （music）”。
[16] 国际空间站，参见维基百科“International Space Station”。
[17] 太阳的自转，参见维基百科“solar rotation”。
[18] 动物器官移植，参见维基百科“xenotransplantation history”。
[19] 奥林匹克运动会，参见维基百科“Olympic Games”。
[20] 赫拉克利特，参见维基百科“Heraclitus”。
[21] 宇宙大爆炸，参见维基百科“Big Bang”。
[22] 普朗克，参见维基百科“Max Planck”。
[23] 希特勒，参见维基百科“Adolf Hitler”。
[24] 薛定谔，参见维基百科“Erwin Schrödinger”。
[25] 多元宇宙，参见维基百科“multiverse”。
[26] 可见宇宙，参见维基百科“observable universe”。
[27] 霍金，参见维基百科“Stephen Hawking”。
[28] 霍金 .《时间简史》. 许明贤 , 吴忠超 , 译 . 长沙 : 湖南科学技术出版社，2010 年 .
[29] 神岗超级探测器，参见维基百科“Super-Kamiokande”。
[30] 黑洞，参见维基百科“black hole”。
[31] 庞加莱，参见维基百科“Henri Poincaré”。

附录　钟表机构仿真动画

[1] 棘板式擒纵机构

[2] 格林汉姆擒纵机构

[3] 筒式擒纵机构

[4] 蚂蚱擒纵机构

[5] 英国叉瓦式擒纵机构

[6] 弹簧棘爪擒纵机构

[7] 双轮擒纵机构（宝玑擒纵机构）

[8] 双三角擒纵机构

[9] 瑞士叉瓦式擒纵机构

[10] 丹尼尔斯同轴擒纵机构

[11] 尤利西斯双轮擒纵机构

[12] 芝柏恒力擒纵机构

[13] 真力时擒纵机构

[14] 迪伯士图谐振擒纵机构

[15] 双陀飞轮机构

[16] 四陀飞轮机构

[17] 瑞士 ETA 自动上弦机构

[18] 日本精工自动上弦机构

[1] 棘板式擒纵机构

[2] 格林汉姆擒纵机构

[3] 筒式擒纵机构

[4] 蚂蚱擒纵机构

[5] 英国叉瓦式擒纵机构

[6] 弹簧棘爪擒纵机构

[7] 双轮擒纵机构（宝玑擒纵机构）

[8] 双三角擒纵机构

[9] 瑞士叉瓦式擒纵机构

[10] 丹尼尔斯同轴擒纵机构

[11] 尤利西斯双轮擒纵机构

[12] 芝柏恒力擒纵机构

[13] 真力时擒纵机构

[14] 迪伯士图谐振擒纵机构

[15] 双陀飞轮机构

[16] 四陀飞轮机构

[17] 瑞士 ETA 自动上弦机构

[18] 日本精工自动上弦机构

深度阅读书目推荐

[1] 莱奥弗兰克・霍尔福德-斯特雷文斯.时间简史[M].萧耐园,译.北京:外语教学与研究出版社,2015.

[2] 吕迪科・萨弗兰斯基.时间之书[M].林宏涛,译.台北:商周出版社,2018.

[3] 菲利普・津巴多,约翰・博伊德.时间的悖论[M].张迪衡,译.北京:中信出版社,2018.

[4] 佛克.探索时间之谜:从天文历法、牛顿力学到爱因斯坦相对论[M].严丽娟,译.猫头鹰出版社,2010.

[5] 莉兹・埃弗斯.时间简史[M].陈晓丹,安晓梅,译.北京:中信出版社,2018.

[6] 赛门・加菲尔.计时简史[M].黄开,译.大写出版社,2010.

[7] 特胡夫特,范都仁.时间之幂:从极短暂到永恒,囊括各种时间尺度的秘密[M].蔡坤宪,译.远见・天下文化出版社,2016.

[8] 克里斯滕・利平科特,翁贝托・艾柯,贡布里希,等.时间的故事[M].刘研,袁野,译.北京:中央编译出版社,2013.

[9] 迈克尔・霍斯金.天文学简史[M].陈道汉,译.南京:译林出版社,2013.

[10] 比尔・布莱森.万物简史[M].严维明,陈邕,译.北京:接力出版社,2005.

[11] 亚当・弗兰克.关于时间:大爆炸暮光中的宇宙学和文化[M].谢懿,译.北京:科学出版社,2015.

[12] 彼得・柯文尼,罗杰・海菲尔德.时间之箭[M].江涛,向守平,译.长沙:湖南科学技术出版社,2007.

[13] 威尔・杜兰特,阿里尔・杜兰特.历史的教训[M].倪正平,张闵,译.北京:中国方正出版社,2014.

[14] 尤瓦尔・赫拉利.人类简史:从动物到上帝[M].张俊宏,译.北京:中信出版社,2017.

[15] 尤瓦尔・赫拉利.未来简史:从智人到神人[M].张俊宏,译.北京:中信出版社,2017.

[16] 尤瓦尔・赫拉利.今日简史:人类命运大议题[M].张俊宏,译.北京:中信出版社,2018.

[17] 拉塞尔・福斯特,利昂・克赖茨曼.生命的节奏[M].郑磊,译.北京:当代中国出版社,2004.

[18] 罗斯・福斯特,利昂・克赖茨曼.生命的季节:生生不息背后的生物节

律［M］. 严军，刘金华，邵春眩，译. 上海：上海世纪出版社，2005.
［19］弗里茨·冯·奥斯特豪森. 钟表百科大全［M］. 刘文娟，译. 北京：北京出版社，2014.
［20］王绥琯，席泽宗. 中国计时仪器通史：古代卷［M］. 合肥：安徽教育出版社，2011.
［21］王绥琯，席泽宗. 中国计时仪器通史：近现代卷［M］. 合肥：安徽教育出版社，2011.
［22］陈久金，杨怡. 中国古代天文与历法［M］. 北京：中国国际广播出版社，2010.
［23］陈美东. 古历新探［M］. 沈阳：辽宁教育出版社，1995.
［24］吴国盛. 时间的观念［M］. 北京：北京大学出版社，2006.
［25］关雪玲. 你应该知道的 200 件钟表［M］. 北京：故宫出版社，2007.
［26］郭福祥. 时间的历史映像：中国钟表史论集［M］. 北京：故宫出版社，2013.
［27］Hawking S. The Illustrated a Brief History of Time［M］. Bantam Books, 2014.
［28］Hawking S. The Universe in a Nutshell［M］. Bantam Books, 2001.
［29］Duncan D E.Calendar: Humanity' s Epic Struggle to Determine a True and Accurate Year［M］. Avon Books, 1998.
［30］Sobel D. Longitude: The True Study of a Lone Genius Who Solved the Greatest Scientific Problem of His Time［M］. Harper Perennial, 1995.
［31］Aczel A D. Pendulum: Léon Foucault and the Triumph of Science［M］. ATRIA Books, 2008.
［32］Scharf C. The Zoomable Universe: An Epic Tour Through Cosmic Scale, from Almost Everything to Nearly Nothing［M］. Scientific American Publishing, 2017.
［33］Kahlert H, Mühe R, Brunner G L. Wristwatches:The History of Century' s Development. 5th ed［M］. Schiffer Publishing, 2005.
［34］Barnett J E. Time' s Pendulum: From Sundials to Atomic Clocks, the Fascinating History of Timekeeping and How Our Discoveries Changed the World［M］. Harvest Book, 1998.

后 记

我写过、编过好几本书了。但写这本书花费的时间最多。2014 年，我写了一本英文专著 *The Mechanics of Mechanical Watches and Clocks*，译成中文书名是《机械钟表的力学原理》，专著由德国施普林格（Springer）出版社出版。这本书是一部学术专著，讲的是机械钟表的力学原理。目前研究这一内容的学者在全世界只有为数不多的几个。但是机械计时技术曾经引领了科学技术的发展，改变了世界。因此，我想到要写一本这方面中文的、科普性质的书。我本以为基本素材已经有了，花一两年时间足够了。但是动笔后觉得机械钟表发展的历史虽然波澜起伏、柳暗花明、饶有趣味，但也只是人类计时历史中的一个部分。因此，定了一个更大题目，叫作《人类计时与纪时的科学与艺术》，并开始搜集、阅读了大量的书籍和参考资料。在教书、科研的闲暇之际就去读书、写作，不知不觉中就过去了两年。

2016 年，我和我的好友上海交通大学的邹慧君教授谈起这本书，他建议要图文并茂，还建议改个更有趣味的名字。我想了一下，决定用《时间之旅》作为主标题，副标题为《人类测度与纪量时间的历程》。

2017 年年底时，出版社的刘占伟老师拟了一个出版合约，要我给一个初稿。记得那天早上起来，突然想到了一个新的布局，也就是本书现在这个架构。接着又是一年多的读书、写作。书稿改了又改，我觉得每一句好像都已经至少写过 5 遍。

作者写书都有自己的写作风格。我自幼喜欢文学，后来因为各种机缘学了工程。由于学习工程，养成了实事求是的作风，一丝不苟、精益求精。书中内容都是真实可考的，没有任何虚构或假设，也尽量避免不必要的主观评论。由于对文学的爱好，我有空就会读诗、写诗。1999年时得遇良师，写诗渐渐入门。写诗讲究炼字，因此，本书的文字略显简练，读者有时需要自己琢磨一下。我觉得这样也有好处：时间是个无处不在的主题，每个人在不同的时候、不同的场合去思考它都会有不同的感受。宋代著名的文学家、大学士范仲淹在其名文《岳阳楼记》中讲到登岳阳楼的不同感受，就是这个意思。

这本书叫作《时间之旅》，全书按历史时间顺序展开："问天""称水""数声""炼石""求生""飞越"，希望与读者一起，沿着这个历史轨迹做一个有声有色的"时间之旅"，不但能够了解古人们怎样开发出计时技术、厘定纪时历法，而且还能看到期间发生的有趣故事。读者在茶余饭后、旅途休憩中可随手翻阅和发现关于时间的这些新奇故事，以资清谈。在周末清晨或深夜挑灯仔细读这本书的时候，希望读者能浮想联翩，解悟人生。

我曾经设想过一个走遍世界的时间之旅：

- 到土耳其去看史前的石阵；
- 到埃及去看金字塔及日晷；
- 到希腊去看奥林匹克遗址；
- 到以色列和巴勒斯坦去看耶路撒冷；
- 到河南登封去看周代和元代的日晷；
- 到意大利去看比萨大教堂；
- 到英国去看伦敦科学博物馆和伦敦大火纪念碑；
- 到法国去看巴黎的先贤祠和玫瑰线；
- 到瑞士去看钟表博物馆；
- 到美国首府华盛顿的海军天文台去看原子钟；

- 到美国得克萨斯州的国家森林公园去看万年钟；
- 到美国加州硅谷去看计算机历史博物馆。

►读者可以约上几个知己，带上这本书，亲历一次“时间之旅”，何等惬意！

►时间是个永恒的主题，生死、爱恨、成败无不取决于时间。照片记录一瞬时间；视频、电视、电影记录一段时间（当然也可以把时间压缩或延展）；文学作品描述沿着时间展开的人和事以及情感和思想；科学和技术更是以时间为坐标。在人生有限的时间里，什么是最重要的呢？用时间来衡量，最重要的就是“家”，因为我们在家度过的时间最多。祝愿读者们都有一个和睦、幸福的家。

杜如虚

2020 年 7 月于香港

图书在版编目（C I P）数据

时间之旅：人类测度与纪量时间的历程 / 杜如虚，杨晖著. -- 北京：高等教育出版社，2022.1

ISBN 978-7-04-057437-1

Ⅰ. ①时… Ⅱ. ①杜… ②杨… Ⅲ. ①时间-普及读物 Ⅳ. ①P19-49

中国版本图书馆CIP数据核字(2021)第246925号

出版发行 高等教育出版社
社　　址 北京市西城区德外大街4号
邮政编码 100120
印　　刷 北京中科印刷有限公司
开　　本 787mm×1092mm 1/16
印　　张 19.75
字　　数 290千字
购书热线 010-58581118
咨询电话 400-810-0598
网　　址 http://www.hep.edu.cn
　　　　 http://www.hep.com.cn
网上订购 http://www.hepmall.com.cn
　　　　 http://www.hepmall.com
　　　　 http://www.hepmall.cn
版　　次 2022年1月第1版
印　　次 2022年7月第2次印刷
定　　价 89.00元

策划编辑 刘占伟
责任编辑 刘占伟
书籍设计 赵　阳
插图绘制 于　博
责任校对 刘丽娴
责任印制 赵义民

本书如有缺页、倒页、脱页等质量问题，请到所购图书销售部门联系调换

版权所有 侵权必究
物 料 号 57437-00
审 图 号 GS（2019）6350号